探测小天体

Exploration of Asteroid

徐　波　雷汉伦　编著
孙义燧　主审

科学出版社
北　京

内 容 简 介

本书首先介绍了小天体的观测历史，解释了小天体的命名规则，阐述了小天体的分类规则，回答了小天体的起源与演化等问题，并介绍了小天体的物理化学性质和太阳系内知名小天体与矮行星；然后依照任务的完成阶段，系统地介绍了小天体探测任务，并对人类历史上大多数小天体探测任务进行了汇总；最后阐述了小天体对地球的潜在威胁，并给出了多种小天体防御方案。

本书可作为航天爱好者与天文爱好者的参考书，也可供相关专业的科研人员参考使用。

图书在版编目(CIP)数据

探测小天体/徐波，雷汉伦编著. —北京：科学出版社，2018.1
ISBN 978-7-03-055779-7

Ⅰ.①探… Ⅱ.①徐… ②雷… Ⅲ.①小行星-普及读物 Ⅳ.①P185.7-49

中国版本图书馆 CIP 数据核字(2017)第 298652 号

责任编辑：钱 俊 周 涵 / 责任校对：杜子昂
责任印制：霍 兵 / 封面设计：无极书装

科学出版社 出版
北京东黄城根北街 16 号
邮政编码：100717
http://www.sciencep.com
文林印务有限公司 印刷
科学出版社发行 各地新华书店经销
*
2018 年 1 月第 一 版 开本：720×1000 1/16
2018 年 1 月第一次印刷 印张：18 插页：6
字数：363 000

定价：128.00 元
(如有印装质量问题，我社负责调换)

前　言

近些年来，小天体探测无疑成为国际深空探测领域的热点。的确，作为太阳系数量最多的自然天体，虽然它们个头都不大，但是种类丰富，拥有各种矿物资源，并且包含了太阳系起源的最初物质，甚至还可能是“地球上生命的创造者”，孕育着生命的起源。就这些方面而言，小天体可以称为人类的“福星”；然而正所谓“祸兮福所倚，福兮祸所伏”，小天体在某种意义上也是人类的“祸星”，小天体的撞击不仅影响了地球上生命的进化过程，而且对人类文明也造成了潜在的重大威胁。研究小天体，了解它们的起源与演化、物理化学性质等特征，不仅可以为深空探测提供科学上的依据，也可以普及科学文化知识，消除愚昧的认知，让公众理解小天体的两面性，进一步可以为消除小天体的威胁提供理论参考。

作为小天体研究的主要单位，在创新已经成为科技活动的核心，特别是我国深空探测面临由技术牵引到科学应用为主的转变过程，我们觉得有必要把小天体研究的各领域总结一下介绍给公众，以尽我们的微薄之力。但由于水平有限，不足之处在所难免，敬请读者理解、批评与指正！

全书共 6 章。第 1 章介绍了古代对于小天体的观测和认知，近现代小天体的发现历程，并介绍了现代小天体观测手段，列举了多个搜寻小天体的巡天项目。第 2 章介绍了小行星、彗星、流星和陨石的命名，解释了现今使用的小天体命名规则。第 3 章说明了太阳系内小天体的分类，针对主带小行星、近地小天体、特洛伊小天体、半人马型小行星、短周期彗星、长周期彗星以及柯伊伯带、离散盘和奥尔特云等小天体聚集区域的起源与演化问题给出了目前科学界的主流解释。第 4 章从大小与形状、质量与密度和化学成分等方面阐述了小天体的基本性质，并介绍了一些太阳系内著名的小天体与矮行星。第 5 章概括了已经完成的、进行中的和未来可能实施的小天体探测任务，并对人类历史上大多数的小天体探测任务进行了汇总。第 6 章讲述了人类对于小天体威胁的认知过程，并给出了目前提出的多种小天体防御方案。

本书由徐波和雷汉伦编写，张飞参与了第 1 章和第 2 章的编写，刘景熙参与了第 3 章和第 4 章的编写，高朝阳参与了第 4 章的编写，张一参与了第 5 章的编写，高有涛参与了第 6 章的编写；我们还有幸邀请到著名的天体力学专家孙义燧院士为本书做主审。

作者衷心感谢国家基础科学人才培养基金项目"南京大学天文学基地创新型人才培养"(No. J1210039)的资助。

徐　波

2017年5月1日

目　　录

第1章　小天体的观测

晴朗的夜晚,我们仰望夜空,就能见到那繁星闪烁,仿佛在对我们诉说着它们身世的秘密。然而在夜空的黑暗处,就在我们居住的太阳系内,有那么一类数量众多的天体,它们不像遥远的恒星那样肆意散发着自己的光辉,人们只能借助太阳的光芒才能一睹它们的芳容,它们就是太阳系小天体。

根据2006年国际天文学联合会(International Astronomical Union,IAU)对太阳系内的行星、矮行星和小天体的定义,太阳系小天体就是指太阳系内除行星、矮行星和自然卫星外,所有环绕太阳运转的天体。因此,太阳系小天体主要包括了小行星和彗星等天体,这也使其成为太阳系内数量最多的天体种类。其中小行星包括主带小行星(main belt asteroid,MBA)、近地小行星(NEA)、行星的特洛伊天体、一部分海王星以外天体以及一部分半人马型小行星,而原本属于小行星的卡戎星、阋神星、谷神星(Ceres)、鸟神星和妊神星等天体被划分为矮行星。

近年来,随着人类探测手段的丰富和探测能力的增强,太阳系小天体的研究热度不断上升。研究太阳系小天体的物理化学性质、起源与演化等方面的内容对研究太阳系的形成与演化,探索地球生命起源,消除小天体威胁等科学问题具有极其重要的意义。

1.1　古代对小天体的观测和认知

彗星和流星出现的时候,具有非常明显的特征,人们通常仅凭肉眼就能够捕捉到。古代受到科技发展水平的限制,人们把彗星和流星的出现看作对社会生活有重大影响的事件,颇为重视对彗星和流星的观察。因此,彗星和流星也成了自古以来人类观测最多的小天体。

中国是古代各国中对天象的记录最详尽的国家,中国古代天文学家对彗星和流星的出现时间、轨迹以及形态声音等都做了大量记录,这为日后天文学的研究提供了宝贵的资料。到了15世纪中叶文艺复兴时期,西方在仪器和数学计算方面的迅猛发展使得西方天文学家在天体观测记录方面取得了重大的进步,而相对于中国传统的记录方式也更加科学。

1.1.1　对彗星的观测和认知

古人仰望茫茫夜空时,发现大多数天体总是在夜空中有规律地穿梭,而且它们的运动存在一定的周期性。相比之下，彗星的活动总是难以捉摸，人们很难从彗星的运动中总结出固定的模式。彗星和其他天体迥异的活动模式使得很多古老文明都赋予了彗星以恐怖、恶魔等寓意。例如，有些文化认为彗星的尾巴看上去像披着瀑布般长发女人的头部，从而他们认为这个悲伤的形象意味着那些将彗星派往地球的众神心情不悦；还有文化认为彗星看上去像一把燃烧的宝剑滑过夜空，这是战争和死亡的象征；古代雅库特人的传说将彗星称为“恶魔之女”，无论其何时靠近地球，都会带来破坏、风暴和严寒。在中国古代，彗星也同样被看作灾祸降临的不祥之兆，且经常被描述成“长尾野鸡星”或“扫把星”，人们将彗星认为是“灾星”，而且将彗星的不同形状与各种灾难联系在一起[1]。中国古代根据彗星的不同形态也将其称作孛星、妖星、异星、蓬星、长星和客星（古书中更多用来指代新星或超新星爆发）等。图 1-1 的木版画上形象地描绘出了彗星伴随灾祸出现的情形。

图 1-1　描写 4 世纪彗星破坏性影响的木版画，描绘了彗星带来的风暴与火灾
斯塔尼劳斯·卢别尼特斯基(Stanilaus Lubienietski)于 1668 年在阿姆斯特丹创作，
作品名为 *Theatrum Cometicum*[1]

很多文化将彗星与历史上的黑暗时期联系在一起，当国家或社会上有大的灾祸发生时，人们就会格外注意是否有彗星的活动。据古罗马人记载，在凯撒遭暗杀的当天，彗星活动频繁；在古代庞培与凯撒之间发生血战的时候，人们同样注意到彗星划过夜空。早年间的瑞士人认为哈雷彗星是导致地震、疾病、洪水发生的罪魁祸首。同样的，英国人认为黑死病的爆发是由于哈雷彗星的出现。南美洲的印加人也有记载：在弗朗西斯科·皮萨罗野蛮征服印加帝国前几天，天空中出现了彗星，人们认为这是皮萨罗到来的预兆[1]。

由于历史上发生的不祥事件与彗星出现时间的大量巧合，彗星是不祥之兆的认知在近现代文明中影响深远。1835 年，哈雷彗星出现在夜空之中，适逢美国著名作家马克·吐温降生。1909 年，马克·吐温写道："我在 1835 年与哈雷彗星同来。明年它将复至，我希望与它同去。如果不能与哈雷彗星一同离去，将为我一生中最大的遗憾。"1910 年 4 月 19 日，哈雷彗星在天空中重现，次日马克·吐温心脏病发作辞世[2]。1998 年，海尔-波普彗星接近地球，天文爱好者们为之雀跃欢腾，大彗星造访这样罕见的天象对于他们来说是相当难得的盛事。然而美国加州天堂之门教派却把它看作世界末日的征兆，39 名教徒集体自杀[3]。

中国古代对彗星的记载与认知

中国古代对天象比较注重文字的记载，图像记录相对较少。人类最早关于彗星的文字记述出现在中国殷商时代的甲骨文中[4]，在甲骨卜辞中已经出现了"彗"字，彗星同日、月、河、岳一样被作为自然神受人祭祀[5]。考古学家通过对甲骨文的研究还发现，甲骨文中的"彗"字有四种字形：短尾型、长尾型、有头型和分裂型，这可能反映了殷商时期的人们对于彗星形态的分类[6]。西周以前的传世文献中，彗星记录非常少见。对于彗星最早且最可靠的文字记录见于《春秋》："鲁文公十四年秋七月，有星孛入于北斗。"鲁文公十四年即公元前 613 年，这被认为是世界上最早的关于哈雷彗星的记录[7]。

从春秋战国开始，彗星在中国史书中出现的次数逐渐增多，《左传》《史记》等史籍中都有关于彗星的记载。这一时期关于彗星的记述一般很简单，除了时间，往往只有"彗星见"等寥寥数语，只有少数记载记录了彗尾的指向[6]。

秦汉时期，彗星的记录次数更多，并且描述更为详细，记录中包括了彗星的出现时间、位置、运动路径、颜色、形态、可见期等特征。西汉末年至东汉期间，史书中开始出现用"度"的单位来描述彗星的位置和运动情况，这反映了当时在实测天文中球面距离单位和坐标系的实际使用情况。此后的一千多年直至清末，中国古代的彗星记录在数量和质量上基本都维持了这样的水平[6]。

中国古代的天文学往往被帝王垄断，因而天象记录主要集中于《二十四史》等官修典籍之中，所记述的主要是王朝都城的天文官员进行观测的事例。自宋元开始，彗星记录出现在各地方志之中，到了明清，也出现在了各类私家笔记和著述之中，而且部分记录是正史所没有的。实际上到了清代，地方志已经取代正史，成为彗星记录的主要来源[6]。

除了对彗星文字的记述，古代也有对彗星图像上的描绘。中国的明清档案中就保存有清代钦天监手绘的彗星图[6]。图像记录中最著名的当属 1973 年在湖南长沙马王堆三号汉墓出土的马王堆帛书，记录了天文和气象占卜的相关内容。这件帛书被学者命名为《天文气象杂占》，上面画有约 250 幅图像，其中关于彗星的图像有 29 幅，画有不同形状的彗星，堪称世界上关于彗星形态的最早记录。这些彗星图像，除有一条磨灭和一幅图不清晰外，其余都很完整，且每幅图下面都有名称和占文[8]，如图 1-2 所示。帛书将彗星的形态描述为 18 种，图 1-2 右图列出了不同形态对应的名称，图中出现的 18 个名称大多以形态类似的植物命名，分别是：赤灌、白灌、天箭、毚(读 chán)、彗星、蒲彗、秆彗、帚彗、厉彗、竹彗、蒿彗、苫彗、苫发彗、甚星、廧星、抐星干彗、蚩尤旗、翟星，这些名称有一半是在过去文献中未曾出现的，有的名称在后来的记述中依然使用[8]。

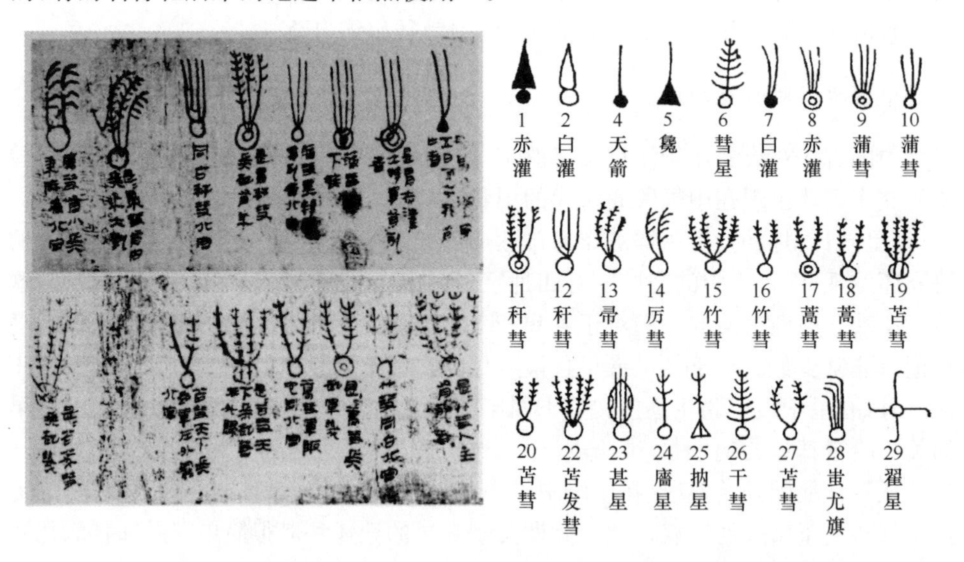

图 1-2　左图：马王堆汉墓帛书中的部分彗星扫描图[9]；右图：帛书中所有彗星图像的临摹图
图片取自文献[10]，3 号和 21 号出土时已经磨灭和模糊

历史上，彗星的周期不仅要足够短，而且每次出现在地球附近时的亮度还要足够高，才能够被多次记录下来。哈雷彗星是唯一一个每次出现都足够亮，并在经过内太阳系时能以肉眼看见的彗星。据统计，截至 1910 年，中国古代文献中有 29 次对哈雷彗星的记述[11]，正史和地方志中关于彗星的记录有上千条[12]。

由于古代认知水平的限制，像彗星出现这样的异常天象就被赋予了不祥的寓意，在一些军事政治斗争中，也成了重要的斗争工具，因此，一些重大的历史事件也会因为彗星的出现而受到影响。钱钟书在《管锥编》中曾提到：“古人每借天变以谏诫帝王”“以彗星为‘天教’、荧惑(火星)为‘天罚’”“然君主复即以此道还治臣工，有灾异则谴咎公卿”[13]。公元 1075 年十月初七，天空中出现了彗星。因适逢王安石变法，这次彗星出现被认为是严重的“天谴”，宋神宗为此忧心不已，命王安石率领大臣直言进谏。反对变法的一派抓住这一机会，对王安石等变法派群起指责。但王安石的变法决心异常坚定，面对各种攻讦，曾留下“天变不足畏，祖宗不足法，人言不足恤”的名言。他援引前代的历史，向皇帝说明彗星的出现并不意味着灾祸。然而，由彗星引发的对变法的攻击还是取得了一定的效果。由于种种原因，王安石不得不在次年辞去了宰相的职务，变法很快中止[6]。

得益于中国古代对彗星持续不断的详细记录，中国古代对彗星的认知水平也一直处于世界领先水平。在很多文献的记载中，都能说明中国古代已经意识到彗星是一个天体，其本身不发光，因为太阳的照射才发亮，并且彗尾的指向总是背向太阳。欧洲的科学家直到16世纪第谷测出彗星比月球更远，才逐渐意识到彗星并不是大气现象；1540年，德国天文学家阿皮安才提出彗尾指向的背日性[6,14]。

中国古代很早就注意到彗星的彗核(nucleus)、彗尾都会呈现不同的形态，并据此将彗星分为不同的类别。西方到19世纪才逐渐形成类似的分类方式。根据1878年俄国天文学家布烈基兴对彗尾弯曲程度的研究，现代天文学将彗尾分为三大类：Ⅰ型为等离子体组成的气尾，背向太阳且较直；Ⅱ型为尘埃组成的尘尾，宽阔且略有弯曲；Ⅲ型为直指太阳、呈短锥状、弯曲更厉害的反尾。东汉的文颖根据彗尾的形态将彗星分为孛星、彗星和长星三种，这分别对应于布烈基兴Ⅲ型、Ⅱ型和Ⅰ型，这样的分类方法比西方早了约1500年。马王堆帛书的出土，也为汉代文献中的彗星分类提供了实物证据[6,14]。

彗尾的形状会随着与太阳距离的远近而变化，彗尾的夹角也会发生变化，甚至会出现分叉裂变，汉王帛书图中彗尾少则一条，多则四条，这说明当时已经观察到了彗尾的裂变现象，彗尾朝上的方向也体现出彗尾夹角和长度的不同。近代天文学研究表明，由于受太阳辐射热的影响，如果彗核具有自转，而被推开的物质又具有成股现象，就会观测到几股物质交叉产生的彗尾，有时可以看到奇怪的轮廓。1744年出现的德·歇索彗星，尾巴多达6条，约占44°空间，呈扇形展开，这与中国古代的记载有着惊人的相似之处[14]。

彗星离开太阳较远的时候，只有一个暗而冷的彗核，并无头尾之分；只是当它距离太阳较近的时候，在太阳的作用下，由头部喷出物质，形成彗尾。1943年，苏联天文学家奥尔洛夫按照彗核中气体的多少，把彗头分成N、C、E三类：N类，彗核中气体成分稀少，只能看到彗核和彗尾，没有彗发；C类，气体较少，有彗发但无壳层，彗头呈球茎形；E类，有丰富的气体，彗发很亮，有抛物面形状的壳层，彗头呈锚形。而早在马王堆帛书的彗星图(图1-2)中，这三种彗核类型都能找到：在圆形的头部中心还有一个小圆，对应为E类，图中编号为8、9、11、17；只有一个圆，对应为C类，图中编号为2、6、10、12～16、18、20、22～28；仅有一个黑点，对应N类，图中编号为1、4、5、7[6,14]。而图中的29号彗星没有彗尾，四面伸出四条臂，可能是光芒四射的意思，这也许是古人已经知道了有的彗星是没有彗尾的证据[15]。

1846年比拉彗星回归时，人们发现了彗核分裂现象。在《新唐书·天文志》中，就有一条彗星分裂现象的记录：“有客星三，一大二小，在虚、危间，乍合乍离，相随东行，状如斗，经三日而二小星没，其大星后没。”以现代天文学知识重新审视这段一千多年前的客星记录，显然这很可能就是一颗分裂的彗星。唐代史书中还可能记录了彗星亮度突然大幅度提高的罕见现象。而在欧洲，这种现象很晚才为天文学家们所认识[6]。

中国古代关于彗尾背向太阳的本质特征的认识，先于欧洲至少900年，关于彗星是一种天体和彗星由太阳照射而发光的认识，比欧洲要早约1000年。但由于东西方文化发展背景的不同，中国古代的天文学家并没有进一步研究这些特征形成的物理机制[14]，因此，对彗星的认知长期陷入停滞不前的状态。

其他古代文明对彗星的观测记录

世界古文明中，巴比伦、埃及和印度的天文学发展起步最早，其流传下来的神话故事和典籍以及出土的相关文物中，可以找到很多彗星的身影。例如，著名的古巴比伦神话《吉尔伽美什史诗》(*Epic of Gilgamesh*，公元前2700年至公元前2500年)中描述了火灾、硫磺和洪水伴随彗星降临人间的场景，而《启示录》《以诺书》等中也有相似的内容[1,13]，这说明上古时期人类已经把彗星或流星和灾祸联系在了一起。

在古巴比伦占星术盛行，也有记录天象的传统。在19世纪90年代发掘出的古巴比伦泥板上，记载着公元前450年至公元75年观测到的天文现象，在其中考古学家发现了两次巴比伦尼亚人对哈雷彗星进行记录的证据。这两次的出现时间分别为公元前164年和公元前87年，并且彗星第一次出现的时间从公元前164年10月一直延续到公元前163年4月。和其他文明类似，哈雷彗星的出现被古巴比伦人视为国家或国王命运的象征。《塞琉古王表》中的记载表明当时的人们认为公元前164年出现的哈雷彗星预言了一位国王去世。公元前87年，帕提亚王国的米塔里底斯王二世去世，新王继位，古巴比伦泥板中同样将此与当年哈雷彗星的出现联系了起来[16]。

古印度神话中的恶魔罗睺，被称为“行星、流星之王”，在神话故事中，其死后所化作之双星，上半身化成黑暗星，名罗睺；下半身仍维持多条龙尾的形态在宇宙中流窜，有扰乱天际之星的称号，名计都，如图1-3所示，其形态正是代表着彗星[17]。

在古埃及的壁画上，考古学家也发现了很多疑似描述彗星的内容，如图1-4所示。考古学家推测，古埃及人对于彗星异于其他天体形态特征很难用直接的方式描述出来，所以他们可能发明了一些隐喻来描述彗星的颜色、结构、形状或运动等特征，诸如鹰的翅膀、牛角[18]。文献[9]中列出了很多可能描绘彗星的埃及壁画的图片，由于这些壁画距今年代过于久远，作壁画之人当时究竟想表达何种意思，如今已很难完全理解，感兴趣的读者可登录该网站查看。

考古学家还在埃及的壁画和雕塑中发现很多王后所戴的王冠都呈现出彗星状，如图1-5所示。起初考古学家以为这代表了古埃及人对某颗彗星的崇拜，后来研究人员发现古埃及的壁画和雕塑中出现此类王冠的时间跨度前后长达900年，

图 1-3　大英博物馆中的计都的雕像[19]
其蛇形的尾巴在古印度神话中就是彗星的象征

图 1-4　开罗埃及博物馆门前花园的壁画上可能画出了哈雷彗星
图中左边的箭头标记了彗尾，右边箭头标记了彗核

并且在不同的时期王冠的形状和颜色有些许不同。但是同一颗彗星的持续时间不会这么长，通常情况下也不会激发古人如此长时间的崇拜和如此多变的描述。现代研究表明，当行星的轨道偏心率足够大时，在其部分轨道阶段会距离太阳很近，在太阳风的强烈作用下会使其呈现出类似彗星的形状(图 1-5 右图)。这些古埃及王后的王冠可能就是 3000 多年前古埃及人所看到的金星的样子。当时金星的轨道距离地球较近，且偏心率较高，经过了约 1000 年才缓慢演化到如今的轨道[20,21]。

关于埃及彗星记载的考古，文献[22]中还有一个极为大胆的猜想：3000 多年前出现的超大彗星有可能极大地影响了当时人类的宗教信仰。但这种观点和目前主流的认识有很大不同，还需进一步论证，下面将对此作简单的介绍。

根据收藏于梵蒂冈博物馆的古埃及文献《塔里莎草纸》(*Tulli Papyrus*)的记录，在图特摩斯三世统治的第 22 年(公元前 1486 年)，天空中出现了一颗彗星，他们形容这颗彗星就像是比满月还大的耀眼圆盘，他们还补充说，这是“自这块土地(埃及)被第一次开垦以来从未有人见过的奇迹”。中国长沙出土的马王堆汉墓帛

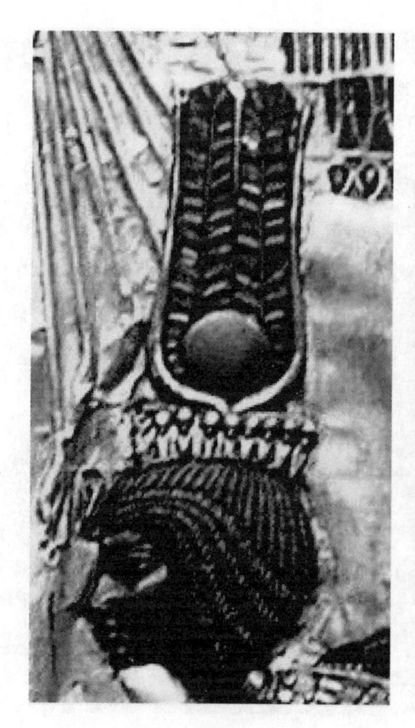

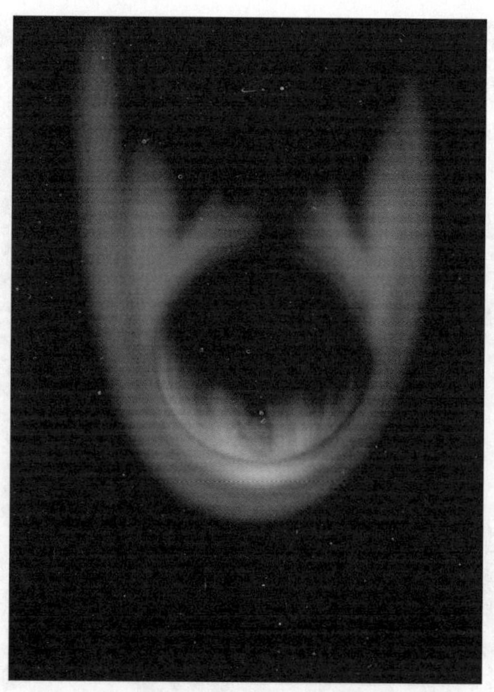

图 1-5　左图:法老图坦卡蒙的王冠背面雕刻着王后安荷森纳蒙戴着彗星状的王冠;
右图:金星大气在太阳风的冲击下呈现出类似彗星的形状(后附彩图)

书(成书于约公元前 300 年)中有一些关于以往天象的记录,其中就包含了一条公元前 1486 年的十尾彗星的记录,这与古埃及的记录有着惊人的相似。(自现代天文学成型以来所观测到的最大彗星是 1744 年的德·歇索彗星,有七条尾巴。)

值得注意的是,世界各地的古代文明中都有相似的圆盘雕像。如果这些圆盘雕像确实代表着某颗彗星,那么这颗彗星肯定是达到了非常接近地球的程度,其无与伦比的壮观程度对世界各地的宗教都产生了深刻影响,这个史无前例的天象可能被当时的人们认为代表了新神的降临。就在同一时间,世界各地的同时代文明都开始崇拜一个全新的神,其形象是一个悬挂在空中的有翼圆盘。这样的例子包括赫梯神库玛尔比、亚述神阿图姆、米坦尼神珥,还有波斯神阿胡拉·玛兹达。

相似地,中国同时代的商朝也出现了对于"老天爷"的形象化描述(图 1-6 左图),其形象为在下面和侧面有一系列扇形辐射线条的圆圈,看起来也与前面描述的那颗彗星非常相似。图特摩斯三世时代的古埃及出现的新神阿顿(Aten)的形象是一个会从全身散发扇形辐射线条的圆圈,埃及学家一直以来都相信阿顿象征着太阳。虽然埃及法老阿肯那顿在公元前 1300 年中期将阿顿列为国教,但这个形象出现在首都底比斯的最初一个世纪的时间里却没有任何铭文表明与太阳神相关。

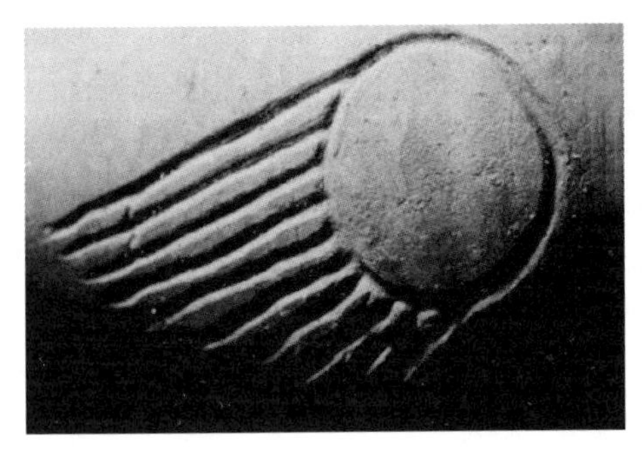

图1-6　左图：商朝的“老天爷”形象；右图：古埃及的神阿顿
目前主流都认为这些形象描述了太阳和其光线，但或许这更像是彗星

古代西方对彗星的认知

西方文化深受古希腊和古罗马的影响，其天文学发展同样如此。古希腊人最早尝试对彗星进行解释，例如，古希腊数学家毕达哥拉斯（公元前570年—公元前495年）认为彗星只有唯一的一颗。阿那克萨戈拉（公元前500年—公元前428年）和德谟克利特（公元前460年—公元前370年）认为彗星是离得很近的行星。希波克拉底（公元前470年—公元前410年）相信彗星其实就是行星，而彗尾则是彗星从地球上劫取的水蒸气。

亚里士多德（公元前384年—公元前322年）对以上这些看法都不认同，他相信宇宙是完美的，行星只能在黄道上做环形轨道运动，而彗星会出现在天空中的任何一个方向，并且行星相合的时候并不会都伴随着彗星的出现，因此他认为彗星是地面上的蒸气上升到了空中被点燃而形成的现象，如果其光芒是朝各个方向的就称为彗星或者长头发星星，光芒只朝一个方向延伸的就称为长胡子星星。他描述彗星是地球大气层上层的现象，是在炎热、干燥的环境下聚集和偶然喷出的火焰。亚里士多德认为这种机制不仅形成彗星，还包括流星、极光，甚至是银河[13,24]。

亚里士多德之后的四百多年里，只有少数古希腊和古罗马哲学家对彗星有自己的见解。赛内加（公元前4年—公元65年）指出地面上的风并不能改变彗星的形态，因此彗星不可能是大气中的现象，但是因为亚里士多德的观点在那时已经深入人心，赛内加的质疑被当作是无理取闹。

亚里士多德对彗星的观点主导了西方对彗星的认知将近两千年之久。后来的哲学家们都不敢质疑彗星的成因，转而探讨彗星的出现预示着什么。当时的许多人相信彗星是一种警示。托勒密（公元100年—公元170年）非常认同亚里士多德的理论，认为彗星是地球上的现象，并且也认为彗星是不祥之兆。他在占星学著作《占星四书》中写道：“彗星的位置和方向指示了有些地区将受到威胁，而彗星的形态则代表着即将发生的事件的性质。”[24]

西方的人们一直把彗星与各种消极事件联系起来，科学家也很少作出反驳。许多罗马作家写道，公元前 12 年出现的大彗星(哈雷彗星)造成了玛库斯·维普撒尼乌斯·阿格里帕(古罗马政治家，将军，地理学家，奥古斯都的军政大臣、女婿和助手)的去世。随后在公元 66 年，哈雷彗星的回归则预示着公元 70 年耶路撒冷的毁灭，哈雷彗星在公元 451 年的另外一次回归则预示着匈人帝国国王阿提拉(卒于公元 453 年)的死亡。《纽伦堡编年史》则将连续三个月的闪电和大雨导致大量平民的死亡归咎于公元 684 年回归的哈雷彗星[24]。

欧洲中世纪时期，典籍中记录次数最多的彗星是 1066 年回归的哈雷彗星。哈雷彗星在当年 4 月 1 日突然出现在天空中，一直持续到 6 月 7 日。意大利史书 *Ex Regula Canonicorum* 把它比作月食中的月亮，它的尾巴就像烟云一样从地平线一直上升到天顶。著名的贝叶挂毯(如图 1-7 所示)记录下了此次哈雷彗星的回归[26]，当时恰逢诺曼底和英格兰之间战争爆发的前期，这对英格兰国王哈罗德来

图 1-7　贝叶挂毯上出现的哈雷彗星(右上角)(后附彩图)

说可是一个凶兆，紧接着哈罗德就于当年10月份死于黑斯廷斯战役。当时的史学家很自然地将哈罗德的暴毙和哈雷彗星的回归联系了起来，这种消极的占星观点在接下来的数个世纪不断传承，人们普遍认为彗星的出现必然会给地球上的生灵带来不幸。

在那个时代，关于彗星的迷信思潮深入人心。法国里摩日的彼得(1306年去世)曾对彗星C/1299 B1进行了科学的观测和记录，但他认为金星和木星可以减少彗星带来的疾病等负面影响，并认为如果人们之间公正无私，上帝是会显示出他的仁慈来帮助人们渡过彗星带来的劫难。尽管彼得在观测上已经向前跨出了一大步，但是他的观点仍然无法跳出中世纪的认知框架[24]。

近现代对彗星的认知

15世纪，随着中世纪的结束，天文学的发展重新回到科学的正轨。奥地利天文学家乔治·范·派尔巴赫(公元1423年—公元1461年)开始测量彗星的视差，即在不同的地点观测同一个目标，其在背景星空上的位置会发生变化，从而通过几何学就可以计算出测站与目标的距离。他测量了1456年回归的哈雷彗星的视差，结果显示哈雷彗星是大气中的现象，他的学生雷乔蒙·塔努斯(公元1436年—公元1476年)也得出了同样的错误结论。

1531年，哈雷彗星再次回归，彼得·阿皮安(公元1495年—公元1552年)详细地描述了彗星的运行过程，他从中取得了一项突破性的进展——彗尾总是向着太阳的反向延伸，这是西方彗星观测史上首次提出这一结论(前文已经提到，中国在唐朝就已经意识到这个事实)，但是这仍没解决彗星是否是地球大气内的现象这一关键问题[24]。

1577年，又一颗彗星(C/1577 V1)出现了，这颗彗星于11月2日首次在秘鲁被观测到，其彗尾达50度。丹麦的天文学家第谷(公元1546年—公元1601年)试图测量出彗星的视差。但在测量的精度内，第谷测不出任何视差，这暗示着彗星的距离比月球到地球距离至少还要远4倍以上[13]。随后，第谷在他的专著中反驳了亚里士多德的理论，提出彗星是在椭圆轨道上环绕太阳公转的天体。这一发现终于使人们对彗星的认识上了一个新的台阶。但是还有一些著名的科学家对此抱有质疑，伽利略(公元1564年—公元1642年)认为彗星不过是地面上蒸发的气体，第谷的测量结果是错误的，那不过是眼睛的错觉[24]。

1664年11月到1665年3月，天空中出现了一颗大彗星(C/1664 W1)，它的彗尾有30度之长。适逢黑死病在伦敦蔓延，这场疾病最终夺去了伦敦10万人的生命，而这正好发生在彗星闪耀在天空中的时候。非常巧合的是，1665年3月底，天空中出现了另外一颗彗星，彗尾长达20度，彗星出现的时间与黑死病爆发时间的重合使人们更加相信彗星会给人间带来不幸[24]。

1680 年大彗星(C/1680 V1)是人类首次通过天文望远镜发现的彗星。德国天文学家哥特弗里德·基尔希(公元 1639 年—公元 1710 年)正打算测量恒星位置的时候观测到了一个星云状的目标出现在了不寻常的位置。接着他对这个目标进行了持续的观测,最终这颗彗星达到了肉眼可见的亮度,如图 1-8 所示。1681 年,萨克逊的牧师进一步证明这颗彗星是一个以抛物线运行的天体,并且太阳正处于抛物线的焦点上。牛顿(公元 1643 年—公元 1727 年)在其 1687 年发表的《自然哲学的数学原理》中证明了物体在与距离平方成反比的万有引力作用下的运动轨迹是圆锥曲线,并且使用 1680 年出现的亮彗星做例子,说明彗星在天球上经过的路径与抛物线吻合,这是人类首次确定了彗星轨道。他的计算结果显示彗星不可能是大气中的产物,亚里士多德的理论终于被推翻,这距离他首次提出这个观点已经过去了两千多年[13,24]。

图 1-8　德国奥格斯堡上空出现的三颗彗星,出现的年份分别是 1680 年、1682 年(哈雷彗星)和 1683 年

1705 年,爱德蒙·哈雷应用牛顿的方法分析了在 1337 年至 1698 年间出现的 23 颗彗星。他注意到 1531 年、1607 年和 1682 年的彗星有着非常相近的轨道根数,他进一步考虑到木星和土星的引力摄动对轨道造成的影响,预测这颗彗星在

1758年至1759年将会再次出现。这个回归日期后来被三位法国数学家:亚历克西斯·克劳德·克莱罗、约瑟夫·拉朗德和妮可·雷讷·勒波特再次详细计算,他们预测这颗彗星的近日点落在1759年,准确度在一个月内。当这颗彗星如预测地回归后,被命名为哈雷彗星(其正式命名为1P/Halley)。此后,轨道计算的方法不断完善,天文学家借助望远镜发现了许多周期彗星[13]。

随后西方科学家继续对彗星的本质进行探寻,德国的哲学家康德(公元1724年—公元1804年)提出组成彗星的是一种容易挥发的物质,这可以解释为什么彗星越靠近太阳它就越明亮。德国学者海因里希·奥伯斯(公元1758年—公元1840年)和弗里德利斯·贝塞尔(公元1784年—公元1846年)提出假说,认为彗尾是由固相的物质组成的,其受到了来自太阳的斥力而总是指向太阳的反方向。19世纪60年代,意大利天文学家乔瓦尼·斯基亚帕雷利(公元1835年—公元1910年)通过观测发现英仙座流星群的轨道和斯威夫特·塔特尔彗星(109P)很相似,因此他首次提出流星雨是由彗星抛射出的物质形成的。随后"碎石银行"结构的彗星模型出现,认为彗星是由松散的小岩石堆积而成,并涂上了冰冷的外层。时间进入20世纪,阿伦尼乌斯(公元1859年—公元1927年)证实了固体粒子会受到辐射压力的影响而形成彗尾状。20世纪中叶,随着彗星观测资料的增多,"碎石银行"模型出现了一些缺点,该模型不能解释为什么只有少量冰冻物质的物体可以在经过近日点数次之后,依然可以持续蒸发出气体。1951年,惠普尔提出彗星的"脏雪球"理论:环绕太阳的彗星是冰中嵌入岩石的小天体,这些冰可能是水、甲烷、氨或其他易挥发物单独或混合而成的。岩石可以如同灰尘般大小,也可以有其他如同鹅卵石般的不同尺寸。尘粒大小的固体在数量上是最多的,它们比沙粒和鹅卵石大小的颗粒更为常见。当这些冰因为被加热而升华时,其蒸发会拖曳出灰尘、沙粒和卵石等固体。彗星在轨道上每接近太阳一次,就会有一些冰被蒸发而倾泻出一些流星体。这些流星体散开成为一个流星体流,也就是尘埃尾,沿着整个的彗星轨道周围散布着(非常小的颗粒会受到太阳的辐射压力快速地膨胀和远离,而有别于一般彗星的尘埃尾)。这个"脏雪球"模型很快就被科学界所接受,并且在很多航天器的观测资料中得到证实[13]。关于彗星各种性质的研究,直到现在仍处在不断探索之中。

18世纪和19世纪是彗星科学的大发展时期,随着科技的发展,人们对彗星的了解愈加深入,逐渐从迷信的歧途步入了科学的正轨。虽然自哈雷彗星的轨道测定之后也出现过不少的大彗星,但是几乎没有人将彗星和灾难联系在一起,仅有的几次恐慌也只是发生在小范围内,其中最著名的应该要数米勒派,教主威廉·米勒(公元1782年—公元1849年)认为:1843年是圣经预言的世界末日,碰巧1843年2月天空中出现了一颗大彗星(C/1843 D1),这使得之前许多不相信米勒的人也成了他的信徒,但是最终世界末日并未到来。随着天文望远镜以及天文摄影技术的不断发展,天文学家有能力更深入地探究彗星的本质,人们终于可以从欣赏的角度去看待彗星,如今大彗星的出现俨然已经成为一场科普的盛宴[13]。

1.1.2 对流星体的观测和认知

众所周知,当太阳系内的尘粒或固体块进入大气层后,高速的运动使其和大气摩擦燃烧形成流星,当短时间内有很多流星时就会形成流星雨,而一些流星体未燃烧殆尽就到达地面从而成了陨石。现代天文学把流星分为偶发流星、火流星和流星雨三种。普通的偶发流星几乎每天晚上都会出现,不会引起古代人们的特别重视,只有亮的火流星才会引起人们注意并被记录下来,这些亮度很高的流星大都是我们现在所说的火流星[27]。流星雨是在短时间内发生的大规模流星现象,因此也成了古代人们的重点记录对象。

流星不像彗星那样经常被认为是不祥的预兆。许多地方有这样的传说:如果在流星落下来时许愿,愿望就会成真。但在中国传统文化中,流星往往被看作凶兆。例如,《三国演义》中就有多个重要将领的死亡伴随流星出现的情节,其中最著名的当数诸葛亮病逝前感慨“将星陨落,天命难违”。虽然这只是小说的虚构情节,却体现出了古人对流星这一天象的认知。

中国古代对流星的记载和认知

中国古代对流星和流星雨的记载最早可以追溯到三千多年前,这些记录描述了流星的声音、行进路线、余迹、颜色以及分裂等特征,还有一些至今不能完全解释的特殊流星现象[28],这些对于今天的研究也具有相当高的价值。

中国古代将月食描述为“天狗吃月亮”,其实“天狗”就是古人对于火流星的早期想象,因为它迅疾狂奔,并可能伴有吼声。中国对于流星雨最早的记录见于《竹书纪年》,记载了公元前16、17世纪的夏桀十年的一次流星雨。但由于《竹书纪年》的真实年代有待考证,也有说法认为目前最早的流星记录见于《左传》:“鲁庄公七年夏四月辛卯夜,恒星不见,夜中星陨如雨。”鲁庄公七年即公元前687年,这也是世界上关于天琴座流星雨的最早记录。目前的考古工作在甲骨文中也发现了对当时流星的记载。在《中国古代天象记录总集》的几千条有关记录中,多数还是诸如“星陨如雨”等简单的记录[7,28]。中国古代关于流星雨的记录,大约有一百八十次。其中天琴座流星雨约十次,英仙座流星雨约十二次,狮子座流星雨约七次[20]。在现代编纂的《中国古代天象记录总集》中,流星和流星雨的占比将近一半[28]。

流星雨的成因主要和彗星有关,很多彗星的周期很长,这就导致有些流星雨的回归周期长达数十年甚至上百年。古代的流星雨记录可以为这方面的研究提供强有力的证据。文献[30]比较早地对中国古代的流星雨做了详细的记载和整理。《中国古代天象记录总集》更是做了详细的汇总。

西方文明对流星的认知

流星在西方同样也引起人们的关注,不同于中国偏爱文字记录,西方在文字记录的同时也会用绘画雕刻等艺术形式进行描述,这与西方对彗星的记录方式是一样的。比较著名的是1783年8月18日英国发生的异常明亮的火流星事件。当时的英国杂志和目击流星事件的许多社会名人都对其进行了描绘。其中最有代表性的是意大利自然哲学家泰比里厄斯·卡瓦略,当流星出现时,他刚好在温莎城堡的露台上。随后卡瓦略发表了他的火流星纪录:"北方的天空中有些光正轻轻摇曳闪烁,很像极光。一个圆形的发光体发出这些光芒,其视直径相当于月亮的一半,几乎固定在相同的天空中……首先这个圆球出现淡淡的蓝色光芒,亮度逐渐增加,随后开始移动,朝向东方移动。它的光度相当惊人。露台附近的每个人都被流星瞬间照亮。"与他一起目击流星雨的五位同伴中有一位是艺术家托马斯·桑德比(Thomas Sandby)。根据这次著名的流星事件,他与他的兄弟保罗·桑德比(Paul Sandby)合作,创作了一件雕刻艺术品作为纪念[31],如图1-9所示。

图1-9 保罗·桑德比描述1783年火流星的原版水彩画,记录了在温莎城堡的露台上看到该流星的情景[31]

与彗星相似,西方的学者最初认为流星仅仅是一种大气现象,狮子座流星雨的反复发生使人们开始认识到流星也是一种天体现象,人们慢慢了解到了流星雨的本质。1833年的狮子座流星雨空前壮观,当时主要在北美地区可见,其流量非常大,最盛的一小时内有超过10万颗流星,在当晚的九小时内,落基山脉附近大概可观测到超过24万颗流星。当时的美国学者Denison Olmsted对该流星雨的现象和成因进行了研究,并在1834年和1836年相继发表了自己的成果。他发现流星雨的持续时间很短，并且流星雨会由一点辐射开来(图 1-10 右图)，他推测该流星雨来自太空中的一团微粒。随后在 1866 年，狮子座流星雨再次回归，并且在欧洲被观测到，流量达到每小时数千颗。接下来的两年流量有所减少，每小时仅有上千颗。在此期间，科学家发现狮子座流星雨来自坦普尔·塔特尔彗星。1899 年，流星雨没有在预测的回归日期内出现，科学家才意识到形成流星的尘埃可能来自彗星经过时的残留。一直到 1966 年狮子座流星雨才再次出现，借助现代的雷达观测，科学家对流星雨中各微粒尺寸的分布情况又做了进一步的研究[32]。

图 1-10　左图：1889 年出版的对 1833 年的狮子座流星雨描述的画作；
右图：尼亚加拉大瀑布上空的 1833 年狮子座流星雨盛况(木刻版画)

西方科学家对流星体的动态演化也进行了深入的研究，并以此为基础建立起了完善的流星雨预报体系。1890 年，爱尔兰天文学家 George Johnstone Stoney (1826 年—1911 年)和英国天文学家 Arthur Matthew Weld Downing(1850 年—1917 年)最先尝试计算流星体在地球轨道上的位置。他们研究了 55P/Tempel-Tuttle 彗星在 1866 年喷出的尘埃粒子，最后的计算结果显示大部分的尘埃痕迹仍在距离地球轨道很远的位置上。同时，德国柏林皇家天文学院的 Adolf Berberich 也得到了相同的结果。但当时狮子座流星雨的流量没有提升，虽然证实了计算结果的正确性，但仍然需要更多和更好的计算工具来实现更可靠的预测。到了 20 世纪中叶，惠普尔预测彗星的尘埃粒子相对于彗星的运动速度非常低，流星体粒子离开彗星后仅有微小的横向移动速度，它们主要还是散布在彗星的轨道上。随后

Milos Plavec 计算了流星体离开彗星后的运动轨道，经过一个轨道周期后，多数粒子会在彗星的前方或者后方。在多数的年份里，尘埃痕迹不会和地球交会，但是当交会出现时，地球上就会出现流星雨。这种效果在 1995 年麒麟座 α 流星雨的观测中被首度证实，并且也从较早但未被广泛注意到的狮子座流星雨的记录中得到了进一步验证。1985 年，喀山国立大学的 E. D. Kondrat'eva 和 E. A. Reznikov 第一次正确地辨识出造成过去几个狮子座流星暴的尘埃团块。此后科学家便根据这些团块来预测流星雨的到来时间。1998 年的狮子座流星雨预测时间早于实际时间约 24 小时，导致大批观测者空守夜空，此后科学家修正了流星雨预测的方法，使其更加准确[33]。在现代，流星雨已经成为一场重要的天文盛事，每年流星雨的出现，都会令各地的天文爱好者为之着迷。

陨石的记录

在陨石的记录方面，《春秋》中有世界上最早的陨石记录："(鲁嘻公)十有六年，春，王正月戊申朔，陨石于宋五。"这条记录十分明确地记载了年代(公元前 644 年)、确切日期、陨落地点和陨石数量。这个最早的陨石记录，在中国历史上非常有名，为历代著作所征引，甚至成了文学作品中的典故[34]。

古人早就意识到流星体坠落到地面成为陨石这一事实。到了北宋，沈括不仅在《梦溪笔谈》详细描绘了 1064 年陨石坠落的情景，并且已经注意到其中可能有铁。而欧洲在 1768 年曾发现三块陨石，巴黎科学院推举拉瓦锡进行研究，他的结论是："石在地面，没入土中，点击雷鸣，破土而出，非自天降。"直到 1803 年以后，欧洲科学家才认识到陨石是流星体坠落到地面的残留部分[7,20]。

中国古代的陨石记录大部分都包含了陨石确切的年代、地点、数量，一些详细的记录还会描述陨石坠落以及坠落后产生冲击波现象的过程，有的甚至会记载陨石的温度和质量等。公元 1573 年，山西静乐雁门村的陨石，"重千斤"，这是目前已见的陨石载录中最早记下的陨石质量，也是中国古代最重的陨石记录。另外还有一些关于陨石气孔的观测记录[34]。中国古代连续不断、内容丰富的陨石记载，对于科学史和当代天文学等科学部门来说，无疑是一份可贵的文化遗产。

陨石在古代虽然有很多客观的描述，但是同样也被赋予了很多迷信的色彩。汉代儒家代表董仲舒把陨石同日食、有蜮(害虫)、山崩、地震等都列为上天所表现的异象，要地上的人们"省天谴而畏天威"。这样的思想随后一直在中国文化中有重大影响力。到了明清，已经有部分比较进步的科学家和思想家认识到了传统观点的问题，如明代的吕坤指斥说："阴阳征应，自汉儒穿凿附会，以为某灾祥应某政事，最迂！"但是整个社会的主流仍然不接受科学的研究方法。譬如说，中国天文学家早就知道日食乃因月掩，但到明清时每逢日月食，官员还在带领着人民去"救护日月"[23,34]。

陨石的坠落在其他文明中也被赋予了神秘主义色彩。作为古代世界七大奇迹之一的阿耳忒弥斯神庙就可能是古人见到了陨石的降落而建立的，古希腊人认为陨石是神灵的化身降临人间故而建起神庙祭拜。伊斯兰教圣城麦加的禁寺内的卡巴天房中放置的黑石（伊斯兰教的重要圣物）很可能也是一块陨石[33]。

在全球的很多文明中都能找到远古人类使用陨石制作工具的痕迹。目前已知的最古老的人工铁制物品就是由陨铁打磨成的 9 个小珠子。它们出土于埃及北部，考古学家认为这些珠子制成于约公元前 3200 年。美洲的原住民也将陨石作为重要的仪式对象。1915 年，考古学家在西纳瓜人（公元 1100 年—公元 1200 年）的坟墓中发现了一个被羽毛裹着的 61 千克重的陨石。在新墨西哥州的古墓中也出土了一个用陶罐装着的小石铁陨石。类似的情况在美洲还有很多，比如因纽特人就把铁镍陨石作为铁金属的重要来源[33]。

欧洲最早的陨石记录是 Elbogen 陨石（1400 年）和 Ensisheim 陨石（1492 年）。1794 年，德国的物理学家恩斯特·克拉德尼（Ernst Chladni，1756 年—1827 年）发表了一篇论文，首次提出了一个大胆的设想——陨石是太空中的石头，在论文中他整理了已有的陨石记录来阐明自己的想法。但是当时的科学界却对他进行了无情的抵制和嘲讽。直到 1803 年 4 月 26 日，法国的莱格勒发生了一场流星雨，超过 3000 个碎片降临地面，法国科学院命令法国科学家让·巴蒂斯特·毕奥（Jean-Baptiste Biot，1774 年—1862 年）和英国化学家爱德华·霍华德（Edward Lee Howard，1951 年—2002 年）对这些碎片进行了研究，欧洲科学界才最终接受了陨石来自于太空这一事实[33,35]。

1.2 近现代小天体观测

1.2.1 小行星的发现历史

小行星本身的亮度比较低，不像彗星和流星一样肉眼可见，因此直到 19 世纪才被人类第一次发现。早在 1760 年，就有天文学家猜测太阳系内的行星与太阳的距离可构成一个简单的数字序列，但在火星和木星间有一个空隙，所以应该有一颗尚未发现的行星位于火星和木星之间。18 世纪末，许多人开始寻找这颗未被发现的行星。欧洲的天文学家们组织了世界上第一次国际性的科研项目，在哥达天文台的领导下全天被分为 24 个区，有系统地在这 24 个区内搜索这颗被称为“幽灵”的行星，但没有任何成果。

1801 年 1 月 1 日晚上，朱塞普·皮亚齐在西西里岛上的巴勒莫天文台进行观测时，在金牛座里发现了一颗在星图上找不到的星。皮亚齐本人并没有参加寻找“幽灵”的项目，但听说了这个项目，他怀疑自己找到了这颗行星，他在此后数日内继续观测这颗星。他将自己的发现报告给了哥达天文台,但一开始他自称找到了一颗彗星。此后皮亚齐生病了,无法继续他的观测。而他的报告用了很长时间才到达哥达天文台,此时那颗星已经向太阳的方向运动,无法再被观测到了。

高斯在读了皮亚齐的发现后就将这颗天体的位置计算出来送往哥达天文台。奥伯斯根据高斯的数据于1801年12月31日晚上重新发现了这颗星,即1号小行星谷神星。1802年,奥伯斯又发现了另一颗天体,他将其命名为智神星(Pallas)。婚神星(Juno)和灶神星(Vesta)在1803年和1807年相继被发现。此时,拿破仑战争的爆发使得科学家不得不中断了对小行星的观测,直到1845年第五颗小行星义神星(Astraea)才被发现。到1890年为止,已有约300颗已知的小行星了[36,37]。

在小行星发现初期的几十年间,它们都被认为是行星,到了1851年,这些天体的数量达到23个,天文学家开始改用小行星这个字眼来称呼这些体积较小的天体,并且不再以行星命名,也不再将它们归类为行星[38]。2006年,国际天文学联合会(IAU)对环绕太阳的天体又增加了矮行星的分类,原小行星分类中几个质量较大的个体,包括谷神星、妊神星、鸟神星和阋神星[39]被重新归类为矮行星。矮行星是具有行星级质量,但既不是行星,也不是卫星的太阳系天体。也就是说,它是直接环绕太阳运行,并且自身的引力足以达成流体静力平衡的形状(通常是球体),但未能清除邻近轨道上的其他小天体和物质[38],冥王星也是基于以上定义被划分为矮行星。

1890年摄影技术进入天文学领域,为天文学的发展提供了巨大的推动力。此前发现一颗小行星需要天文学家长时间记录每颗可疑星的位置,比较它们与周围星之间的位置变化。但是当曝光时间较长时,一颗相对于恒星运动的小行星会在摄影底片上拉出一条线,现代电荷耦合器件(CCD)成像依然如此,如图1-11所示,这样就可以很容易地确定小行星。而且随着底片感光度的增强,科学家可以发现肉眼看不见的小行星。摄影技术的引入使得人们发现的小行星数量和速度大大增加。20世纪90年代,CCD的应用和数字摄影技术的完善使得对小行星的观测手段愈加成熟,在这短短的三十余年间,科学家发现小行星的数量呈爆炸式增长[36]。

1.2.2 现代小天体观测

对于地球上的观测者来说,当小天体位于冲日附近(外行星)与合附近(内行星)的位置时,其反射的太阳光才容易被观测到,小天体的亮度和视运动速度此时都比较大,非常有利于观测。由于小天体不像人造卫星那样可以主动给观测台站发射观测信号,因此小天体的观测是一种被动的观测,也称作非合作目标观测。

目前对小天体的观测主要集中在光学波段和射电波段。光学观测是测量小天体反射太阳光的被动测量手段,包括对目标光度、光谱的测量。而射电观测的主要手段是利用地面的射电望远镜向目标发射射电信号,然后测量回波的时延和多普

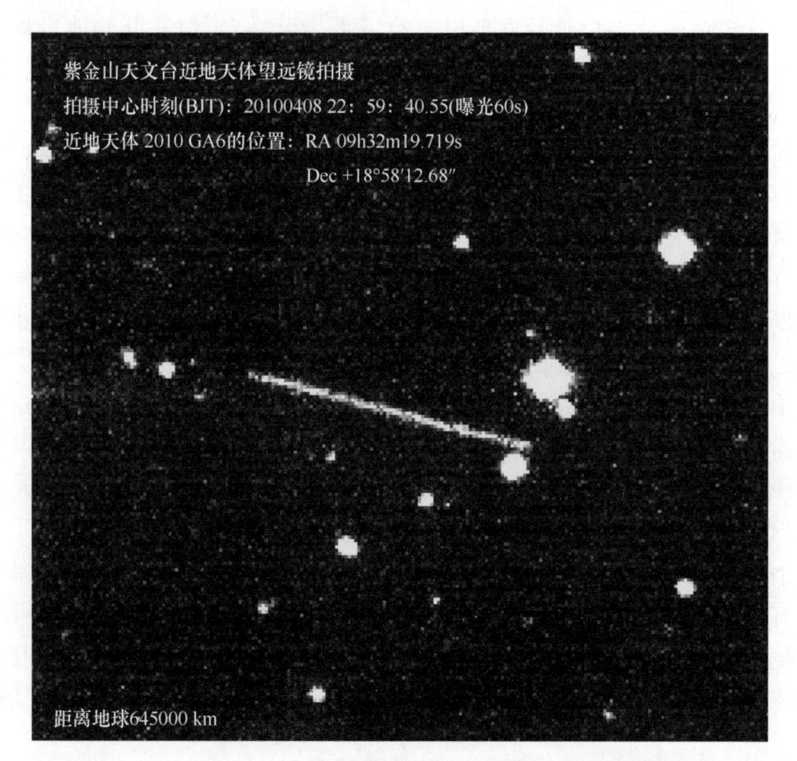

图 1-11　紫金山天文台拍摄的小行星 2010 GA6 的图像[40]，
曝光 60 秒后，可以明显看到小行星图像拉成一条直线

勒频移从而实现对目标的测距和测速，这样的观测方式和雷达的工作原理是一样的，通常称作雷达观测。雷达观测需要提前了解目标的轨道从而给射电天线提供指向信息，而这又只能通过光学观测实现。

小天体中心（Minor Planet Center，MPC）收集整理了几乎全部关于小天体的观测资料，并发布在其官方网站（http://www.minorplanetcenter.net）上。MPC 由哈佛大学天文台（HCO）的天文物理中心（CFA）辖下的史密松宁天文物理天文台（SAO）运营，在国际天文联合会（IAU）的主持下，MPC 也是全球唯一对小行星、彗星和大行星的不规则卫星的测量信息进行收集和发布的组织。MPC 是小天体观测网络的神经中心，负责所有目标的识别、命名和轨道计算，对每个已经发现的目标进行跟踪，并向全球发布新发现的目标[41]。截至 2017 年 3 月 6 日，MPC 已经确认了 729740 颗小天体，其中包括编号小行星 483390 颗，未编号小行星 242391 颗，彗星 3959 颗，近地小天体（near-Earth object，NEO）15422 颗。

光学测角是小天体最重要的观测信息之一，得到小天体的赤经赤纬值可以计算目标的轨道信息，这是发现新目标的重要判据。众所周知，太阳系中的天体主要在太阳的引力下运动，每个小天体的运行轨道都可以使用轨道根数描述，且具有唯一性。利用小天体的测角资料计算出其轨道，就可以确定所观测的目标是否是未发现的小天体。因此小天体的定轨在其搜寻观测中也扮演了很重要的角色。小天体轨道的计算方法可参阅文献[43]。

典型的小天体CCD图像如图1-12所示，光学测角时，在图像中找出背景星中已知角位置(赤经赤纬值)的参考星，计算观测的目标小天体和这些参考星在图像中的相对距离即可得到小天体在天球上的角位置，从而可以计算目标的轨道信息。参考星一般都是距离地球非常遥远的恒星，其在夜空中的位置变化非常缓慢，并且它们在天球上的位置早已被天文学家精确地测量出来了。小天体距离地球较近，在天球上的移动速度非常快，相应地每幅图像中的参考星也需要不断地变换，因此观测小天体的望远镜都需要较大的观测视场。由于观测视场较大，在一组拍摄到的图像中可以包含多个观测目标，一般来说每个观测目标平均观测数的量级是10[43]。

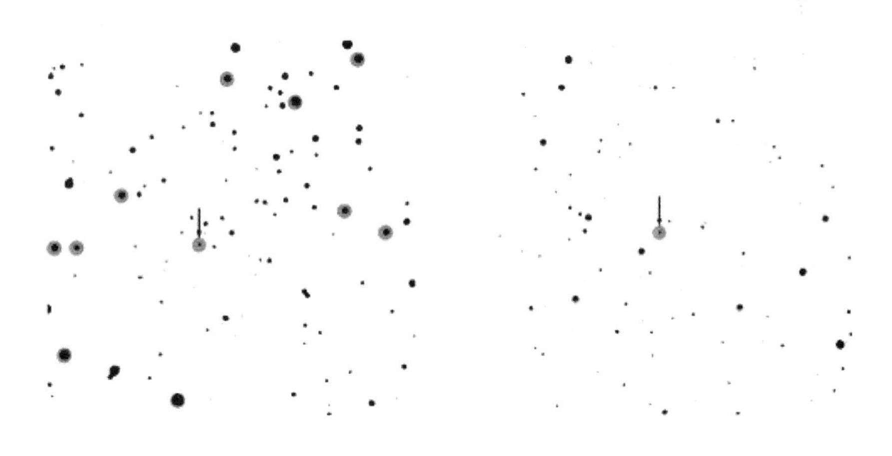

图1-12　小行星214088的CCD图像[44]

图中箭头标注的为目标星，两幅图的时间间隔为6天

对小天体物理性质的研究，需要通过测光和光谱来实现。对小天体测光得到小天体的光变曲线，可以分析出小天体的自转周期，进而测定小天体的自转轴指向和自身的形状，寻找疑似的双小行星系统等。通过多波段的测光还可以测定小天体的色指数，进而得到小天体的光谱型等参数。科学家在观测中发现，小行星在短时间内会发生明显的亮度变化。由于在短时间内小行星与太阳、地球的相对位置变化可忽略不计，因此，其光度变化主要是小行星自转和不规则外形共同造成的。对小行星测光主要采取较差测光的方式，即测量目标小天体和参考星的相对亮度，参考星的绝对亮度是预先确定的[45]。当太阳光照射到小天体上后，一部分会被小天体表面的物质吸收，这使得观测到的小天体反射连续谱在某些波段上出现吸收凹陷，可以根据这些吸收线来推断小天体表面的物质组分，这便是对小天体的光谱

观测。此外,某些小行星的反射光谱显示出和地球上的陨石光谱的相似性,这为揭示小行星和陨石的相互关系提供了重要线索。此外,科学家根据小行星的光谱对其进行了光谱分类,可用于研究小行星族成员间的物理联系,计算小行星的星等和直径等。对小天体的光谱观测需要借助光谱仪来实现,光谱仪可以将成分复杂的光分解为不同波长的光谱线,然后根据各个谱线的图像进行相关的研究[46]。

小天体搜寻计划

最早的大规模小天体巡天计划可追溯到 1960 年的帕洛马-莱顿观测计划(PLS),由美国的帕洛马山天文台和荷兰的莱顿天文台联合实施。随后在 1971 年、1973 年和 1977 年又分别展开了三次主要针对木星特洛伊小天体的搜寻任务,总共发现了约 5500 颗小天体[87]。此后有很多天文学家致力于小天体(Jupiter Trojans)的搜寻观测工作,并成立了多个小天体巡天计划。到了 20 世纪 90 年代,瑞典的乌普萨拉天文台先后与欧洲南方天文台(ESO)和德国宇航局(DLR)开展小行星的搜寻工作,当时的 CCD 技术还未广泛应用,这些观测计划依然采用传统的照相底片的成像方式[88,89]。

在这些小行星搜寻计划中也有以观测小天体的光谱为目标的光谱巡天计划,比较著名的是 1980 年开始的八色小天体巡天(Eight-Color Asteroid Survey, ECAS)和主带小行星光谱巡天(Small Main-Belt Asteroid Spectroscopic Survey, SMASS)。这些光谱观测的结果成为了对小天体光谱分类的重要依据。ECAS 开始于 1979 年,由美国亚利桑那大学负责,测光时使用了波长范围 0.34～1.04 微米的八个滤光片,共得到了 589 个小行星的光谱信息[90]。SMASS 开始于 1990 年,主要目标是获得直径小于 20 千米的主带小行星的光谱信息,由麻省理工学院(MIT)负责,在成像时已经使用了 CCD,光谱的波长范围为 0.44～0.92 微米,共获得了 1447 颗小行星的光谱信息[91]。

由于近地小天体存在撞击地球的风险,并且其相对来说更容易探测,越来越多的小天体巡天计划把近地目标作为主要目标,国外成就最显著的几个项目包括:林肯近地小天体研究项目(Lincoln Near-Earth Asteroid Research, LINEAR),近地小天体追踪项目(Near Earth Asteroid Tracking, NEAT),太空监视(Spacewatch),洛厄尔天文台近地小天体搜寻计划(Lowell Observatory Near-Earth-Object Search, LONEOS),帝王台近地目标巡天计划(Campo Imperatore Near-Earth Object Survey, CINEOS),卡特林那巡天系统(Catalina Sky Survey, CSS)和泛星计划(Panoramic Survey Telescope and Rapid Response System, Pan-STARRS)等。随着观测的深入,这些计划也发现了大量其他类型小天体。

LINEAR 是由美国空军、美国国家航空航天局(NASA)及麻省理工学院的林肯实验室(MIT Lincoln Laboratory)联合成立的,随即成为最多产的近地小天体观测小组，直到 2005 年这一地位才被 CSS 项目所取代。LINEAR 项目的主要任务是搜寻直径 1 千米以上的近地小天体，观测设备位于美国新墨西哥州的白沙导弹靶场[47]。LINEAR 项目总共向 MPC 贡献了三千多万条观测数据，占当时 MPC 总数据量的 35%，截至 2011 年 9 月 15 日，共搜寻到 231082 个太阳系小天体，其中包含 2423 个近地小天体和 279 颗彗星[48]。

LINEAR 最初的测试场所可以追溯到 1972 年，20 世纪 80 年代初期，LINEAR 相关设备及林肯实验室的实验测试系统建设完成。1996 年，LINEAR 计划开始进行近地小天体的观测，使用了 1 米口径的地基光电深空监控(Ground-based Electro-Optical Deep Space Surveillance，GEODSS)望远镜，这种由美国空军设计的广角光学望远镜最初用于观测地球轨道上的航天器。1997 年 3 月至 7 月，望远镜上安装了一个 1024×1024 像素的 CCD 进行视场测试，这个测试用的 CCD 仅占据了望远镜整个视场五分之一的面积，但在此期间就发现了 4 颗近地小天体。1997 年 10 月，又安装了一个像素为 1960×2560，能覆盖望远镜 2 平方度视场的 CCD。这两个 CCD 被同时应用于后续的测试中。从 1998 年 3 月开始，LINEAR 开始了正式的观测。1999 年 10 月，第 2 架 1 米望远镜也加入了搜寻工作。2002 年，第 3 架 0.5 米的望远镜开始启用，负责两架 1 米望远镜发现的天体的后续追踪工作。LINEAR 望远镜每天晚上可沿着黄道搜索目标天区五次。CCD 因其较高的灵敏度和相对快速的数据输出速度，使得 LINEAR 每个夜晚的观测都可以覆盖大部分的天区。

NEAT 是 NASA 和喷气推进实验室(JPL)合作的近地目标巡天计划，任务周期为 1995 年 12 月至 2007 年 4 月，该计划最初使用美国空军位于夏威夷海勒卡拉火山用于人造卫星观测的大视场望远镜。CCD 像素为 4096×4096，视场为 1.2 度×1.6 度。2001 年 4 月，帕洛马山天文台 1.2 米口径的塞缪尔·奥斯钦(Samuel Oschin)施密特望远镜也加入了这一计划，并成为其主要的观测设备。此望远镜配备了 112 个 2400×600 像素的 CCD。小行星创神星、塞德娜及矮行星阋神星，皆是由这台望远镜发现的。NEAT 计划把观测数据在网络上公开，很多天文爱好者根据这些数据库，发现了大量未有记录的小行星，这些小行星多数位于小行星主带内。从 2003 年起，发现这类“NEAT 数据库小行星”的人士不再获得该小行星的命名权[49]。NEAT 发现的小行星数目远低于 LINEAR，但是其向公众开放观测数据的举动，仍让其获得了很大的关注。为表彰这个计划的贡献，小行星 64070 便是以 NEAT 命名的。

太空监视是亚利桑那大学月球与行星实验室主导的专门观测和研究各种类型的小行星和彗星的计划。该计划自 1980 年至今，使用 1.8 米和 0.9 米口径的望远镜专门用来搜寻小行星，每年都会发现大量新目标。同时还使用 Steward 天文台的 2.3 米口径的 Bok 望远镜和基特峰天文台的 4 米口径望远镜进行跟踪观测。太空监视发现了木星的卫星——木卫十七(Callirrhoe),起初曾被误认为是小行星。其他重要的发现还有 Echeclus、Pholus、Varuna、1998 KY26、(35396)1997 XF11 和(48639)1995 TL8 等。这个计划也重新发现"丢失"了一段时间的小行星阿尔伯特和周期彗星 125P/Spacewatch[50]。

LONEOS 是 NASA 和洛厄尔天文台共同执行的发现近地小天体计划。计划于 1993 年开始,2008 年 2 月结束。LONEOS 使用的是 1990 年从俄亥俄州卫斯理大学获得的 0.6 米 $f/1.8$(焦比)的施密特摄星仪,配合视场为 3.17 度×1.58 度的 1600 万像素的 CCD 照相机,每晚可以观察 1000 平方度的天区,大约一个月可以观察整个可见天空一次。CCD 以两个独立的芯片做成鱼眼结构,每个芯片的分辨率是 2048×2048 像素,以热电冷却至零下 50 摄氏度。CCD 最低可探测视星等是 19.8 等,其标准极限值是 19.3 等。照相机本身是圆柱形的,直径 7 英寸(1 英寸=2.54 厘米),输出速率是每秒 25 万像素。视场是 3.17 度×1.58 度,读取时间为 34 秒,像素的大小是 15 微米,由西雅图华盛顿大学的克里斯斯塔布斯、阿伦德尔克斯、John Angione 制造,量子效应最大可以达到 40%。该计划有五百多万条观测数据收录于 MPC,共发现了 289 颗近地小行星和 42 颗彗星[51]。

CINEOS 由意大利罗马天文台的帝王台观测站负责,其主要目标是发现和跟踪与地球轨道相交的近地小天体,同时进行轨道半长径较小的阿登型小行星和地内小行星的搜寻。当时科学家对这些小行星了解得很少,故而 CINEOS 将其作为主要的搜寻目标。该计划的观测站靠近大萨索山山顶,海拔约为 2150 米。都灵观察站也参与了这个项目,该站使用施密特望远镜(改正透镜直径、球面镜直径和焦距分别为 60 厘米、90 厘米和 183 厘米),每月工作 10～14 个夜晚。该计划任务周期为 2001 年 8 月到 2004 年 11 月,共观测到 61000 多颗的小行星,并发现了 1500 多颗新的目标,其中包括 1 个半人马小行星,2003 年 7 月到 9 月,其发现新小行星的数目位居世界第五位(2004 年 6 月至 8 月第六位),也是意大利第一个发现近地小天体和木星外小行星的专业团队[52]。

CSS 的主要任务是搜寻可能对地球构成撞击威胁的小行星,也称之为潜在威胁小行星(potentially hazardous asteroid,PHAs)。该计划的主要科学目标为确认 90%直径大于 1 千米的近地小天体。次要的科学目标为改善对主带小行星分布状态的认知,确定大轨道半长径彗星的分布特征,根据近地小天体的分布情况确定其来源以及进入内太阳系的机制和寻找小行星探测计划的潜在目标。

CSS 使用 3 架望远镜:莱蒙山峰顶的 1.5 米、$f/2$ 望远镜,毕吉诺山附近的 68 厘米、$f/1.7$ 的施密特望远镜(这两架都在亚利桑那州)和澳大利亚赛丁泉天文台 0.5 米、$f/3$ 的乌普萨拉施密特望远镜。这三个台站都使用相同热电低温照相机,可被冷却至零下 100 摄氏度,暗电流低至约每小时一个电子。4096×4096 像素的 CCD 相机为 1.5 米望远镜提供了 1 平方度的视场,为 68 厘米望远镜提供了将近 9 平方度的视场。理论上,1.5 米望远镜曝光 30 秒就可以拍摄到视星等为 21.5 等的天体。CSS 在南半球分支的观测任务位于澳大利亚的赛丁泉天文台,也被称作赛丁泉巡天任务(the Siding Spring Survey,SSS),但该任务已经在 2013 年因为经费缺乏而终止,其使用的 0.5 米望远镜也于同年退役。

自 2005 年开始,CSS 超越 LINEAR,成为最多产的近地小天体和潜在威胁天体发现项目。历年来 CSS 发现的近地小天体数量分别为 2013 年 310 颗、2014 年 396 颗、2015 年 466 颗以及 2016 年 564 颗[53,54]。

泛星计划的全称为全景巡天望远镜和快速响应系统,是正在进行的小天体巡天计划,该计划将对全天区的小天体进行天文测量和光度测定,通过比较同一天区不同时刻的变化来发现彗星、小行星、变星等天体,尤其是有潜在撞击风险的近地小天体。泛星计划总共可观测全天四分之三的区域,并且该计划将建立一个数据库,涵盖了在夏威夷可观测到的所有视星等 24 等以下的天体。该计划是夏威夷大学天文研究所(Institute of Astronomy)、麻省理工学院林肯实验室、茂宜高性能计算中心(Maui High-Performance Computing Center,MHPCC)和科学应用国际公司(Science Applications International Corporation)的合作项目,美国空军提供资金建设望远镜。泛星计划预计使用四个口径 1.8 米的望远镜组成阵列,每次观测同一天区,观测影像将利用计算机比对去除由芯片缺陷造成的像素坏点和宇宙射线影响,最后将四个望远镜收集的光线汇集,可产生相当于口径 3.6 米的望远镜分辨率。

目前已经有两台望远镜投入使用,均位于夏威夷茂宜岛海勒卡拉火山顶。第一个原型望远镜——PS1,于 2008 年 12 月 6 日启用,由夏威夷大学负责管理。2010 年 5 月 13 日起,PS1 望远镜正式进行科学观测。第二个望远镜——PS2,于 2014 年开始使用。由于资金问题,目前暂未确定另外两个望远镜的建造计划。

PS1 望远镜的视场直径达 3 度,总的视场达到 7 平方度。焦平面上由 60 个单独安装并紧密排列的 CCD 组成一个 8×8 的阵列,因为阵列的四角接收不到光线,未安装 CCD。每个 CCD 均采用正交传输阵列(orthogonal transfer array,OTA),有 4800×4800 个像素,分成 64 个单元,每个单元有 600×600 个像素。PS1 望远镜拍摄的每幅图像高达 14 亿像素,是目前同级别望远镜中最高的。每幅照片需要 2GB 的储存空间。每次拍摄曝光时间为 30～60 秒,可以拍摄到视星等 22 等的天体。另外计算机需要 1 分钟对图片进行处理。由于照片必须连续拍摄,建成后的四个望远镜系统预计每个晚上将可获得 10TB 的资料,由于数据量太大,计算机记录每幅影像中天体的光度和位置后照片本身将被删除。将观测到的位置和光度与先前的观测资料进行比对,就可以了解天体的光度和位置变化等信息。

目前所有巡天计划的观测目标多集中在低轨道倾角的天体,而泛星计划预计可以观测到许多高轨道倾角天体。泛星计划预计还可观测到星际碎片(interstellar debris)或星际闯入者(interstellar interlopers)飞经太阳系。一般认为这些天体可能是其他恒星的行星系统形成时抛射出的[55]。

图 1-13 显示了 NASA 统计的几个主要的小天体巡天任务每年观测到的直径 140 米以上的近地小行星的数目。表 1-1 详细显示了每年的数字统计。可以看到 CSS 和泛星计划已成为近地小天体搜寻的主要力量。其中 NEOWISE 是天基观测任务,将在后文中介绍。

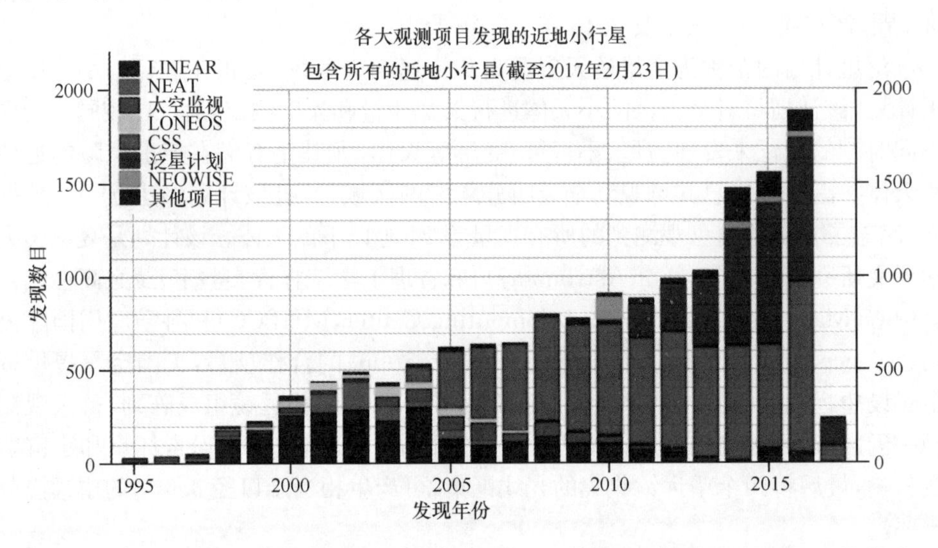

图 1-13 NASA 统计的各个观测计划搜寻到的近地小行星数目随时间的变化(后附彩图)

统计时间截至 2017 年 2 月 23 日,该数据不断更新,可访问网站[54]获取最新信息

表 1-1 截至 2016 年的各大小行星巡天任务观测到的 140 米以上的近地小行星数目

年份	LINEAR	NEAT	太空监视	LONEOS	CSS	泛星计划	NEOWISE	其他任务
1995	0	0	26	0	1	0	0	6
1996	1	10	28	0	0	0	0	6
1997	17	11	14	0	0	0	0	11
1998	136	11	34	7	4	0	0	12
1999	162	0	19	14	30	0	0	4
2000	259	16	26	38	13	0	0	12
2001	278	92	22	42	1	0	0	6
2002	288	146	22	21	2	0	0	11
2003	235	67	56	55	8	0	0	17
2004	304	26	71	39	84	0	0	12

续表

年份	LINEAR	NEAT	太空监视	LONEOS	CSS	泛星计划	NEOWISE	其他任务
2005	136	38	83	42	308	0	0	20
2006	96	22	99	19	394	0	0	8
2007	111	4	46	12	467	0	0	10
2008	140	0	85	1	563	0	0	16
2009	109	0	63	0	574	0	0	35
2010	105	0	43	0	603	18	124	23
2011	70	0	32	0	575	172	3	35
2012	54	0	26	0	628	251	0	33
2013	3	0	25	0	600	359	1	47
2014	0	0	16	0	617	620	40	184
2015	69	0	7	0	566	754	34	134
2016	51	0	6	0	923	770	29	113

在小天体搜寻方面，尤其是近体小行星的搜寻，NASA做出了重要贡献。另外还有很多国家和地区的天文机构致力于此，例如，日本成立了日本太空守卫协会(Japan Spaceguard Association，JSGA)[56]来进行近地小天体的搜寻；欧洲除CINEOS任务外，还有阿夏戈-德国宇航局小行星巡天计划(Asiago-DLR Asteroid Survey，ADAS)，该任务观测站位于意大利阿夏戈天文台，自2001年开始已经发现200多个小行星[57]。

中国紫金山天文台盱眙观测站的近地小天体望远镜(NEOST)是中国最主要的小天体观测设备。该近地小天体望远镜是施密特型光学望远镜，有效口径为1.04米，在同类型望远镜中口径为国内最大、国际第五。该望远镜装配有4000×4000像素的CCD相机，其有效无晕视场直径为3.14度，CCD有效视场为1.94度×1.94度，曝光时间为40秒，极限星等可达22.46等。该望远镜于2006年投入观测，并开展了“中国近地小天体巡天”计划。目前该计划已经获得了101438个小行星的超过40万次的观测数据，发现了930个临时编号的新小行星；确认了包括5个木星特洛伊小天体、2个希尔达族小行星和1个Phocaea族小行星等共计80个正式编号小行星；发现了1个阿波罗型和3个阿莫尔型近地小行星，发现了1个木星族彗星，在国内首次发现了1个动力学性质奇特的特殊小行星2010 EJ104。在2009年度国际小行星中心公布的400多个小行星观测站中数据量排名第六，在数据量前十名观测站中观测精度排名第一。近地小天体望远镜除了开展常规巡天观测计划外，还参与了多项国际联合观测。2008年作为中国唯一的观测设备参加了国际空间碎片协调委员会组织的高轨道空间碎片的光学联测，2009年参加了对坦普尔二号彗星的国际联测，2010 年参加了彗星 103P(Hartley 2)的国际联测和太阳系外行星系统 CoRoT-9b 掩星的国际联测[58]。

中国另一个主要的小天体观测计划是国家天文台施密特 CCD 小行星巡天计划(BAO Schmidt CCD Asteroid Program，SCAP)，是由中国科学院国家天文台观测宇宙学课题组从 1995 年 5 月开始实施的一个以发现小行星(包括近地小天体)为主要目标的观测研究计划。它利用不能做高精度天文测光观测的非测光夜以及天文昏影终之前和天文晨光始之后这一段时间进行专门的小行星搜寻工作，同时也从施密特望远镜的高精度天文测光观测资料中进行小行星搜寻。SCAP 使用国家天文台兴隆观测基地的 60 厘米/90 厘米施密特望远镜进行观测，它的焦比是 $f/3.0$，配备了一个 2048×2048 像素的 CCD，视场为 58 角分×58 角分。SCAP 观测到的小行星的星等分布峰值在 18～19.5 等，在这一星等范围内的小行星大多都是新发现的，能观测到的最暗的小行星(对普通的运动速度)在 21 等左右。截止到 2002 年 5 月，共发现获得国际暂定编号的小行星 2707 颗。其中有 575 颗小行星已经获得永久编号和命名权。SCAP 在 1995 年的观测数据量在国际上当年有小行星观测的 135 个天文台站中排名第 5 位，小行星发现数目排名当年第 3 位。1996 年 SCAP 的观测和发现数均排名当年国际第 4 位[86]。

空间红外波段观测

由于大气层和地面背景产生的干扰，地面观测能力会受到限制，尤其是地内小行星，其轨道在地球轨道以内，地面上的观测者只有在黄昏或黎明才有可能观测到，但是此时背景天光又太强，很难看到目标，空间望远镜则能避免这一缺陷。此外，相比于光学波段，在红外波段进行观测可以使用口径更小的望远镜，红外波段观测到的天体直径误差为 50%，而可见光观测可达 230%，红外波段望远镜也成为天基观测最好的选择[59]。目前用来搜寻小行星的空间观测计划主要有近地目标广域红外线巡天探测卫星(Near-Earth Object Wide-field Infrared Survey Explorer，NEOWISE)，近地目标监视卫星(Near-Earth Object Surveillance Satellite，NEOSSat)和计划在 2021 年发射的近地小天体相机(Near-Earth Object Camera，NEOCam)。

NEOWISE 是 NASA 的广域红外线巡天探测卫星(WISE)(如图 1-14 所示)在小天体观测方面的延伸任务。WISE 于 2009 年 12 月 14 日发射，搭载了 40 厘米口径的红外线望远镜，工作波段为 3～25 微米波长的红外光，其中用于观测小行星的工作波段为 12 微米。因为库伯带天体温度过低，不能使用 WISE 进行搜寻。WISE 可以用来探测有内能热的天体，例如，700AU 以外海王星大小的天体或 1 光年以外木星大小的天体。WISE 运行于约 500 千米高的太阳同步轨道，除搜寻小天体外，也拍摄太阳系、银河系以及宇宙深处的影像。这些影像可增进科学家对小行星、褐矮星和主要辐射红外线的星系的认识。2010 年 10 月初，WISE 上用于冷却观测设备的制冷剂耗尽，但其 4 部红外照相机中的 2 部仍能工作，NASA 决定利用它们进行小行星的观测任务。2011 年 2 月，WISE 进入休眠。2012 年 11 月，对 WISE 的检查表明 WISE 状况良好。2013 年 1 月 31 日，NASA 人类探索行动部门提交重新激活 WISE 的申请。2013 年 12 月，WISE 被重新激活并改名为 NEOWISE。通过反复扫描同一片星空区域，WISE 可以提供一系列图像以发现在固定的恒星背景中移动的天体，即近地小天体等天体。由于小行星经过太阳附近时被加热，其红外辐射往往比可见光辐射更容易被观测到。NEOWISE 在其被激活后的 25 天内已识别了太阳系内 857 个小天体，具备出色的工作能力[60]。截至目前，NEOWISE 已经观测到了 2978 个已经编号的小天体[61]，其中包括 236 个近地小天体和 28 颗彗星[62]。

图 1-14　WISE 望远镜[63]

NEOSSat 是由加拿大研制的近地目标监视小卫星，如图 1-15 所示，搭载了 0.15 米口径、$f/5.88$ 的马克苏托夫望远镜，视场直径为 0.86 度，卫星平台保证了其在约 100 秒曝光时间内的指向精度达到约 2 角秒。2013 年 2 月 25 日，该卫星发射升空，运行于约 780 千米高的太阳同步轨道，卫星整体尺寸为 137 厘米×78 厘米×38 厘米，发射质量仅 74 千克，是首个用于搜寻和追踪地内小行星的空间探测器。NEOSSat 被设计成一个多任务的小卫星，可同时用来进行近地空间监视(NESS)和高轨空间监视(HEOSS)。入射光线分光后聚焦在两个独立工作的

CCD 上，这两个 CCD 的尺寸均为 1024×1024 像素，一个用来执行多任务操作，一个用于星敏感器。NEOSSat 的极限星等为 20 等，每天可拍摄 288 幅图像，可以观测到和太阳的距角为 45 度～55 度，黄纬为＋40 度～－40 度的地内小行星[64]。

图 1-15　NEOSSat 艺术想象图

NEOCam 是 NASA 用来接替 NEOWISE 的下一代小行星空间搜寻计划，如图 1-16 所示。计划于 2021 年发射，设计寿命为 4 年。该探测器将放置在日地 $L1$ 平动点附近的轨道上，预计可观测直径 30 米的目标天体，具备观测地内小行星的能力。其主要科学目标是发现并追踪绝大多数直径大于 140 米的潜在威胁小行星，次要目标是观测主带内近 100 万颗小行星和上千颗彗星的主要特征。望远镜口径为 50 厘米，工作波段为近红外(6～10 微米)[65]。

此外欧洲空间局(European Space Agency，ESA)2013 年 9 月发射的盖亚(Gaia)空间望远镜，除了进行天文测量外，也可观测地内小行星[67]。在 MPC 的小天体观测数据中可以发现，其他一些天文望远镜(诸如 SOHO 太阳轨道望远镜、哈勃望远镜等)在进行自身设定的任务时也会拍摄到小行星和彗星的轨迹[68]，但这些都只是占了观测数据中的非常小的一部分，并不能作为小天体的主要观测手段。目前来说小天体的光学观测中对赤经的观测精度通常是 0.01 秒(0.15 角秒)，最好的精度可达到 0.001 秒(0.015 角秒)；对于赤纬的观测精度通常是 0.1 角秒，最好的可达 0.01 角秒[69]。

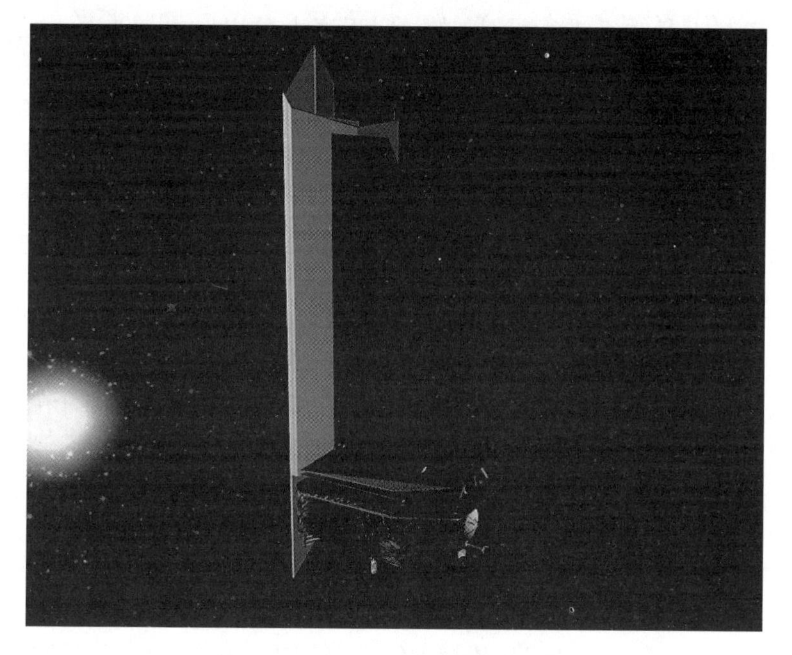

图 1-16　NEOCam 望远镜概念图[66]

射电波段观测

对小天体的雷达观测主要通过比较发射信号和反射的回波来得到所需要的信息，如图 1-17 所示。与传统天文测量依靠太阳反射等自然辐射的被动测量不同，雷达观测的一个重要特性就是观测信号是人工可控的，射电信号的时间、频率结构

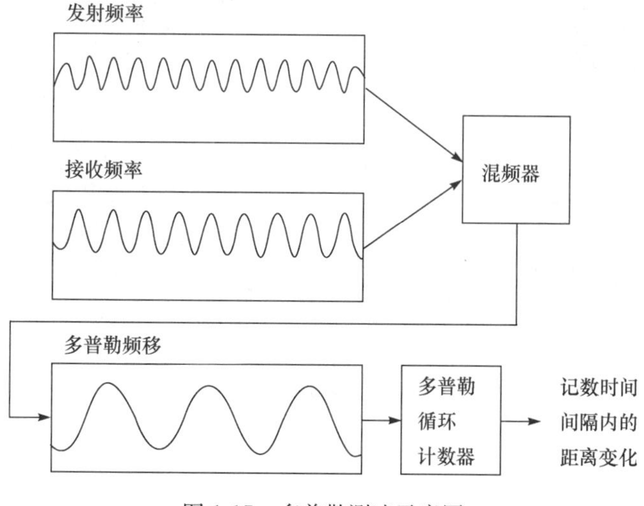

图 1-17　多普勒测速示意图

和偏振状态都由科学家进行设计，在一定程度上可以对目标进行一些可控的实验[70]。

由于地面设备发射和接收射电信号的能力有限，射电波段的观测对象通常为运行到地球附近的近地小天体和一些尺寸较大的主带小行星（MBA），可观测时间通常很短，往往只有几天。因此雷达观测需要利用光学观测得到的轨道预报信息，将天线对准小行星出现的区域。为了保证观测的质量，天线的指向精度最少需要达到 15 角秒，最小可以观测直径为 140 米的近地小天体（NEO）[71]，测距和测速的精度分别可以达到 10 米和 1 毫米/秒[72]。雷达观测的精度很高，可以对小行星表面进行成像，得到小行星的一些形状信息。由于其较高的测轨精度，通过一次对新发现的威胁天体进行雷达观测，就可以迅速提升基于光学观测得到的威胁性估计的准确性[73,74]。截止到 2017 年 2 月 26 日，在射电波段已经观测到了 138 颗主带小行星，678 颗近地小行星和 19 颗彗星[75]。此外，流星也可以通过这种方式来观测。

目前可用来进行小天体观测的射电望远镜主要有阿雷西博（Arecibo）射电望远镜（图 1-18）和美国加州金石（Goldstone）天文台的射电天线[70]等。阿雷西博射电望远镜于 1963 年 11 月 1 日正式投入使用，在中国 500 米口径球面射电望远镜（FAST）建成（2016 年）之前是世界上最大的单面口径射电波望远镜。

图 1-18　阿雷西博射电望远镜全景照片[79]，位于波多黎各的阿雷西沃山谷中

阿雷西博射电望远镜由史丹佛国际研究中心、美国国家科学基金会及康奈尔

大学联合管理。阿雷西博望远镜是固定在地面的望远镜，不能转动，只能通过改变天线馈源的位置扫描天空中的一个带状区域。该望远镜直径 305 米，深 508 米，建设在一个岩溶天坑中，反射面由 28778 个 1 米×2 米有孔的铝面板组成，由固定在石灰岩中的钢索网提供支撑。望远镜包括三座高达 100 米的铁塔，18 根钢索支撑的重达 500 吨的三角形平台和臂悬挂在主反射面上空的可移动馈源。平台下方悬挂着离主反射面 508 米的一个重 75 吨、直径 24 米的圆屋，其中放置了两个格里高利副反射面、雷达发射机和微波接收机。不同的馈源连接在不同波段的接收机上，各个接收机装置在一个可转动的圆盘上，这样可以很容易地把所需的接收机移到焦点处。射电信号发射装置的工作波段有 2380 兆赫兹、430 兆赫兹、47 兆赫兹和 8 兆赫兹，其中 2380 兆赫兹为观测小行星的工作波段[77]。中国的 FAST 由于没有安装射电信号发射装置，不能进行小行星的观测。由于射电望远镜的维护费用远高于光学望远镜，再加上 FAST 的建成，天文测量精度更高，阿雷西博望远镜经费逐年减少，目前正面临逐步关闭的局面。该望远镜建成后对周围热带雨林的环境也有影响，这也是其面临关闭的原因之一[78]。

金石天文台的官方名称是金石深空通信体系(Goldstone Deep Space Communications Complex，GDSCC)，位于美国加州的莫哈韦戈壁中，由 JPL 管理运行。其主要任务是负责空间探测任务的通信工作，在通信任务间隙会进行射电天文的观测工作。因测站附近有一个废弃的金矿开采小镇，故而取名金石。该测站内主要有五个大型的抛物面天线，其中一个口径为 70 米，另外四个口径为 34 米，如图 1-19所示，包含三个工作波段：S 波段(2.29～2.30 吉赫兹)，X 波段(8.40～8.50 吉赫兹)和 Ka 波段(31.8～32.3 吉赫兹)，其中 X 波段和 S 波段用于小行星

图 1-19　金石天文台的 3 个 34 米的射电天线

观测。相比于阿雷西博射电望远镜，金石天文台内的射电天线指向可调，能观测到更多的天区，对目标的追踪时间也更长。但是其口径相对较小，观测到的目标距离要相对近一些，而阿雷西博射电望远镜甚至可以观测主带内侧的目标[70,80]。图 1-20 是一张利用雷达观测得到的小行星图像，可以较为清晰地看到小行星的大致形状。

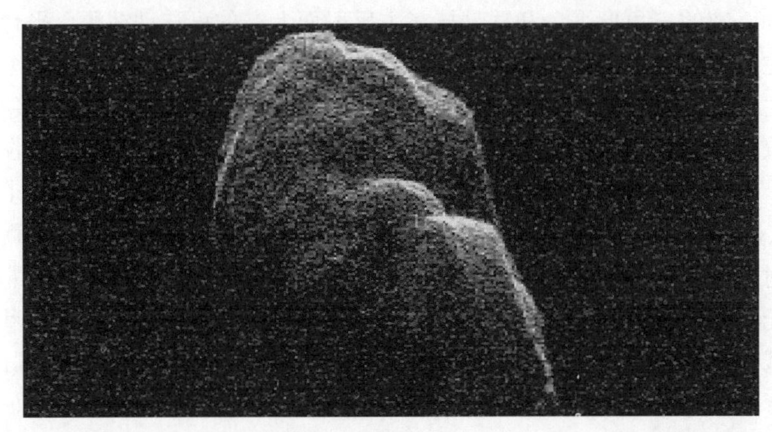

图 1-20 金石天文台 4 米分辨率下拍摄到的小行星 4179 图塔提斯的图像[76]

可看到小行星的表面形状，小行星的形状建模大都是根据射电观测或航天器探测时拍摄的图像来实现

此外，当深空探测器对小天体进行飞越、环绕和登陆时，就可以对特定的目标进行更深入的观测，包括其形状、结构、成分等。但这些探测任务在成立之初仍需要大量的地面观测来对小天体的特征进行初步的估计，从而选定符合任务要求的目标，这些都可以通过射电望远镜的高精度观测实现。

这些地面的观测不仅能搜寻到小行星和彗星，也能观测到很多流星。流星有较强的偶发性，有的亮度很大，甚至在白天也是可见的。图 1-21 是 NASA 近地小天体项目组对 1994～2013 年流星及其出现地点的统计结果。这些统计只限于观测站能看到的区域，实际的数量肯定更多。虽然这些流星已在空中燃烧殆尽，不会对地面造成伤害，但是对这些流星体的观测统计仍可增加我们对威胁天体的认知。

随着各种观测任务的实施，绝大多数较亮的小天体都已经被发现和观测，发现新的目标需要越来越先进的天文设备，专业的天文机构在这方面有较大的优势，这些昂贵的专业设备是绝大多数业余天文爱好者难以负担的。但是一些观测项目也会将观测数据公开，让更多的天文爱好者参与到小天体的搜寻和观测工作中来，除前文已经提到的 NEAT 任务外，SOHO 太阳轨道望远镜虽然主要是用来观测太阳的，但是其任务期间也观测到了超过 2000 颗彗星，很多都是依靠天文爱好者找到的，该团队在 2010 年还发起了寻找第 2000 颗彗星的比赛[82]。

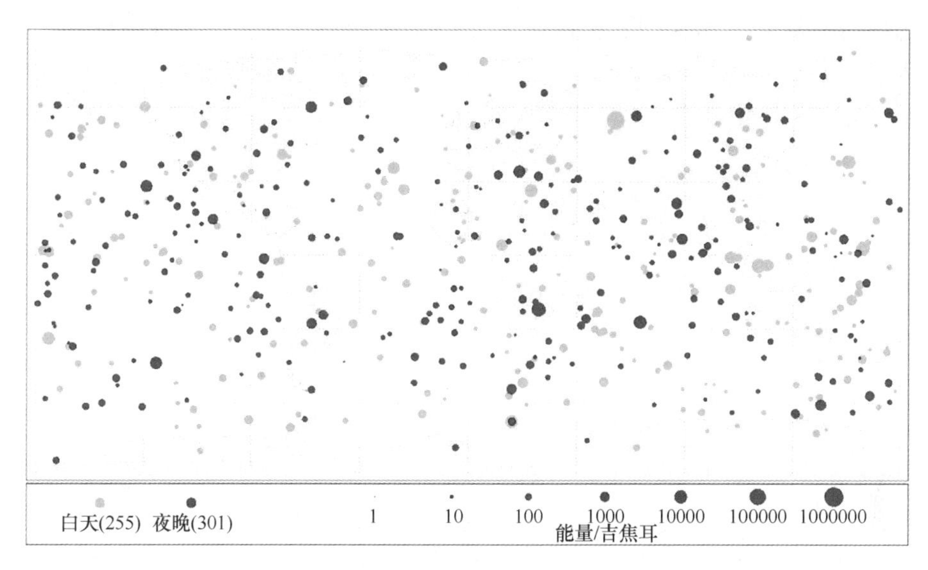

图 1-21　1994～2013 年观测到的流星统计地图

形成这些流星的微粒尺寸在 1～20 米[81]

彗星与流星雨的观测

亮彗星仅凭肉眼就能看到，但这是非常罕见的，通常口径达到 50～100 毫米的天文望远镜就能够看到相当多的彗星。相较于其他天体，彗星的移动速度较快，每夜可在天空中移动几度，通过望远镜的目镜很容易察觉它们的移动。彗星最引人注目的是它们明亮的核心和长长的尾巴，有时需要视场更大的小望远镜或双筒望远镜才能获得最佳的观测视场。较大的非专业天文望远镜（口径 25 厘米或更大）虽然集光能力更强，但在观赏彗星时不一定有着明显的优势，使用 8～15 厘米的小口径仪器也能观赏到壮观的彗星[13]。

相比之下，人们依靠肉眼就可以看到流星雨。我们知道流星雨来源于彗星在其轨道上残留的固体块，其出现有较强的周期性。科学家目前已经能较准确地预报流星雨的出现时间，并会提前发布流星雨出现的时间和最佳观测地点。国际天文联合会赞助的流星数据中心（Meteor Data Center，MDC）负责收集、计算、检查流星的轨道和轨迹，并通过摄影、视频和雷达技术获得流星轨道，此外流星数据中心还负责流星雨的甄别和命名工作。每次流星雨的出现都受到很多人的关注，吸引着众多天文爱好者投入到流星雨的观测记录工作中。国际流星组织（International Meteor Organization，IMO）[83]就是响应天文爱好者日渐增多的国际合作需求而成立的，该组织以多种方法搜集来自世界各地的流星观测数据，对流星雨和彗星与星际尘埃的关联性进行全面的研究。IMO 在每年的下半年会发布下一年将会出现的主要流星雨的预报，包括其活动时间、辐射点位置和亮度等信息，供全球的天文爱好者参考。根据 MDC 的统计，截至 2017 年 3 月，已经观测的疑似流星雨有 701 次，其中 112 次已经被正式确定[84]，值得观测的流星雨主要列于表 1-2中。

表 1-2　世界著名流星雨[85]

流星雨名称	出现时间	母天体
象限仪座流星雨	1 月初	可能是小行星 2003EH1，也可能是彗星 C/1490Y1 和 C/1385U1
天琴座流星雨	4 月下旬	C/1861G1 佘契尔彗星
船尾座 π 流星雨	4 月下旬	彗星 26P/格里格-斯基勒鲁普彗星
宝瓶座 η 流星雨	5 月初	1P/哈雷彗星
白羊座流星雨	6 月中旬	96P/梅克贺兹 1 号彗星、马斯登彗星群和克拉赫特彗星群
牧夫座流星雨	6 月下旬	7P/庞士-温尼克彗星
宝瓶座 δ 南流星雨	7 月下旬	96P/梅克贺兹 1 号彗星、马斯登彗星群和克拉赫特彗星群
英仙座流星雨	8 月中旬	109P/斯威夫特・塔特尔彗星
天龙座流星雨	10 月初	21P/贾可比尼-秦诺彗星
猎户座流星雨	10 月下旬	1P/哈雷彗星
金牛座南流星雨	11 月初	2P/恩克彗星
金牛座北流星雨	11 月中旬	小行星 2004 TG10 和其他天体
狮子座流星雨	11 月中旬	55P/坦普尔・塔特尔彗星
双子座流星雨	12 月中旬	小行星 3200 法厄同
小熊座流星雨	12 月下旬	8P/塔特尔彗星

表 1-2 中列举的流星雨通常亮度较大，数量也较多，比较容易看到。这些流星雨通常会受到广泛的关注，在其极大流量出现前，媒体一般进行相关的报道，IMO 的网站上也可以获取最佳的观测时间和地区。虽然这些流星雨几乎每年都会出现，但并不是每年都会有很大的流量。当发生流量很大的流星暴时，每小时的流星可达上千颗，场面极其壮观，但更多时候流星雨的流量都较小，甚至有时候每小时只有几颗。考虑到流星雨来源于彗星的尾迹，越年轻的彗星尾迹在太空中粒子浓度越高，当地球经过时也越容易形成流星暴。

参考文献

[1] 揭开人类对彗星恐惧敬畏之谜 [EB/OL]. [2017-02-23]. http://tech.sina.com.cn/d/2009-02-20/13562843866.shtml.
[2] [EB/OL]. [2017-02-26]. http://bbs.tiexue.net/post2_12045755_1.html.
[3] 胡佳伶. 不只是灾难扫把星，你不知道的彗星事 [J]. 台北星空，2013，61.

[4] 唐玄之. 甲骨文中关于 1843 i 大彗星的记载及其年代的确定 [J]. 考古与文物，2002，(1)：62-68.

[5] 徐振韬，蒋窈窕. 殷商彗星记事考 [J]. 自然科学史研究，1993，12(3)：235-239.

[6] 居辰. 中国古代的彗星纪录 [J]. 中国国家天文，2013，(4)：50-57.

[7] 中国古代的天象记录 [EB/OL]. [2017-02-23]. http://www. lyfls. com/tweb/goodweb/fscience/article/z_20. htm.

[8] 席泽宗. 马王堆汉墓帛书中的彗星图 [J]. 文物，1978，(2)：5-9.

[9] [EB/OL]. [2017-02-26]. http://www. universetoday. com/wp-content/uploads/2009/12/Comets-5. jpg.

[10] 崔振华，陈丹. 世界天文学史 [M]. 长春：吉林教育出版社，1993.

[11] 佚名. 我国观测彗星最早 [J]. 中国科技史杂志，1986，(2)：64.

[12] 子越. 中国古代彗星观测记录拾零 [J]. 天文爱好者，2004，(3)：53.

[13] [EB/OL]. [2017-02-23]. http://zh. wikipedia. org/wiki/彗星.

[14] 邓可卉. 对中国古代关于彗星认识的研究 [J]. 内蒙古师大学报(自然汉文版)，1996，(1)：69-72.

[15] 顾铁符. 马王堆帛书《天文气象杂占》内容简述 [J]. 文物，1978，(2)：1-4.

[16] 霍文勇. 古代西亚对哈雷彗星的记载 [J]. 阿拉伯世界研究，2001，(3)：72，73.

[17] [EB/OL]. [2017-02-26]. http://baike. baidu. com/link? url=a7DFLYK6qqYAAaM6CSZx62E2FyMv3oXvzeqXHt9FbPnXfAlIWI WiPieFXf7-u1ZYcTOETtS.

[18] History: Egypt-Comet metaphors(?)[EB/OL]. [2017-02-26]. http://www. pinterest. com/GilbertdeJong/history-egypt-comet-metaphors/.

[19] [EB/OL]. [2017-02-26]. http://en. wikipedia. org/wiki/File: BritishmuseumKetu. JPG.

[20] Comet Venus[EB/OL]. [2017-02-26]. http://www. godkingscenario. com/gks/comet-venus-gks-13.

[21] THORNHILL W. The Electirc Universe[EB/OL]. http://www. holoscience. com/wp/.

[22] Comet Fly-By Evidence For 1480BC[EB/OL]. http://gringaofthebarrio. wordpress. com/2016/03/30/comet-fly-by-evidence-for-1480bc/.

[23] 中西方天文学的比较 [EB/OL]. [2017-02-26]. http://wenku. baidu. com/link? url=Jpvqt8miJdqsXXdkG90OuVuNN6dyFs-NCHscAtG6oAaK0ONe7y0jCx14I-LCJtC7F2jJPw5Rfz-5dI3-k-6Kt7VsgW_G6PnA-qMzyRA4ZJi.

[24] Kronk G，张滨泓. 彗星：从迷信到科学 [EB/OL]. 2013. http://beagle. lamost. org/blog/post-70. html.

[25] 西方天文学发展史 [EB/OL]. [2017-02-26]. http://wenku. baidu. com/view/ac21996a14791711cc7917aa. html? from=search.

[26] [EB/OL]. [2017-02-26]. http://en. wikipedia. org/wiki/File: Bayeux_Tapestry_scene32_Halley_comet. jpg.

[27] 柳卸林. 中国古代火流星记录的统计分析 [J]. 天文和天体物理学研究(Research in Astronomy and Astrophysics)，1987，(3)：58-67.

[28] 吴光节,张周生. 我国古代记录的特殊流星现象与现代印证 [J]. 天文学报,2003,44(2):156-165.
[29] 王子杨. 武丁时代的流星雨记录 [J]. 文物,2014,(8):40-43.
[30] 庄天山. 中国古代流星雨记录 [J]. 天文学报,1966,(1):39-60.
[31] 1783 Great Meteor[EB/OL]. [2017-02-26]. http://en. wikipedia. org/wiki/1783_Great_Meteor.
[32] [EB/OL]. [2017-02-26]. http://en. wikipedia. org/wiki/Leonids.
[33] [EB/OL]. [2017-02-26]. http://en. wikipedia. org/wiki/Meteorite.
[34] 黄时鉴. 中国古代对陨石的记载和认识 [J]. 历史研究,1976,(4):69-76.
[35] [EB/OL]. [2017-02-26]. http://en. wikipedia. org/wiki/L%27Aigle_(meteorite).
[36] [EB/OL]. [2017-02-23]. http://zh. wikipedia. org/wiki/小行星.
[37] [EB/OL]. [2017-02-23]. http://zh. wikipedia. org/wiki/主小行星带.
[38] [EB/OL]. [2017-02-23]. http://zh. wikipedia. org/wiki/矮行星.
[39] Dwarf Planets and their Systems[EB/OL]. [2017-02-23]. http://planetarynames. wr. usgs. gov/Page/Planets#DwarfPlanets.
[40] [EB/OL]. [2017-02-26]. http://159. 226. 72. 32/upload/2010GA6img. bmp.
[41] [EB/OL]. [2017-02-23]. http://www. minorplanetcenter. net/about.
[42] [EB/OL]. http://www. minorplanetcenter. net/mpc/summary.
[43] Milani A,Gronchi G. Theory of Orbit Determination[M]. Cambridge:Cambridge University Press,2009.
[44] Ding C,Almonte H N,Costa J C. Orbit determination for asteroid 214088(2004 JN13) using Gauss' method[EB/OL]. http://campuspress. yale. edu/chunyangding/files/2015/06/DingChunyang-SSP-Paper-2jvdzig. pdf. 2014.
[45] 小行星测光 [EB/OL]. [2017-02-26]. http://buluo. qq. com/p/detail. html? bid=10088&pid=4841168-1459868537.
[46] 杨彬. 小行星的测光和光谱研究 [D]. 北京:中国科学院国家天文台,2003.
[47] [EB/OL]. [2017-02-23]. http://www. ll. mit. edu/mission/space/linear/.
[48] [EB/OL]. [2017-02-23]. http://www. ll. mit. edu/mission/space/linear/history. html.
[49] [EB/OL]. [2017-02-23]. http://neo. jpl. nasa. gov/programs/neat. html.
[50] [EB/OL]. [2017-02-23]. http://spacewatch. lpl. arizona. edu/.
[51] [EB/OL]. [2017-02-23]. http://en. wikipedia. org/wiki/Lowell_Observatory_Near-Earth-Object_Search.
[52] [EB/OL]. [2017-02-23]. http://en. wikipedia. org/wiki/Campo_Imperatore_Near-Earth_Object_Survey.
[53] [EB/OL]. [2017-02-23]. http://en. wikipedia. org/wiki/Catalina_Sky_Survey.
[54] [EB/OL]. [2017-02-23]. http://cneos. jpl. nasa. gov/stats/.
[55] [EB/OL]. [2017-02-23]. http://zh. wikipedia. org/wiki/泛星計畫.
[56] [EB/OL]. [2017-02-23]. http://www. spaceguard. or. jp/ja/e_index. html.

[57] [EB/OL]. [2017-02-23]. http://en. wikipedia. org/wiki/Asiago-DLR_Asteroid_Survey.
[58] [EB/OL]. [2017-02-23]. http://159. 226. 72. 32/neot/sbjsh. php.
[59] 马鹏斌,宝音贺西. 近地小行星威胁与防御研究现状 [J]. 深空探测学报,2016,(1):10-17.
[60] [EB/OL]. [2017-02-23]. http://zh. wikipedia. org/wiki/廣域紅外線巡天探測衛星.
[61] Minor Planet Discoverers[EB/OL]. [2017-02-23]. http://www. minorplanetcenter. net/iau/lists/MPDiscsNum. html.
[62] WISE NEA/COMET DISCOVERY STATISTICS[EB/OL]. [2017-02-23]. http://neo. jpl. nasa. gov/stats/wise/.
[63] [EB/OL]. [2017-02-26]. http://photojournal. jpl. nasa. gov/catalog/PIA17254.
[64] [EB/OL]. [2017-02-23]. http://en. wikipedia. org/wiki/Near_Earth_Object_Surveillance_Satellite#Development.
[65] [EB/OL]. [2017-02-23]. http://en. wikipedia. org/wiki/Near-Earth_Object_Camera.
[66] [EB/OL]. [2017-02-26]. http://neocam. ipac. caltech. edu/.
[67] [EB/OL]. [2017-02-23]. http://www. esa. int/Our_Activities/Space_Science/Gaia_overview.
[68] [EB/OL]. [2017-02-23]. http://www. minorplanetcenter. net/iau/lists/ObsCodesF. html.
[69] [EB/OL]. [2017-02-23]. http://www. minorplanetcenter. net/iau/info/OpticalObs. html.
[70] OSTRO S J. Asteroid Radar Research[EB/OL]. [2017-02-26]. http://echo. jpl. nasa. gov/introduction. html.
[71] Ostro S J,Hudson R S,Benner L A M,et al. Asteroid Radar Astronomy[M] // Jr Bottke W F,Cellino A,Paolicchi P,et al. Asteroids Ⅲ. Tucson:University of Arizona Press,2002:151-168.
[72] [EB/OL]. [2017-02-23]. http://www. naic. edu/～pradar/.
[73] Ostro S J. Radar observations of earth-approaching asteroids[J]. American Astronomical Society,1997,25:826.
[74] Yeomans D K,Ostro S J,Chodas P W. Radar astrometry of near-earth asteroids[J]. Astronomical Journal,1987,94(1):189-200.
[75] [EB/OL]. [2017-02-26]. http://echo. jpl. nasa. gov/asteroids/index. html.
[76] [EB/OL]. [2017-02-26]. http://echo. jpl. nasa. gov/.
[77] [EB/OL]. [2017-02-26]. http://en. wikipedia. org/wiki/Arecibo_Observatory.
[78] 世上最大望遠鏡該何去何從? [EB/OL]. [2017-02-26]. http://www. natgeomedia. com/news/ngnews/44077.
[79] [EB/OL]. [2017-02-26]. http://www. nsf. gov/news/special_reports/astronomy/downloads. jsp.
[80] [EB/OL]. [2017-02-26]. http://en. wikipedia. org/wiki/Goldstone_Deep_Space_Communications_Complex.
[81] New Map Shows Frequency of Small Asteroid Impacts,Provides Clues on Larger Aster-oid Population[EB/OL]. [2017-02-26]. http://www. jpl. nasa. gov/news/news. php? release =

2014-397.

[82] [EB/OL]. [2017-02-26]. http://sohowww. nascom. nasa. gov/hotshots/2010_12_28/.

[83] [EB/OL]. [2017-02-26]. http://www. imo. net/.

[84] [EB/OL]. [2017-02-26]. http://www. ta3. sk/IAUC22DB/MDC2007/Roje/roje_lista. php.

[85] [EB/OL]. [2017-02-26]. http://zh. wikipedia. org/wiki/流星雨.

[86] 大视场 CCD 小行星巡天及物理研究[EB/OL]. [2017-02-26]. http://batc. bao. ac. cn/work/jobs/work/work10. htm.

[87] Palomar-Leiden survey [EB/OL]. [2017-02-26]. http://en. wikipedia. org/wiki/Palomar-Leiden_survey.

[88] UESAC [EB/OL]. [2017-02-26]. http://en. wikipedia. org/wiki/UESAC.

[89] Uppsala-DLR Trojan Survey [EB/OL]. [2017-02-26]. http://en. wikipedia. org/wiki/Uppsala-DLR_Trojan_Survey.

[90] Zellner B, Tholen D J, Tedesco E F. The eight-color asteroid survey: Results for 589 minor planets[J]. Icarus, 1985, 61(3): 355-416.

[91] Burbine T H, Binzel R P. Small main-belt asteroid spectroscopic survey in the near-infrared[J]. Icarus, 1995, 115(1): 1-35.

第 2 章　小天体的命名

2.1　小行星的命名

西方学者最初以古罗马或希腊神话传说中神仙的名字来命名行星，小行星在发现之初也被认为是行星，因此其命名延续了这一传统。1801 年，皮亚齐在西西里岛上发现了第一颗小行星，就将其命名为谷神・费迪南星。该名称中，前一部分是以西西里岛的保护神谷神命名，后一部分是以那波利国王费迪南四世命名。但各国天文学家对后一部分不满意，因此只保留了前一部分作为该小行星的名字。故第一颗小行星的正式名称是谷神星[1]，谷神是一个主管五谷杂粮的女性神仙。随后发现的三个小行星——2 号小行星智神星，3 号小行星婚神星，4 号小行星灶神星——都是女性神仙。此后，每一个小行星都有两个名称：一个是小行星总表的数字序号，一个是以女性神灵称谓命名的专用名字。这也成了 19 世纪天文学家约定俗成的小行星命名规则，专用名字的命名权属于发现者或发现者所在的天文台[2]。

19 世纪初，英国传教士伟烈亚力将英国天文学家赫歇尔的著作 *Outlines of Astronomy*(《天文学纲要》)引入中国，并与清代著名学者李善兰一起进行了翻译工作，取名为《谈天》。他们在为小行星确定中文名称时，未采用较为便捷的音译，而是使用了意译。原因有以下三点：一是音译与汉语中的大行星名称(如木星、金星等)不协调，二是音译与李善兰已采用的卫星命名法(如木卫四、土卫六等)也不协调，三是对于不熟悉西方古代神话中诸多神仙名字的中国读者也极不方便。因此，翻译工作首先由熟悉神话掌故的传教士描述那些作为小行星专用名字的神话人物的身世、特征、专长和职责等，再由文化底蕴深厚的学者李善兰选配恰如其分的中文名。《谈天》中编著翻译了 116 个有中文专用名字的小行星，汇编成的小行星总表成为重要的天文文献，其中的小行星名称大都沿用至今[2]。

随着摄影技术进入天文领域，发现小行星的效率大幅度提高。到 19 世纪末期，人们已经发现了 300 多颗小行星，神话人物的名字数量无法满足不断增长的小行星数量。小行星命名的取词范围开始扩展，包括使用国家、地域、城市、名人、发现者夫人的名字或者其他神话中神的名字，甚至使用一些文艺作品中主角的名字来命名，但仍然需要遵循以阴性名词命名的规定，阳性的人名、地名、物名等名词需要加上后缀使其阴性化，如 1034 号小行星“Mozartia”是以著名音乐家莫扎特

(Mozart)的名字加阴性后缀命名的。

到了20世纪中叶,国际天文联合会取消了小行星专用名字女性化这一规定,阳性的词语可直接用于小行星的命名。1995年,在小行星中心的主持下,小行星的命名有了统一的格式:每一颗小行星都拥有暂定编号、永久编号和专用名字共三种称谓[1,2]。目前,所有的小行星观测数据都需要上传至小行星中心进行处理,小行星中心会对数据进行验证筛选,确定其是否为新发现的目标。按照小行星中心的规定:当一个小天体至少在两个晚上(两个晚上的间隔时间小于一周,以便于将观测目标和已有的目标进行识别计算)被观测到,并无法立即识别为已经观测到的目标时,可给其分配一个标准暂定编号[3]。小行星的观测者在向小行星中心发送自己的观测数据时,可以根据观测者自己的姓名等信息对目标取一个临时编号以便和小行星中心进行通信,当被小行星中心确认了观测目标后,小行星中心会立即给该目标确定一个标准的暂定编号[4]。实际上,可能有多个观测者或者机构同时"发现"这颗小行星,因此一颗"发现中"的小行星可能有多个暂定编号,在测定该目标的轨道后,测定者或机构可以选择一个暂定编号作为该小行星的主体编号。

标准的暂定编号由发现年份、发现月份的上半月或下半月以及在该半月内的发现顺序号三部分构成。发现年份由4位数字组成,发现月份依次由A到Y(除字母I外的)的24个字母表示,每月的1至15日为上半月,15日之后为下半月。例如,A表示1月上半月,Y表示12月下半月。在半月内的发现顺序号由A到Z的25个字母(不包括字母I)表示。25以上的数目则用字母加数字表示,往后累加时先依次增加字母的顺序,再增加数字的顺序,例如,A1表示26,Z1表示50,A2表示51。比如2017CH就表示该小行星是2017年2月上半月发现的第8个。表2-1和表2-2分别列出了发现日期和发现顺序的字母对照表。

表2-1 发现日期和英文字母对照表(不使用字母I)

字母	日期
A	1月1~15日
B	1月16~31日
C	2月1~15日
D	2月16~29日
E	3月1~15日
F	3月16~31日
G	4月1~15日
H	4月16~30日
J	5月1~15日
K	5月16~31日

续表

字母	日期
L	6 月 1～15 日
M	6 月 16～30 日
N	7 月 1～15 日
O	7 月 16～31 日
P	8 月 1～15 日
Q	8 月 16～31 日
R	9 月 1～15 日
S	9 月 16～30 日
T	10 月 1～15 日
U	10 月 16～31 日
V	11 月 1～15 日
W	11 月 16～30 日
X	12 月 1～15 日
Y	12 月 16～31 日

表 2-2　发现顺序的字母对照表(不使用字母 I)

A=1st	B=2nd	C=3rd	D=4th	E=5th
F=6th	G=7th	H=8th	J=9th	K=10th
L=11th	M=12th	N=13th	O=14th	P=15th
Q=16th	R=17th	S=18th	T=19th	U=20th
V=21st	W=22nd	X=23rd	Y=24th	Z=25th

一般来说,观测到某颗小行星的冲日次数大于等于四次就可以较为精确地测定该小行星的轨道数据,也就可以为其指定用数字表示的永久编号。但是这条准则并非绝对,在实际处理过程中,尤其是针对一些特殊的目标,会适当地放宽观测到的冲日次数要求,例如,给近地小行星指定永久编号所需要的冲日观测次数可以减少到三次,甚至两次[5]。

当小行星获得永久编号后,其发现者在十年内对其专用名字拥有优先的提名权。在仅依靠人眼观测小行星的时代,通常认定第一个观测到的观测者为其发现者,如果一个新的观测发现和先前的观测为同一目标,则先前的观测者被认为是拥有发现权的。但这种准则较为武断,因为很多早期的观测只是“预发现”,即很多情况下,小行星仅凭一个晚上的观测所计算的轨道具有很大的不确定性,很难确定是否是新的目标。因此,小行星中心对发现者的定义做了重新的规定:小行星中心每月都会发布异常小天体观测信息的电子版报告(Minor Planet Electronic Circulars,MPEC),在该报告发布前就已经观测到多次冲日的目标,小行星的发现权属于主体编号的确定者;在该报告发布后进行了多次冲日观测,小行星的发现者就是在首次观测到的冲日阶段,最早上报了第二个夜晚(通常和第一个观测夜晚间隔小于一周)观测结果的观测者[5-8]。

小行星的发现者给小行星专用名字进行提名时,可在小行星中心的命名网站[9]上提交一个关于命名的简短说明。然后由 15 人组成的小天体命名委员会进行裁决,小行星中心对发现者的提名有详细的规定[5],包括以下几个基本的准则:

(1) 不超过 16 个字符(包括空格和符号)。

(2) 最好只有一个单词。

(3) 在某种语言下是能发音的。

(4) 非攻击性的词汇。

(5) 和已经存在的小天体或自然天体的卫星的名字不相似。命名时可以选取在军事或政治上著名的人物和事件,但必须在人物逝世或重大事件发生后的 100 年以内。不鼓励以宠物的名字命名,任何商业性的命名行为也是不允许的。

另外,对于一些特定轨道族群的小天体命名可以参照特定的神话类型,小行星中心对此也做了专门的说明:

(1) 传统海王星外天体(TNO)可根据神话传说中的造物主来命名。传统海王星外天体带也称作传统柯伊伯带,是太阳系内小天体的来源之一。

(2) 和海王星处于 3∶2 共振的天体可根据地狱中的神来命名。这些小天体又统称为冥族小天体,表示它们像冥王星一样被困在共振轨道中的小天体,所以其命名也使用地狱诸神。

(3) 处于木星和海王星之间,并不和其他大行星产生 1∶1 轨道共振的小天体,可依据神话中的半人马族神来命名。之所以选择这一族的名称是因为这些小天体通常同时具有小行星和彗星的特征。这些小天体也统称为半人马小天体。

(4) 和木星处于 1∶1 轨道共振的小天体可依据特洛伊战争来命名。其中 $L4$ 点附近的小天体为希腊人名,$L5$ 点附近的小天体为特洛伊人名。

(5) 近地小天体可依据神话传说命名,但不包括造物主和地狱诸神。

当小行星中心在《小行星通报》(*Minor Planet Circulars*)中刊登了小行星的专用名字后,该命名就成为其官方命名。小行星中心的网站[10]中,列出了所有已经命名的小行星以供查阅,截至 2017 年 2 月 13 日,已经有 20485 颗小行星获得了专名。

对于和木星处于 1∶1 轨道共振的特洛伊小天体命名还有如下小插曲[11]:

1906 年 2 月,德国天文学家马克斯·沃夫(Max Wolf)发现一颗位于太阳-木星的拉格朗日点 $L4$ 附近的小行星,后来以荷马在神话故事《伊利亚特》中的英雄阿基里斯命名该小行星为(588)阿基里斯，不久之后，在 $L4$ 点附近以及太阳-木星系统的另一个拉格朗日点 $L5$ 附近又发现了许多小行星。

在马克斯·沃夫的主导下，太阳-木星系统 $L4$ 点附近的特洛伊小天体都以《伊利亚特》剧本中的以阿基里斯为代表的希腊英雄人物命名，所以也称之为希腊群或者阿基里斯群；在 $L5$ 点附近的特洛伊小天体则以特洛伊的英雄来命名，代表人物则是普特洛克罗斯，所以也称为特洛伊群或普特洛克罗斯群。但是在 $L5$ 点附近发现的第一颗特洛伊小天体(617)普特洛克罗斯是以希腊英雄人物普特洛克罗斯命名的，这是因为当时还没有建立希腊和特洛伊分开命名的规则，除此之外，在希腊群中也有以特洛伊英雄名字命名的(624)赫克特。

由于《伊利亚特》剧中特洛伊战争的人物被用于特洛伊群小行星的命名，而最初特洛伊小天体又仅用于称呼和木星共享轨道的小行星，所以当在火星与海王星的拉格朗日点都有小行星被发现后，这些特洛伊小天体就必须称为火星特洛伊小天体或海王星特洛伊小天体。这些处于太阳和大行星三角平动点($L4$，$L5$ 点)附近的小天体也统称为特洛伊小天体。

小行星是各类天体中唯一可以根据发现者意愿提出命名，并经国际组织审核批准从而得到国际公认的天体。由于小行星命名的严肃性、唯一性和永久不可更改性，能够命名小行星成为一项世界公认的殊荣。

目前，中国大陆(内地)的小行星发现工作主要由紫金山天文台和国家天文台进行。中国台湾的鹿林天文台和中国香港的业余天文学家也都发现了数百颗编号小行星。这些机构和个人给小行星的专用名字带来了许多中国元素。中国的小行星命名一般多选用中国的杰出人物、地名和著名单位。中国大陆(内地)的小行星命名权基本都属于中国科学院，对小行星命名的选择也比较正式，最近几年有很多杰出的科学家获得了以他们的名字命名小行星的殊荣。中国台湾和中国香港对小行星的命名相对自由，很多娱乐明星和电影中角色的名字也可以用来命名小行星，这种小行星命名方式在中国大陆(内地)是很罕见的。截至 2017 年 2 月，小行星中心发布的编号小行星中，以中国的人名、地名和机构等命名的小行星已经达到了 360 颗以上。

中国对小行星的命名通常使用汉语名词，在翻译为标准的英语名称时，通常采用标准汉语拼音命名，而不是根据其表达的意思来翻译，比如“南京大学”星的英文名称是“Nanjingdaxue”。在现代汉语的拼音标准出现以前，那些以中文命名的小行星的英文译名会不一样，如“南京”星的英文名为“Nanking”。港澳台地区由于其拼音标准和内地(大陆)不同所以其英文译名会按照他们的标准来翻译，比如“邵逸夫”星的英文名是“Runrun Shaw”。

第一个和中国相关的小行星命名可追溯到清朝道光年间。1874 年，美籍加拿大天文学家詹姆斯·克雷格·沃森(1838 年—1880 年)随其金星凌日考察队来到北京观测金星凌日，该团队于当年 10 月 10 日发现了一颗新的小行星，编号为第 139 号小行星，他恭请当时管理钦天监和算学事务的道光皇帝第六子奕䜣（封号恭亲王）为该小行星题名，恭亲王在 1874 年（同治十三年）11 月 2 日将这颗星题名为“瑞华星”，寓意为“中华吉祥之星”，因当时的拼音未标准化，音译成“Juewa”。在沃森回国后的 1875 年，他又发现了 150 号小行星，并将之命名为“女娲”（Nuwa），以纪念当时的中国之行。自 20 世纪 70 年代开始，翻译人员将小行星“Juewa”的名称从英语翻译成中文时，从现代汉语拼音中寻找近似“Juewa”的发音，把这颗原本有中文名字的小行星，音译成为“九华”星。其后的天文书刊作者和编辑，虽然知道这颗小行星是在中国本土发现的第一颗小行星，却没有考证其名字来源，依旧将“九华”星当作这颗小行星的名称。四十多年以来，中国天文学会天文学名词审定委员会/全国科学技术名词审定委员会天文学名词审定委员会也一直将“九华”星作为 139 号小行星的官方名称。2017 年 1 月 7 日，福建天文爱好者林景明等经过一年多的考证，并提供了确切的文献记载，才将“九华星”词条删除，更正为“瑞华星”[12]。

著名天文学家张钰哲是第一个发现小行星的中国人。1928 年，留学美国期间，他在叶凯士天文台观测时发现了一颗小行星，这就是小行星 1125。为了寄托海外游子对祖国的眷恋之情，张钰哲决定把它命名为“中华”（英文译名“China”），但是这颗小行星后来失去了踪迹。紫金山天文台于 1957 年发现了一颗轨道相近的小行星，经张钰哲本人同意，以此取代了小行星 1125 命名为“China”。而在张钰哲逝世后一个月，原来的小行星 1125（1928 UF）被重新找回，并重新编号为小行星 3789，且被命名为“中国”（Zhongguo）[13]。

2.2　彗星的命名

中文“彗星”中的“彗”的本意就是“帚”。《说文》中记载：“彗，埽竹也。”在甲骨文中，是象形字，象征扫帚之形。在篆文中，是会意字，上方的是指细枝茂盛的草，下方的则表示是手持的意思，其造字的本意是用一种细枝茂盛的干草扎成的扫帚，这也是彗星俗称为“扫把星”或“扫帚星”的原因[14]。

西方语言中的“彗星”一词（如古英文：cometa；英语：comet；法语：comète；德语：Komet），来源于拉丁文中的 comēta 或 comētēs，这是拉丁化的希腊文 κομήτης，其意思是希腊文的“长发明星，彗星”。这个词又是从 κόμη（意思是“头上的头发”）转变过来的，用来表达是“彗星的尾巴”的意思。希腊哲学家亚里士多德首次使用这个引申出来的单词——κόμη，来形容他看见的“长着头发的星星”。彗星的天文学符号☄，也清楚地描绘了它的外观，小圆盘象征彗核，三条短线段象征彗尾[15]。

在彗星有系统的命名之前,有好几套命名的方法。在 20 世纪初期及之前,大多数彗星依据出现的时间命名,特别是明亮的大彗星都只提及年份,如“1680 年大彗星”等。哈雷彗星得名于爱德蒙 · 哈雷在 1682 年计算了其轨道并预测其在 1759 年回归。类似地,第二颗周期彗星恩克彗星和第三颗周期彗星比拉彗星也是以计算其轨道的天文学家命名。此后的周期彗星一般都以发现者的名字命名,这样的彗星命名非常普遍,一颗彗星的命名可以使用三位独立发现者的名字。由许多天文学家组织的大型团队机构发现的彗星则以这个机构的名称作为彗星的名字。例如,IRAS-荒贵-阿尔科克(IRAS-Araki-Alcock)彗星是红外天文卫星(Infrared Astronomical Satellite,IRAS)、业余天文学家荒贵源一及乔治 · 阿尔科克发现的。当多颗周期彗星是由同一个人、独立的团队或团队发现时,会在彗星的名称之后附加上数字来区别这些彗星,诸如舒梅克-利维 1 至 9 号。随着一些组织发现的彗星数量众多,这样的命名也变得不切实际。

后来,彗星命名时会先给一个临时名称,这个临时名称是由表示发现年份的数字和表示发现先后顺序的小写英文字母组成的。例如,1969i(班尼特彗星)是 1969 年发现的第 9 颗彗星。一旦观测到这颗彗星通过其近日点,并且确定了它的轨道之后,就根据它通过近日点的年份和顺序给予永久性的名称,其中年份使用阿拉伯数字表示,顺序使用罗马数字表示,永久名称通常在该彗星通过近日点后的第二年给出。例如,彗星 1969i 的永久名称为彗星 1970ii,表示该彗星是第二颗 1970 年通过近日点的彗星,又如舒梅克-利维 9 号彗星的临时名称和永久名称分别为 1993e 和 1994x。

但是随着发现的彗星数量不断增加,这套系统有许多问题暴露出来,比如有些彗星是在通过近日点之后才被发现的。于是,国际天文学联合会于 1994 年推出了新的彗星命名方法。自 1995 年起,在一年中以每半个月为单位使用一个字母和数字来表示发现彗星的时间和顺序,这个系统和小行星的命名略有不同,彗星的发现顺序仅以数字来表示,例如,在 2017 年 2 月下半月发现的第 4 颗彗星,将被命名为 2017 D4。此外,还添加前缀字母来显示彗星的性质:

(1) P/ 标示周期彗星(轨道周期短于 200 年,或是确认已经观测至少有一次通过近日点)。

(2) C/ 标示无周期的彗星或周期超过 200 年的彗星。例如,海尔-波普彗星的名称为 C/1995 O1。

(3) X/标示没有计算出可靠的轨道根数的彗星(一般来说都是历史上出现的彗星)。

(4) D/标示不再回归或已经消失、分裂或失踪的彗星。

(5) A/ 标示被错误归类为彗星,但其实是小行星的天体。

需要特别说明的是,新的彗星编号系统可能会与其他编号系统混淆,大行星的卫星编号会在前缀上加“S/”。另外，为了避免当前彗星编号系统出现漏洞，现在仍保留以发现者的名字命名彗星的规则。

最初被当成小行星命名的彗星，在确认其为彗星后仍然维持原有的小行星名称，但会加上代表彗星的前缀字母，例如，P/2004 EW38。如果彗星破碎并分裂成多个彗核，则在彗星编号后加上-A、-B、…以区分每个彗核。周期彗星方面，若彗星再次被观测到回归时，则在 P/(或 D/)前加上一个由国际天文学联合会小行星中心给定的总表编号，以避免该彗星回归时被重新编号。例如，哈雷彗星——第一颗被确认周期的彗星，其系统编号是 1P/1682Q1[15,16]。另外，目前还存在五颗同时具有小行星和彗星编号的小天体[17]，这种在部分轨道上会呈现彗星特征的小天体也被称为活动小行星[18]。

2.3　流星与陨石的命名

流星出现后或完全烧毁，或成为地上陨石，单一的流星不会被命名。陨石具有很强的科研和收藏价值，国际陨石学会对其制定了完善的命名规则。流星雨会定期出现，有时也被称作周期流星，国际天文学联合会对其制定了详细的命名规则。

流星雨的粒子在天空中运行的路径是平行的，而且速度相同，从观测者的视角看来它们似乎是由天空中一个相同的点辐射出来的，这个点称为流星的辐射点。国际天文学联合会根据流星雨流量峰值时辐射点在天球上的位置对流星雨进行命名[19]。

该规则是以距离辐射点最近的星座(距离辐射点最近的星所在的星座)对流星雨进行命名，并将拉丁文所有星座名称的字尾改为“id”或“ids”来称呼。形成流星雨的大片流星体在进入大气前被叫做流星群，它们和流星雨使用同样的星座名称。

当一个星座内包含多个流星雨的辐射点时，就选取距离辐射点最近的亮星为流星雨命名，如天蝎座 α 流星雨就表示该流星雨的辐射点距离天蝎座 α 星很近。同一星座内的流星雨还可以进一步通过其发生的时间加以区分，例如，我们常说的天琴座流星雨，其英文名直译为“4 月天琴座流星雨”，观测历史已有 2600 多年，来源为彗星 C/1861 G1 佘契尔彗星；而另一个来源于 IRAS-荒贵-阿尔科克彗星的流星雨命名为“5 月天琴座流星雨”。

对于日间出现的流星雨，还要在其名字前加上日间的标记。例如，6 月出现的“日间白羊座流星雨”，其命名上可以与 10 月出现的白羊座流星雨区分开来。

有的流星雨名称前会加上“南”或“北”来表示从同一母天体形成，但分别位于黄道面(严格意义上是木星轨道面)南北方两个方向的流星雨分支，这两个流星雨分支一般会活跃在同一周期。

如果流星群和地球还有另一个交会点，习惯上还会把它们叫做双生流星雨。

比如，猎户座流星雨和宝瓶座 η 流星雨就是一对双生流星雨，即使二者各自代表着不同时刻的彗星尘埃，并且其轨道差别也很大。从命名法则上来说，双生流星雨和一个流星群的南北分支将会有不同的名字。

从流星雨的命名规则可以看到，国际天文学联合会目前已经制定了较为严谨完善的命名规范以便于专业领域的使用。但是对于普通大众来说，并不需要对此进行严格的区分，所以为了方便日常的使用，我们目前常见的一些流星雨的中文译名并未严格按照国际天文学联合会的标准来翻译。例如，象限仪座流星雨采用了已经废弃的星座进行命名，由于其辐射点位于牧夫座的区域内，有时也称其为牧夫座流星雨。天龙座流星雨曾被非正式地称为贾可比尼流星雨，因为它的母彗星是21P/贾可比尼-秦诺彗星，有时仍会使用该名称。

中国古代对陨石的称谓是多种多样的，宋代以前将其称为“陨石”，也有把铁陨石称作“金”的，铁陨石雨叫“雨金”。至于民间对陨石的叫法甚多，例如，“雷斧”“雷楔”“霹雳暗”“霹雳车”“雷矢”“雷石”“雷公墨”“龙珠”和“落星石”等，大都与天上的“雷”和“龙”联系起来[20]。

目前陨石通常以其被发现的地点来命名，通常为邻近城镇的名称或地理特征的名称。例如，形成巴林杰陨石坑的代亚布罗峡谷陨石因邻近的代亚布罗峡谷而得名。如果在一个地区发现了许多陨石，有些陨石则会有非正式的昵称。例如，阿拉巴马州夕拉科加陨石，因其击中了安妮·霍奇斯这名女子，也会被称为霍奇斯陨石。但是，科学家、编目员以及大多数的收藏家通常使用经由国际陨石学会公布的官方命名的唯一名称[21,22]。

中国陨石的命名在与国际陨石学会命名规则保持一致的基础上，形成了一套自己的命名规范。中国陨石以降落或发现陨石的区（镇）名称命名，不得使用省名或者县名进行命名。有多个降落与发现地区的陨石，以主体降落或发现的区（镇）名为其命名。在同一区（镇）降落或发现的两次或两次以上的陨石事件，除最早降落或发现者用该名称命名外，其余以降落或发现的时间为序，依次在该区（镇）后面标以 1、2、3 等的序号。陨石的译名按照普通话拼音拼写[23]。

参考文献

[1] [EB/OL]. [2017-02-23]. http://zh.wikipedia.org/wiki/小行星.
[2] 李竞. 小行星命名法则的今昔 [J]. 中国科技术语，2006，8(1)：40-43.
[3] [EB/OL]. [2017-02-26]. http://www.minorplanetcenter.net/iau/info/OldDesDoc.html.
[4] Temporary Minor Planet Designations[EB/OL]. [2017-02-26]. http://www.minorplanetcenter.net/iau/info/TempDesDoc.html.
[5] How Are Minor Planets Named? [EB/OL]. [2017-02-26]. http://www.minorplanetcenter.net/iau/info/HowNamed.html.
[6] Guide to Minor Body Astrometry[EB/OL]. [2017-02-26]. http://www.minorplanetcenter.net/

iau/info/Astrometry. html.
[7] MPEC 2010-U20: EDITORIAL NOTICE[EB/OL]. [2017-02-26]. http://www. minorplanetcenter. net/mpec/K10/K10U20. html.
[8] [EB/OL]. [2017-02-26]. http://www. minorplanetcenter. net/iau/services/MPEC. html.
[9] [EB/OL]. [2017-02-26]. http://www. minorplanetcenter. net/submit_name.
[10] [EB/OL]. [2017-02-26]. http://www. minorplanetcenter. net/iau/lists/MPNames. html.
[11] [EB/OL]. [2017-02-26]. http://zh. wikipedia. org/wiki/特洛伊小行星 .
[12] [EB/OL]. [2017-02-26]. http://zh. wikipedia. org/wiki/瑞華星 .
[13] [EB/OL]. [2017-02-26]. http://en. wikipedia. org/wiki/1125_China.
[14] 胡佳伶 . 不只是灾难扫把星,你不知道的彗星事 [J]. 台北星空,2013,61.
[15] [EB/OL]. [2017-02-23]. http://zh. wikipedia. org/wiki/彗星 .
[16] Cometary Designation System[EB/OL]. [2017-02-26]. http://www. minorplanetcenter. net/iau/lists/CometResolution. html.
[17] Dual-Status Objects [EB/OL]. [2017-02-26]. http://www. minorplanetcenter. net/iau/lists/DualStatus. html.
[18] Dual Status Objects[M/OL] // Gargaud M, Irvine W M, Amils R, et al. Encyclopedia of Astrobiology. Berlin, Heidelberg: Springer, 2015: 680-680. http://dx. doi. org/10. 1007/978-3-662-44185-5_100321.
[19] [EB/OL]. [2017-02-26]. http://www. ta3. sk/IAUC22DB/MDC2007/Dokumenty/shower_nomenclature. php.
[20] 褟锐光,夏晓和 . 我国古代陨石的研究 [J]. 地球化学,1982,(4):412-422.
[21] [EB/OL]. [2017-02-26]. http://en. wikipedia. org/wiki/Meteorite.
[22] Guidelines for meteorite nomenclature[EB/OL]. http://meteoriticalsociety. org/? page_id=59.
[23] 褶锐光 . 陨石学会陨石命名委员会关于中国陨石名称的决议 [J]. 地球与环境,1981,(6):41.

第3章　小天体的起源与演化

3.1　太阳系内小天体

2006年，国际天文学会联合会(IAU)给出了太阳系内小天体的定义。太阳系内小天体(small solar system body，SSSB)是指太阳系内除行星、矮行星和自然卫星外，所有环绕太阳运转的天体[1]。

目前在太阳系内小天体的定义中没有规定质量下限，所以不能确定是否将围绕太阳运动的流星体以及肉眼可见的天体都包含进去，以及处于微观水平的星际尘埃、太阳风粒子和自由氢分子等。

如图3-1所示[2]，目前包含在太阳系内小天体这一概念下的天体种类主要为小行星和彗星。其中小行星包括主带小行星、近地小天体、行星的特洛伊小天体、一部分海王星外天体以及一部分半人马型小行星。彗星包括一部分海王星外天体和一部分半人马型小行星。有一部分彗星位于小行星主带之中，轨道特征与主带小行星相同，但是具有一些彗星的特征，即为图中彗星与小天体的交集部分，它们被称为主带彗星。

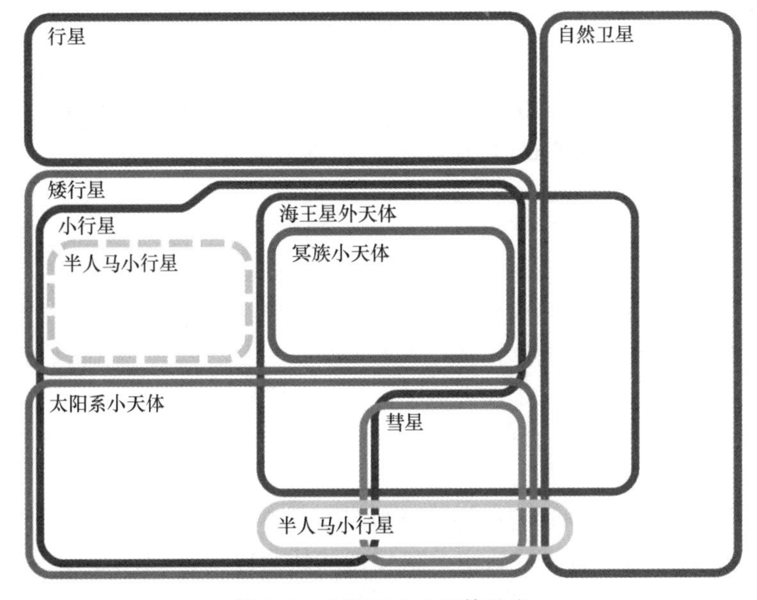

图3-1　太阳系内小天体种类

3.1.1 主带小行星

小行星主带是一个位于火星与木星之间的围绕太阳运行的带状结构，如图 3-2 所示[3]。其中包含大量的形状不规则天体，我们称其为主带小行星。小行星主带有时也被简称为主带，其中的小行星通常被称作主带小行星，用以和其他小行星(如近地小行星和特洛伊小天体等)进行区分。

图 3-2 小行星主带示意图

1781 年，新发现的天王星同样符合提丢斯-波得定律，使得当时的人们认为在火星与木星之间确实存在一颗行星，天文学家在 19 世纪初期对这一区域进行了集中观测，发现了众多小行星：谷神星、智神星、婚神星、灶神星和义神星等，到 21 世纪初人们在该区域发现了超过十万个天体。由于受到提丢斯-波得定律的影响，早先天文学家认为这些天体是由原本存在于该处的一颗行星破碎形成的，随着理论研究的深入，研究人员渐渐意识到该处可能从未形成过一颗行星，这些天体是一颗聚合失败了的天体的遗迹。

3.1.2 近地小天体

近地小天体是指太阳系内轨道接近地球的任何小天体。根据美国喷气推进实验室的定义，太阳系中近日点小于 1.3 天文单位(AU)的天体被定义为近地小天体。目前该定义包含了 15621 颗近地小行星和 106 颗近地彗星(NEC)。近地小天体的寿命有数百万年，最终会由于行星的引力摄动作用弹射到太阳系外或与太阳、行星发生碰撞。

根据近地小行星的轨道特征将其分为四类：

(1) 阿波希利型小行星的轨道严格在地球轨道以内，该型小行星的远地点小于地球的近地点(0.983 天文单位)，也被称作地内型小行星。该型小行星轨道位置示意图如图 3-3 所示[4]，蓝色为地球轨道，绿色区域为阿波希利型小行星所在区域。2003 年确认了第一颗阿波希利型小行星，由于距离太阳较近，观测与定轨都存在一些困难，截至 2016 年，该型小行星仅有 16 颗(包含疑似该型小行星)。

(2) 阿登型小行星的轨道半长径小于 1 天文单位，轨道远日点大于 0.983 天文单位，即轨道穿过地球轨道。阿登型小行星的轨道偏心率较高，其数量约占近地小天体总数的 6%。由于其轨道与地球相交，所以该型小行星常被认为是地球的潜在威胁。

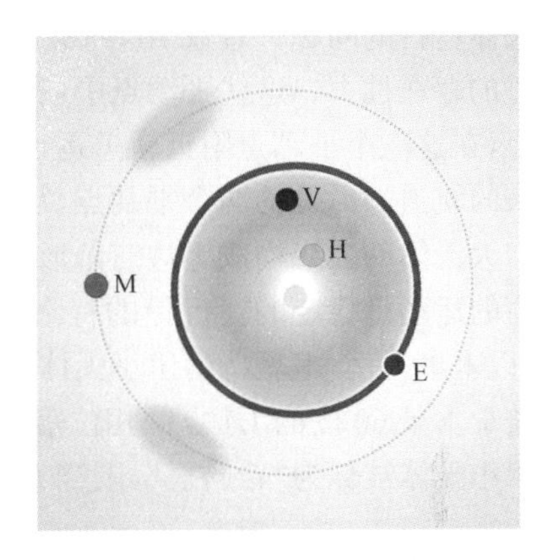

图 3-3　阿波希利型小行星轨道位置示意图(后附彩图)

(3) 阿波罗型小行星轨道半长轴大于 1 天文单位，轨道近日点小于地球远日点(1.017 天文单位)。该型小行星轨道也与地球轨道相交，同样是地球潜在威胁小行星。截至 2016 年 11 月，该型小行星共有 8180 颗，其中被观测到两次以上的 1133 颗阿波罗型小行星获得了编号[5]。

(4) 阿莫尔型小行星的轨道近地点大于地球远日点(1.017 天文单位)，小于 1.3 天文单位，即阿莫尔型小行星轨道严格在地球轨道之外。一些阿莫尔型小行星的轨道会穿越火星轨道[6]。

阿波希利型小行星和阿莫尔型小行星目前轨道不会穿越地球轨道，但是日后可能受到其他作用而演化为穿越地球轨道的小行星。阿登型、阿波罗型和阿莫尔型小行星轨道示意图如图 3-4 所示[7]。

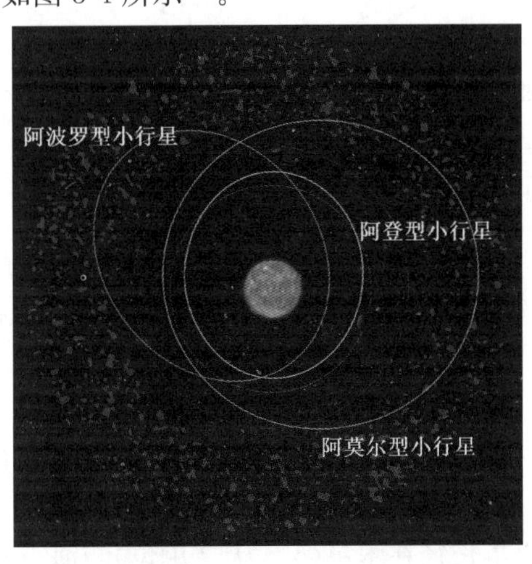

图 3-4　阿登型小行星、阿波罗型小行星及阿莫尔型小行星轨道示意图(后附彩图)

3.1.3　特洛伊小天体

限制性三体问题即一个质量可忽略的小天体，在引力的作用下，围绕另外两个大天体运行的问题。1772 年，约瑟夫·拉格朗日证明了限制性三体问题中五个平动点的存在性[8]。这些平动点中，有三个平动点($L1$,$L2$,$L3$)位于两个大天体的连线上，在这三个平动点附近轨道运行的小天体是不稳定的，受到小的摄动就会偏离原来的轨道。另外的两个平动点($L4$,$L5$)分布于两个大质量天体连线的两侧，它们与大天体的连线构成等边三角形(如图 3-5 所示)。小天体在这两个平动点附近轨道的运动是稳定的。行星的特洛伊小天体与该行星共享其围绕太阳运行的轨道，以木星为例，木星特洛伊小天体平动点为木星两个三角平动点中的一个：相位领先于木星 60 度的 $L4$ 点或相位落后于木星 60 度的 $L5$ 点。围绕 $L4$ 点运动的特洛伊小天体被称为“希腊群”，围绕 $L5$ 点运动的特洛伊小天体被称为“特洛伊群”。

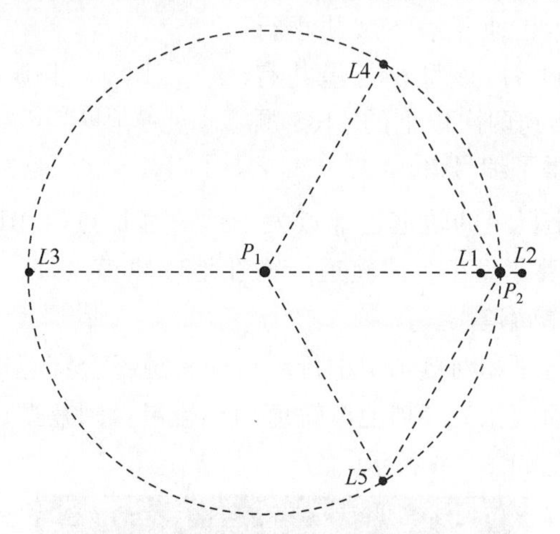

图 3-5　限制性三体系统的五个拉格朗日平动点

3.1.4　半人马型小行星

半人马型小行星是指那些轨道半长径介于太阳系外侧行星之间的小行星。目前学界没有对于半人马型小行星的准确定义，以下列举三个机构对于半人马型小行星的定义：

(1) 小行星中心定义轨道近日点在木星轨道之外(近日点距离大于 5.2 天文单位)，轨道半长径小于海王星轨道半长径(30.1 天文单位)的天体为半人马型小行星。

(2) JPL 定义轨道半长径在木星(5.5 天文单位)与海王星(30.1 天文单位)之间的天体为半人马型小行星。

(3) 深度黄道巡天(Deep Ecliptic Survey,DES)项目采用动力学方法,根据现行轨道进行一千万年的模拟演化来分类。定义在数值模拟过程中任意时刻近日点都小于海王星密切轨道的半长径的非共振天体为半人马型小行星[9]。

如图 3-6 所示[10]为半人马型小行星轨道分布意图,图中横轴表示天体的轨道半长径以及对应的轨道周期,纵轴弧线表示轨道倾角,红色线段表示天体轨道偏心率,线段左端表示近日点距离,右端表示远日点距离。黄色线段表示轨道比较特殊,图中的天体或轨道倾角很大,或轨道偏心率很高,或偏心率很小。实心圆点表示天体直径,空心圆点表示天体的绝对星等。现在关于半人马型小行星的物理数据较少,相关理论也不很完善。

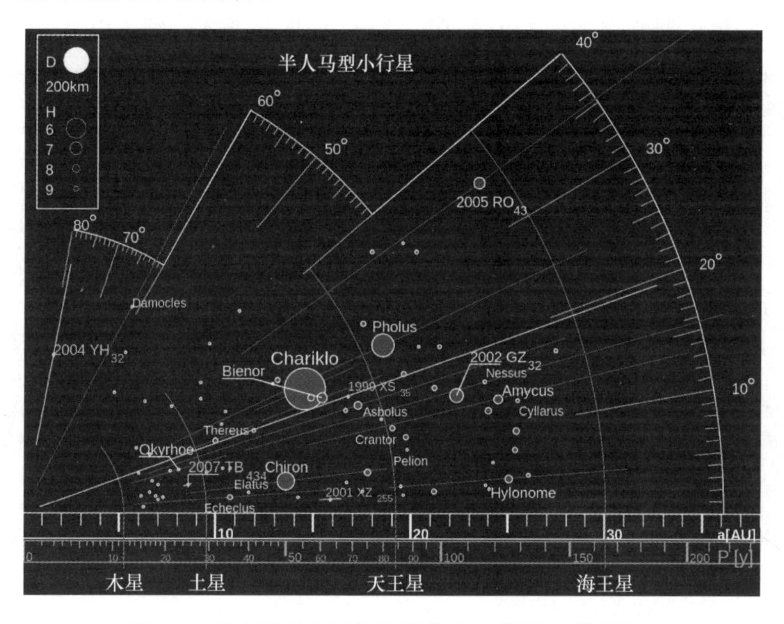

图 3-6　半人马型小行星轨道分布示意图(后附彩图)

3.1.5　彗星

彗星是含有大量冰质的太阳系小天体。当彗星运行到距离太阳足够近时,由于温度升高会开始释放气体,产生可见的大气层,这种结构叫做彗发。有的彗星也会有彗尾,在太阳风的作用下甚至会有多个彗尾。彗核由松散的冰、尘埃以及小岩石构成,彗核的大小从数百米到数十千米,彗发最大可达 15 个地球直径大小,彗尾则可绵延达 1 天文单位。彗星的观测记录存在于世界各地很多古老文明的典籍和文学艺术作品中。

大多数的彗星轨道都是非常扁长的,即轨道偏心率很高。这样使得它们既可以运行到距离太阳很近的地方,也可以到达距离太阳十分遥远的区域。彗星的分类依据它们的轨道周期，通常情况下，轨道周期很长的彗星，其轨道偏心率也很高。轨道周期在 200 年以下的彗星为短周期彗星，它们的轨道通常在黄道面附近，且运行方向也与行星相同。其轨道远地点通常在太阳系外侧行星附近，例如，哈雷彗星的远地点在海王星轨道外侧不远的地方。在短周期彗星中有一类彗星比较特殊，它们被称作主带彗星，其轨道位于小行星主带内。与通常的彗星不同，它们的轨道偏心率较小，如图 3-7 所示为一颗主带彗星 P/2010 A2 的轨道示意图[11]。轨道周期在 200 年以上的彗星称为长周期彗星，也有的文献指出长周期彗星轨道周期可以长达 710 万年[12]。如图 3-8 所示为柯侯德彗星(Comet Kohoutek，C/1973E1)，最近一次到达近日点是在 1973 年，研究人员推测它下一次到达近日点是在 75000 年后。它的轨道偏心率一度大于 1，在 1977 年后偏心率才降到 1 以下[13]。与短周

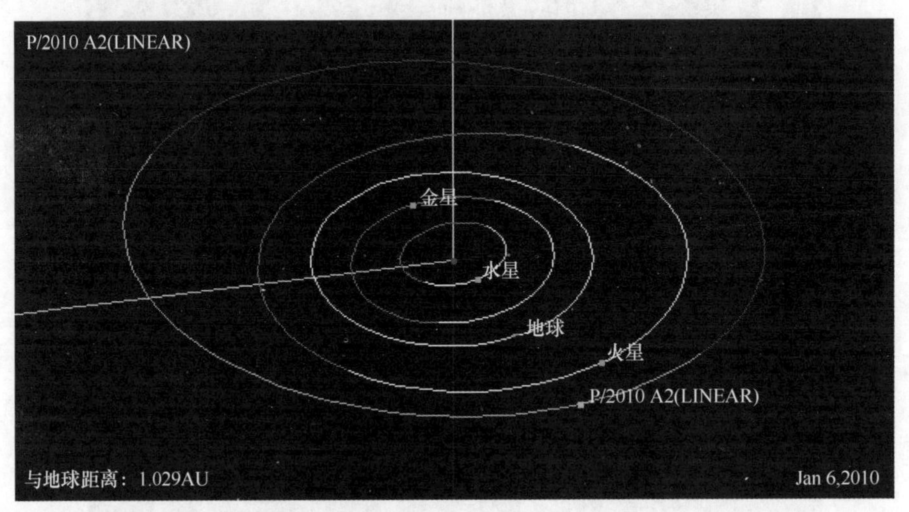

图 3-7　主带彗星 P/2010 A2 的轨道示意图

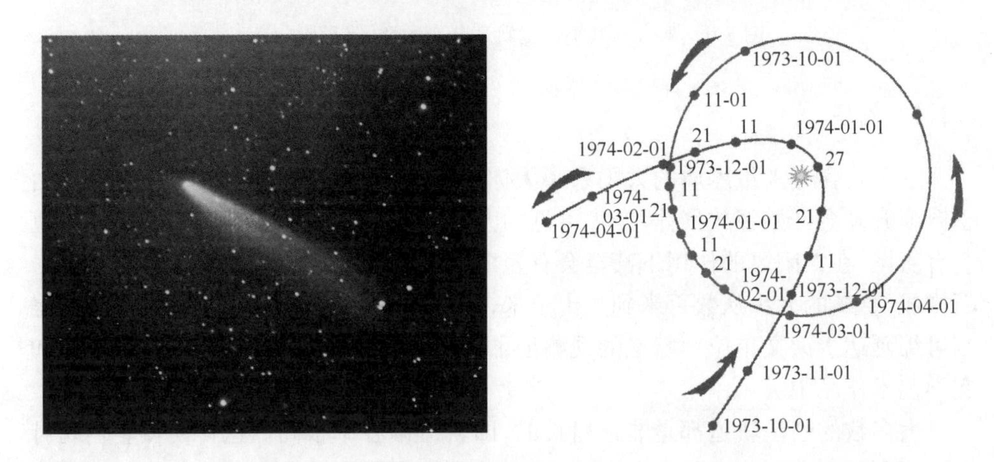

图 3-8　长周期彗星柯侯德彗星及其轨道示意图

期彗星轨道倾角都较小不同，长周期彗星的轨道倾角各异，这也是认为长周期彗星起源于球状的奥尔特云区域的重要依据，短周期彗星的源区则被认为是结构较为扁平的柯伊伯带和离散盘，而主带彗星则被认为起源于小行星主带区域。

3.2　主带小行星的起源

1802 年，德国天文学家奥伯斯（Olbers）在发现智神星后不久与赫歇尔（Herschel）交流认为谷神星（图 3-9 为谷神星视角下内太阳系效果图[14]）和智神星应该是一个更大行星的碎片，这颗行星一度占据了火星与木星之间的区域，可能是由于百万年前在行星内部发生了爆炸或遭遇了彗星的撞击而破碎。奥尔特（Oort）发展了这个观点，并试图用这种方法来解释彗星和流星的起源。奥尔特认为围绕太阳系的“彗星云”也是起源于类似的爆炸，并且认为小行星是失去了自身气体组分的彗星。欧文登（Ovenden）基于他提出的“最小相互作用”原则，认为在火星与木星之间有一个质量大约相当于 90 个地球质量的行星约在 1600 万年前消失。然而，随着时间的推移，这种假说逐渐失去了支持[15]。

图 3-9　谷神星视角下内太阳系效果图

一是因为将行星破坏成小行星带所需的能量巨大，到目前为止科学家难以找到如此巨大的能量来源，二是有研究人员将小行星带中的所有小行星质量相加得到的总质量与预期相去甚远。

目前有两种办法可以估算小行星的质量。第一种方法是通过测定小行星的辐射流量得出小行星的光谱类型[16]。得到了光谱类型后将小行星分类会得到对应此光谱类型小行星的密度。对于小行星半径的测量，可以使用掩星法[17]，也可以使用雷达[18]。雷达的测定结果与红外天文卫星 IRAS 测量结果差别在 10%左右。

第二种测量小行星质量的方法是通过该小行星在其他天体运动中产生的摄动作用反推该小行星的质量。这种方法往往应用于以下情况：①被摄动天体通常与摄动天体之间发生了近距离的相遇；②空间探测器与一些小行星发生了近距离的相遇，近距离的精确且复杂的观察可以对小行星的质量进行准确且可靠的估计；③少数几个大的小行星对火星运动产生了足够强的摄动作用，火星上的探测器可以根据自身与小行星间的距离完成对小行星质量的估算。

如此一来对所有小行星的质量进行估算以后，将其相加即可得到小行星带的总质量。目前认为小行星带的总质量相当于$(18\pm2)\times10^{-10}$个太阳质量，不足地球质量的万分之六，约占月球质量的 4%[19]，这使得行星破碎理论不再成立。加之不同的主带小行星之间化学成分相差较大，行星破碎理论没有办法解释这一现象。如今，相比于行星破碎理论，主流学界更倾向于小行星带现在所在的区域根本没有形成一颗行星。

关于小行星和彗星等天体的形成，科学家通常将其放入整个太阳系形成理论中来进行解释。太阳系形成的星云假说最早在 18 世纪由德国哲学家康德和法国数学家拉普拉斯提出。太阳星云假说的现代版本(如图 3-10 所示[20])认为，约在 45 亿年前，大量的尘埃与气体云弥散在空间中。它们在引力的作用下相互碰撞，形成一个旋转的物质盘，随着时间的推移逐渐形成太阳和行星。在太阳系历史的前几百万年，黏性碰撞引起聚合形成了小分子，不断的黏性碰撞使得聚合产生的体积越来越大。当达到足够质量后，就会通过引力作用吸引其他物质发生碰撞、聚合，成为星子。引力的作用效果在聚合过程中起到了主导作用。

图 3-10　太阳系形成过程示意图

在内太阳系形成的星子，距离太阳比较近，质地较为坚硬，多为耐热物质，包括铁以及其他金属和各种材质的岩石。这些金属材质和石质星子多被内行星清理并成为内行星的一部分。而在内太阳系边缘，即恰好在火星轨道外侧的此类星子则无法聚合成一颗行星。这是因为它们与火星外侧的邻居——太阳系内最大行星——木星的相对位置比较特殊。木星强烈的引力摄动使位于小行星带的星子难以聚合成一个或多个比较大的天体[21]，这些星子相互碰撞的平均速度很高[22]，它们保持相互分离的状态并形成了今天所见的小行星带。

3.3 主带小行星的演化

小行星并不是原初太阳系的标本。它们自形成之始就发生了演化。它们在最初的几百万年间经历了内部加热，后逐渐冷却下来。对于表面几乎没有大气的小行星来讲，暴露在空间环境中，其表面的多孔性、粒度分布和表面组分等会受到诸如碰撞、太阳风粒子注入和微小陨石撞击等作用而发生改变[23]。

主流研究认为现在的小行星带只包含了原初小行星带中的一小部分碎片。数值模拟的结果显示小行星带起源之时的总质量可能与地球质量相当。在小行星带形成之初的百万年间，引力摄动使得绝大多数的物质被抛出了小行星带，如今只剩下最初总质量的 0.1%左右[21]。在此后的时间里，小行星带的规模区域稳定，不再有大规模的天体注入和抛出事件发生。

3.3.1 主带小行星的轨道共振演化

行星对小行星带的引力作用是小行星主带演化的重要原动力之一，小行星主带内天体的轨道周期与木星轨道周期成简单整数比就会构成轨道共振，这会导致该天体极易受到木星摄动而进入其他轨道。在火星与木星之间的小行星带包含了多个共振区域，木星在其形成过程及之后一段时间的向内迁移过程中，通过轨道共振扫除了小行星带内的一部分小行星[24]。半长径为 2.06 天文单位的轨道会与木星发生 4∶1 的轨道共振，此处通常被认为是小行星带的内边界，受木星摄动的影响，运动到此处的小行星会被抛射到不稳定的轨道上。在早期的太阳系，形成于 4∶1 共振带以内的小行星通常会被火星的引力作用清除或是受到火星的引力摄动而被抛射出去。但是这并不意味着所有在此区域的小行星轨道都不稳定，例如，匈牙利族小行星就恰好位于比 4∶1 共振带距离太阳稍近的区域，其由于轨道倾角较高而免于火星的引力作用[25]。

因为轨道共振的作用，小行星带中的小行星分布出现缝隙，即柯依伍德缝隙（如图 3-11 所示[26]）。例如，几乎没有小行星的轨道半长径为 2.5 天文单位，轨道周期为 3.95 年。该轨道周期约为木星轨道周期的三分之一，即与木星轨道构成 3∶1 轨道共振。柯依伍德缝隙还包括以下一些轨道[27]：

2.06 天文单位（与木星构成 4∶1 轨道共振）；

2.82 天文单位（与木星构成 5∶2 轨道共振）；

2.95 天文单位（与木星构成 7∶3 轨道共振）；

3.27 天文单位（与木星构成 2∶1 轨道共振）。

以及以下一些比较窄的缝隙：

1.9 天文单位(与木星构成 9∶2 轨道共振)；

2.25 天文单位(与木星构成 7∶2 轨道共振)；

2.33 天文单位(与木星构成 10∶3 轨道共振)；

2.71 天文单位(与木星构成 8∶3 轨道共振)；

3.03 天文单位(与木星构成 9∶4 轨道共振)；

3.075 天文单位(与木星构成 11∶5 轨道共振)；

3.47 天文单位(与木星构成 11∶6 轨道共振)；

3.7 天文单位(与木星构成 5∶3 轨道共振)。

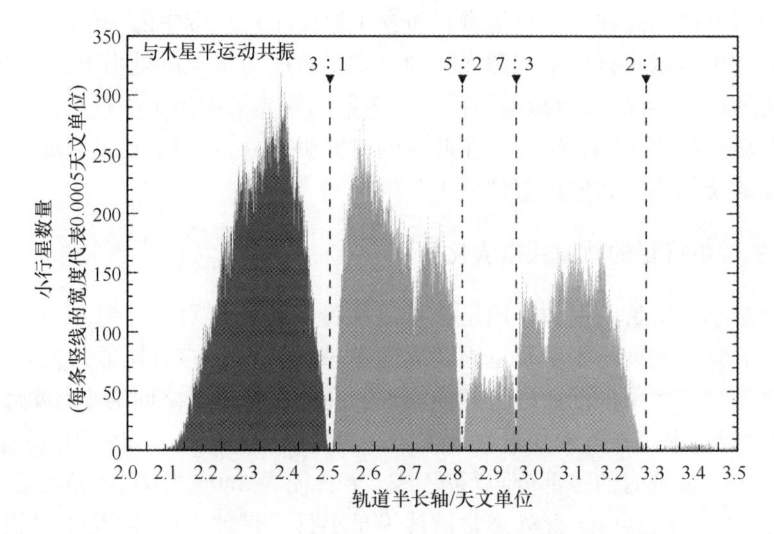

图 3-11　小行星主带的柯依伍德缝隙

通常将与木星 4∶1 轨道共振和 3∶1 轨道共振之间的区域划分为内小行星带,其轨道半长径介于 2.06 天文单位与 2.5 天文单位之间;3∶1 轨道共振和 5∶2 轨道共振之间的区域为中间小行星带,其轨道半长径介于 2.5 天文单位和 2.82 天文单位之间;5∶2 轨道共振和 2∶1 轨道共振之间的区域为外小行星带,其轨道半长径介于 2.82 天文单位和 3.28 天文单位之间[28]。

3.3.2　主带小行星的碰撞演化

小行星主带的位置区域中目前已经观测到数十万颗天体,如此多的天体使得小行星带具备了相当活跃的环境,其中经常发生小行星间的碰撞。在小行星主带中,半径在 10 千米左右的小行星平均每一千万年发生一次碰撞。碰撞过程中可能碰撞的相对速度较低而使两颗小行星聚合成一颗小行星;也可能会将一颗小行星变成数颗更小的碎片,在这个过程中会产生小行星族[29]。

同一小行星族中的小行星轨道根数(诸如轨道半长径、偏心率和倾角等)相近。例如,灶神星族小行星(Vesta family),如图 3-12 所示[30],左侧图横轴为轨道半长径,纵轴为轨道倾角,右侧图横轴为轨道偏心率,纵轴为轨道倾角。红色圆圈表示小行星族的核心成员,由 Zappala 等在 1995 年测定[31]。紫色圆圈表示小行星族的外围成员,它们由于一些原因不能确定是否与核心成员一样由碰撞产生。绿色为确定不是该小行星族成员,只是它们处于该区域而已[32]。灶神星族核心成员的轨道根数为:轨道半长径大于 2.26 天文单位,小于 2.48 天文单位;轨道偏心率大于 0.075,小于 0.122;轨道倾角大于 5.6 度,小于 7.9 度[31]。

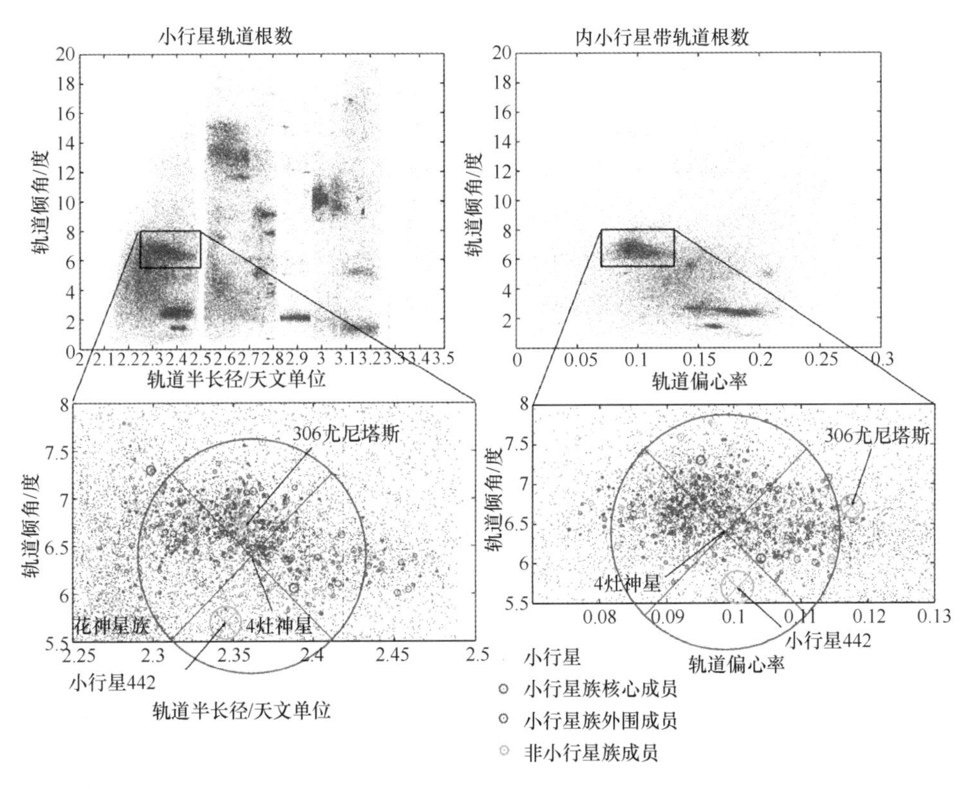

图 3-12　灶神星族小行星轨道分布(后附彩图)

规模较大的小行星族中包含数百颗小行星(其中或许还有更小的小行星没有被发现或确定轨道),较小的小行星族中只有约十颗确认的小行星。主带小行星中有 33%～35%的小行星可以归于某一小行星族,目前已确定的小行星族数量在 20～30。如图 3-13 所示[30],横轴为小行星的轨道半长径,纵轴为小行星的轨道倾角。可见图中列举小行星族中的小行星聚集在相近的区域。

很多小行星族在产生的过程中,小行星族的母体被击碎,但也有一些小行星族中仍然含有较大的母体小行星,诸如灶神星族、智神星族(Pallas family)、健神星族

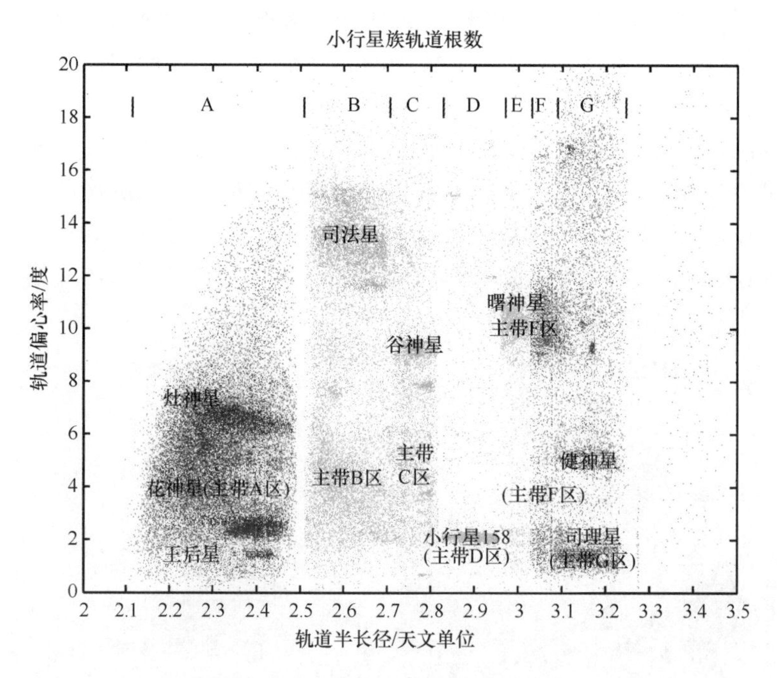

图 3-13　小行星主带中的小行星族

(Hygiea family)和王后星族(Massalia family)等。这种小行星族由一颗体积较大的小行星和一群体积相对要小得多的小行星组成。有一些小行星族(如花神星族(Flora family))内部具有较复杂的结构,现在还不能给出十分充分的解释,可能是由该小行星族在不同的时间内发生了多次碰撞造成的。

小行星族存在的时间为10亿年左右,而且受很多因素的影响,比如较小的小行星流失得会更快。小行星族的寿命明显短于太阳系的年龄,时至今日我们已经几乎见不到太阳系早期的遗迹了。小行星族的流失一方面归因于木星等其他大行星对小行星产生的引力摄动,另一方面小行星之间的碰撞使得它们不断地破碎,体积变得更小,加快了流失的速度。目前有学者在对小行星族的年龄进行估测,发现现存小行星族的年龄从几百万年(凯琳族(Karin family)小行星被认为形成时间在(5.8±0.2)百万年前[29])到数亿年不等,存在时间较长的小行星族所包含的小行星数量明显较少。较为古老的小行星族几乎会流失掉所有的小体积甚至中等体积的小行星,只剩下少数几个体积较大的小行星。可以通过铁的化学元素丰度来寻找本是同族小行星现在已经分散开的证据。

3.3.3　雅科夫斯基效应

除了木星和火星等大行星的引力摄动和小行星之间的碰撞会影响小行星轨道的演化之外,还有一些其他的机制会改变小行星的轨道,雅科夫斯基效应就是其中之一。雅科夫斯基效应是指太空中旋转的物体受到携带动量且各向异性的热量光子的辐射而产生的力。小天体在吸收阳光和向空间中释放热量时会对小天体产生微小的推动力，这种效应在直径10厘米到10千米的天体上较为明显。

雅科夫斯基效应由俄国土木工程师伊万·雅科夫斯基发现。1900年左右，雅科夫斯基在一本小册子中记述：在太空中加热一个旋转的天体会使其受到一种微小的力的作用，这种微小的作用会对轨道上运行的天体产生长期的效果，流星和小行星尤甚。若非1909年爱沙尼亚天文学家恩斯特·奥匹克(Ernst J. Öpik)阅读到雅科夫斯基的小册子，他敏锐的洞察力可能会被世人永远遗忘。数十年后，奥匹克回忆起那本小册子中的内容，讨论雅科夫斯基效应在太阳系流星运动中可能产生了重要的作用[33]。

天体表面受到热辐射一段时间之后表面温度才会升高，此滞后过程产生的一系列效应我们称之为雅科夫斯基效应。天体表面温度下降也同样发生在热辐射停止之后一段时间。通常雅科夫斯基效应分为周日效应和周年效应：

(1) 周日效应：周日效应(图3-14左图[34])是指一个自转天体(通常指小行星或者地球)白天表面受到太阳辐射而温度升高，夜晚没有太阳辐射而温度降低。由于天体表面的热力学性质，当加热天体表面时，在表面物质吸收太阳辐射和释放太阳辐射之间存在一个延迟，所以一个自转天体表面温度最高的时刻出现在午后，而非正午时分。这个延迟使得天体在接收辐射方向和释放热辐射方向上存在一个夹角，也即二者的合力不为零，这会使得天体运行轨道的半长轴持续缓慢增长，天体围绕太阳运行的轨道呈螺旋状远离太阳，逆行轨道则是螺旋状靠近太阳。这种雅科夫斯基的周日效应对直径大于100米的天体作用较为明显[34]。

(2) 周年效应：最容易理解周年效应即是在理想情况下，假设一个没有自转的天体围绕运动，该天体的"一年"即为其"一天"。如图3-14右图所示[34]，小天体运动到A点，北半球受到的太阳辐射达到最强，由于前述的延迟效果，当小天体运行到B点时，小天体向外进行热辐射产生的力达到最大，此后缓慢减小。C点与D点的过程与此同理。在此过程中，合外力有沿小天体运动轨迹反方向的分力，因此会对小天体的运动产生微弱的减速作用，这会导致小天体运行的轨道缩小，呈向内螺旋状[34]。实际上，对于有自转的天体，雅科夫斯基的周年效应会增加天体自转轴的倾斜程度。当雅科夫斯基的周日效应比较弱时，其周年效应会占据主导。比如：小天体的自转很快，太阳背面的一侧来不及冷却下来就再次受到太阳的热辐射；或小天体本身的尺度很小，整个天体通过热传导的方式都被加热；小天体的自转轴倾角为90度等情况下，雅科夫斯基效应的周日效应都很微弱。周年效应对尺度为几米到上百米的小行星碎片作用更加明显，因为这些碎片的表面还没有被风化层所覆盖而且它们的自转速度普遍比较快。

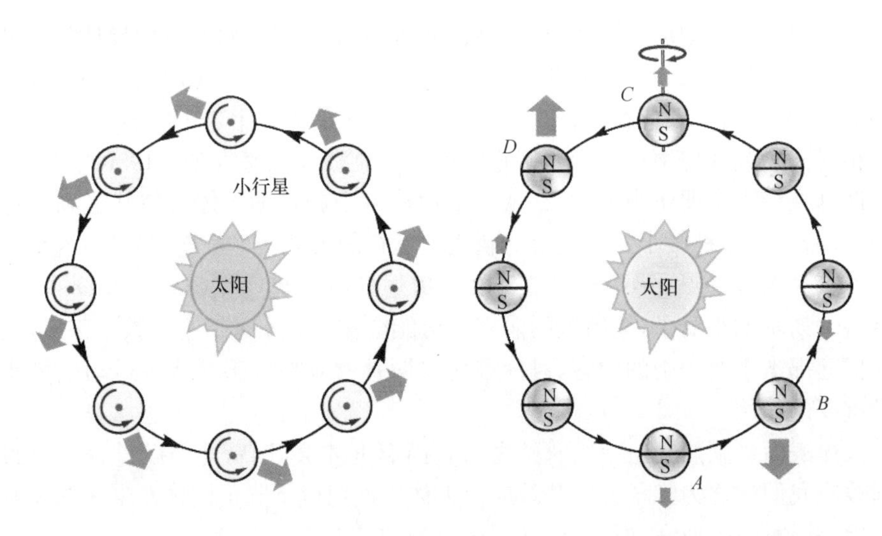

图 3-14　雅科夫斯基效应的周日效应与周年效应

通常雅科夫斯基效应的作用效果取决于天体的大小，它会影响较小天体的轨道半长轴，而对较大天体的影响可以忽略不计。对于尺度在千米级的小行星，雅科夫斯基效应作用极小，小行星 6489 Golevka（平均半径 0.265 千米）受到雅科夫斯基效应的合外力约为 0.25 牛，产生的加速度约为 10^{-10} 米/秒^2。这种效应会稳定存在，在百万年的时间尺度上小行星轨道受到这种合外力的摄动足以使其轨道从小行星带迁移到内太阳系。以上这些关于雅科夫斯基效应的细节会在高偏心率天体上呈现更复杂的作用效果。

在 1991 年到 2003 年间，雅科夫斯基效应第一次在小行星（如图 3-15 所示[35]）上被测量到。科学家对小行星 6489 Golevka 于 1991 年、1995 年和 1999 年进行了精度很高的定轨，阿雷西博射电望远镜发现该小行星在 1991 年到 2003 年 12 年间比预测的位置偏离了 15 千米[36]。没有直接的测量，很难给出雅科夫斯基效应对小行星轨道的准确作用效果。从有限的观测信息中很难确定与雅科夫斯基效应相关的诸多参数，包括小行星精确的形状模型、小行星在空间中的姿态及反照率等参数。雅科夫斯基效应作用效果也可能与太阳光压的作用效果相抵消。

尽管精确测量雅科夫斯基效应的作用效果有很大的困难，但是利用雅科夫斯基效应来消除近地小天体威胁可能是一种可行的方案。方案包括将小行星表面涂颜色或聚焦太阳热辐射来增强雅科夫斯基效应的作用效果以实现调整小行星轨道来避免其与地球发生碰撞。2016 年 9 月开始的 OSIRIS-Rex 任务将会研究小行星 101955 Bennu 的雅科夫斯基效应。

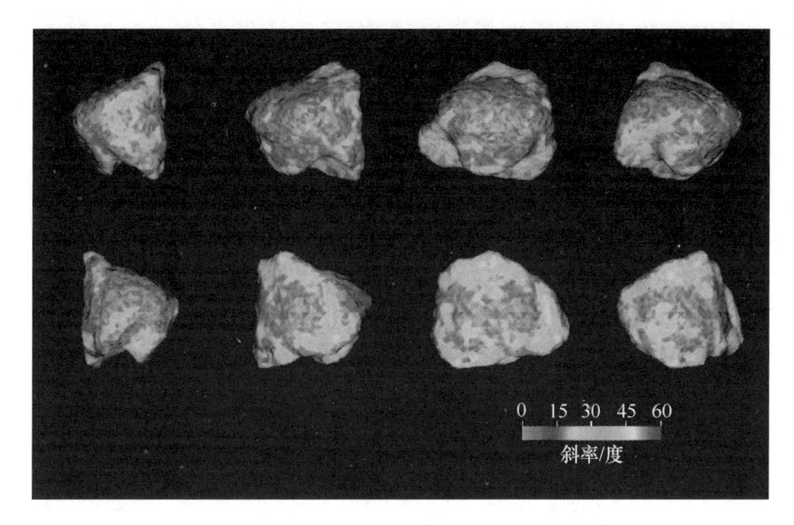

图 3-15　小行星 6489 Golevka 的高精度雷达图像(后附彩图)

3.4　近地小天体的起源与演化

在 19 世纪和 20 世纪早期的传统探险类书籍中，港口是一个重要的场景。你在港口中可以找到来自世界各地的各种各样的海员和盗贼。港口通常被描述成一个能见到各种人的绝佳场所，能听到各种不同的语言，听人讲述不一样的经历以及听闻不同的信仰。在这些书中，港口也通常被描述成一个危险的地点，因为在那里也可以遇到所有种类的罪犯，甚至海盗和割喉者。很多时候，经常出没港口的人寿命都不很长，大概也是因为港口的生活条件艰难和在那里糟糕的经历吧。

内太阳系在很多行星科学家眼中就是一个现代版本的港口。在类地行星占主导的内太阳系区域，小天体的轨道多种多样，它们可能来自太阳系中的任意区域。这些小天体经过各不相同的演化经历，其中的一些可以被视作危险的罪犯，它们可能以与地球相撞作为其在太空中漫游的终结，它们可能携带了足以毁灭整个地球生态圈的能量。所以近些年来，近地小天体成为许多观测任务的主要目标，一些理论试图解释近地小天体的起源和轨道演化。如图 3-16 为截至 2007 年已经发现的小天体的某一时刻位置图，绿点代表目前接近地球的小天体，红色表示穿越地球轨道的小天体，黄色表示与地球接近但并不穿越地球轨道的小天体[37]。关于近地小天体常见的科学问题包括：已探测到的近地小天体的大小，这关系到其撞击地球后产生的后果；近地小天体的来源，它们是小行星还是彗星；已观测到的近地小天体稳定性假设是否可靠；近地小天体动力学演化的典型时间尺度及其演化的最终状态分布；近地小天体的基本物理性质，诸如成分、结构和多孔性等方面。目前认为近地小天体可能来源于太阳系的任何区域，在经历了复杂的碰撞及动力学演化后才到达了近地区域，因此了解以上问题可以极大地加深我们对太阳系内小天体演化过程的了解。同时，提高对近地小天体各方面特征的了解，可以对改变其轨道和撞击等任务所需的有效技术提供重要的指导。科学界已经在这方面做出了很多努力，在从小行星带到近类地行星区域的动力学转移机制方面有了重要的进展，但是对于给出所有上述问题的答案仍然有很大的差距。

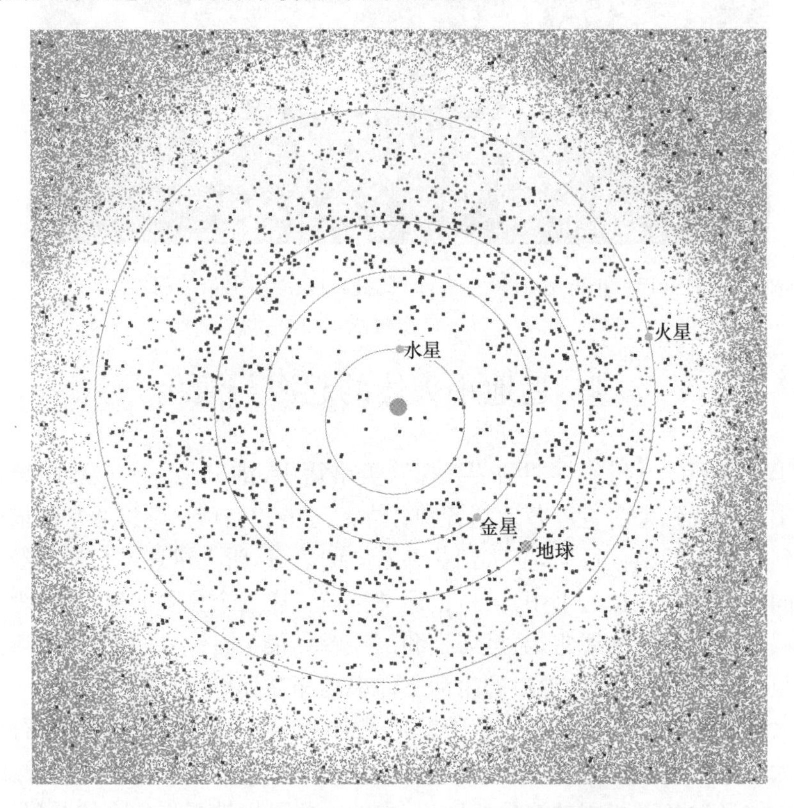

图 3-16　近地小天体某一时刻位置图(后附彩图)

从对近地小天体动力学的研究不难发现，个体存在的时间较短，这就需要一个持续的近地小天体产生机制来维持目前观测到的近地小天体的整体数量。一般认为，小行星和彗星都可能经过轨道演化成为近地小天体。1989 年，Milani 等基于 410 个天体运行 20 万年的数值积分轨道将近地小天体进行了分类。确定了诸多轨道子分类，发现了一部分近地小天体起源于彗星的有力证据。同时也发现了很有挑战性的问题：由于近地小天体轨道不稳定，它们的轨道类型可能会发生变化[38]。

近地小天体中是否有一部分来源于彗星在科学界引起了广泛的争论(见参考

文献[39]~[43]),近地小天体起源于小行星的主要证据显示:近地小天体的光谱分类与主带小行星的光谱分类相同,近年来,研究人员也提出了各种可能使小行星从主带区域转移到内太阳系的机制。很容易想到的机制就是主带区域中存在一些与大天体构成平运动共振和长期共振的区域,那里的轨道非常不稳定,可能导致一些小行星到达了近地区域成为近地小天体[44]。1993 年,Farinella 等评估了由主带区域通过共振进入内太阳系这种机制的效率[45]。随后,科学家发现一些大的小行星族的位置与木星的一些平运动共振区域很近。1995 年,Morbidelli 等确认一些小行星族与共振带不稳定区域相交的部分存在整齐的切面[46]。Zappala 等发现与木星构成 9∶4 平运动共振的小天体是小行星曙神星族(Eos)最近注入 9∶4 共振区域的,通过观察第一阶段的动力学演化,这些小行星最终会被弹射出小行星主带[47]。Gladman 等进行了轨道演化的数值模拟,它们将小天体放入小行星主带的重要共振区,结果显示这些天体的动力学寿命会变得很短,约在百万年的量级[48]。根据这样的结果,如果由共振机制注入内太阳系是唯一的运输机制,要想与现在已观测到的近地小天体数量匹配,注入速率则会处在一个非常高的水平。那么其他的一些动力学机制则需要与动力学研究的观测证据相协调。同时从前述的 Zappala 主导的研究中可以推知,小行星主带中大的小行星族的形成过程如同打开了淋浴开关,将众多小天体送入内太阳系,在典型的百万年时间尺度上给类地行星造成了众多的陨石坑[49]。

Migliorini 的团队和 Michel 的团队先后研究发现在主带小行星的内侧,穿越火星轨道的小行星是近地小天体的重要来源[50,51]。还有一些重要的机制与高阶共振和三体相关(见参考文献[52]、[53])。随着研究的深入,科学家发现在小行星主带尤其是其内侧,存在大量的轨道运动混沌区域。这些区域内的小天体轨道偏心率会变得非常高,而且会受到火星的引力摄动。这种情况下,这些天体可能会从主带迁移到近地区域,这一机制在一定程度上保证了对近地小天体的持续供应。

上述几种机制在细节上都相当复杂,尤其是在寻找看似可行的机制来改变小天体的轨道半长径并使其达到不稳定的临界值。在这一点上,有两种常见的机制很受研究人员的青睐。一是传统的碰撞机制。所有的小行星在其轨道演化中都会经历多次碰撞事件。根据一些模型,小行星在整个生命周期中碰撞会使体积增加平方根大小,对于尺度在 15 千米左右的天体,典型的存在时间为 $10^8\sim10^9$ 年[54]。小行星间的碰撞会改变其半长径及角动量。碰撞机制的模型还缺少精确的细节,但是这是一个非常重要的机制。二是雅科夫斯基效应,该效应在 3.3 节中已经详细说明,此处不再赘述。

前述从小行星主带迁移到近地区域的机制对小行星的大小存在限制,难以解释现存近地小天体中最大的天体。像爱神星(433 Eros,如图 3-17 所示)和 1036

Ganymede这样直径大于20千米的近地小天体的存在性难以解释。一方面，雅科夫斯基效应在改变这么大体积天体的半长轴上并不是很有效；另一方面，单纯依靠碰撞机制使其进入共振区域也存在一些困难。一个重要的问题就是碰撞数千米大的天体进入共振区也会产生其他的可观测到的现象。特别的，我们应该能观察到母体因碰撞破碎而产生了小行星族。Zappala等分析了碰撞形成小行星族的事件中，生成碎片大小的分布以及碎片弹射速度的分布[55]，以期能够发现在碰撞之后产生进入共振带或穿越火星轨道碎片的小行星，而非产生可观测小行星族的小行星。这样做的原因在于：在小行星主带，特别是在主带内侧，目前已知的小行星族的数量比较少，如果这种碰撞过程稳定地产生可观测的小行星族，我们无法期待该过程同时还能产生像爱神星这样的近地小天体。分析的结果显示单纯的碰撞过程很难解释现在已观测到的数千米大小的近地小天体。表3-1中列举了这些天体最可能的主带母体[56,57]。

图3-17　爱神星小行星

表3-1　一些近地小天体可能的主带母体

小行星	轨道半长径/天文单位	轨道偏心率	轨道倾角/度	转移区域	直径/千米
304	2.404	0.122	0.257	v_6	68
313	2.376	0.236	0.201	MC	96
495	2.487	0.118	0.045	3/1	39
512	2.190	0.199	0.142	MC	23
753	2.329	0.214	0.153	MC	24
877	2.487	0.142	0.059	3/1	38

续表

小行星	轨道半长径/天文单位	轨道偏心率	轨道倾角/度	转移区域	直径/千米
930	2.431	0.121	0.265	v_6	36
1080	2.420	0.243	0.086	MC	23
1715	2.400	0.249	0.181	MC	23
2143	2.281	0.194	0.130	MC	19

Bottke 等在 2002 年对近地小天体进行了整理并给出了绝对星等的分布[58]。Bottke 考虑了近地小天体在小行星主带中可能的不同源区，计算了这些不同源区的近地小天体在近地区域的平均停留时间。然后将结果与观测误差的概率函数结合，估算去掉观测误差的近地小天体数量。他们的结果显示，超过 60％的近地小天体来自内小行星带（轨道半长径小于 2.5 天文单位），约 25％的近地小天体来自中间小行星带（轨道半长径在 2.5～2.8 天文单位），不足 10％的近地小天体来源于外小行星带（轨道半长径大于 2.8 天文单位）。

由以上可知，小行星主带可以提供充足的近地小天体，并保证近地小天体整体数量的稳定。目前存在的主要问题是：无法解释直径达数千米的近地小天体的来源。近地小天体可能的来源并没有覆盖整个小行星主带。在外小行星带受到摄动进入混沌轨道的天体可能被弹射到了太阳系之外。可能存在的一个意外是与木星构成 9∶4 轨道共振的区域（轨道半长径为 3.03 天文单位），这个独特的混沌轨道演化相对较慢，使得小天体在受到木星摄动之前，可能已经因为火星的摄动离开了该区域[47]。

更多地了解小行星主带区域天体聚合的物理性质有助于我们更好地解释近地小天体的来源，并为发展偏移小天体轨道和减缓或避免碰撞灾难技术起到指导作用。同时，了解近地小天体本身的物理性质对推断其起源、历史和演化有着极其重要的价值[49]。

3.5　特洛伊小天体的起源与演化

到 2001 年 5 月，就已经有大约 1000 颗小行星被归类为木星特洛伊小天体。已知有 618 颗在木星拉格朗日 $L4$ 点附近运行的天体，在木星拉格朗日 $L5$ 点附近有 375 个天体。在这约 1000 颗小天体中，只有 426 颗确定了可靠的轨道，其中 284 颗运行在 $L4$ 点附近，142 颗在 $L5$ 点附近。分布如图 3-18 所示[59]。按照光谱分类，大多数的特洛伊小天体属于 D 型小行星，只有一小部分属于 P 型和 C 型小行星。这些天体的反照率都很低，平均在 0.065 左右。它们的光谱特征与短周期彗星、半人马型小行星和海王星外小天体相似。时至今日已有六千余颗小天体被归类为木星特洛伊小天体，除此之外，目前发现了 1 颗金星特洛伊小天体(2013 ND15)位于太阳-金星系统 $L4$ 点附近，为蝌蚪形轨道；1 颗地球特洛伊小天体(2010 TK7)位于太阳-地球系统 $L4$ 点附近；火星的 $L4$ 区域发现了 1 颗特洛伊小天体(121514)1999 UJ7，$L5$ 区域发现了 6 颗特洛伊小天体；天王星的 $L4$ 区域发现了 2 颗特洛伊小天体(2011 QF99 和 2014 YX49)；海王星目前一共观测到了 18 颗特洛伊小天体，其中 13 颗在 $L4$ 点附近(如图 3-19 所示为部分海王星 $L4$ 点附近特洛伊小天体[60])，4 颗在 $L5$ 点附近，有 1 颗特洛伊小天体正处于从 $L4$ 点向 $L5$ 点演化的过程中，现在正位于海王星 $L3$ 点附近。除此之外，只有水星和土星尚未发现特洛伊小天体，不能确定尚未发现其特洛伊小天体的原因是蝌蚪形轨道本身的不稳定性还是这些特洛伊小天体的位置与太阳构型特殊而难以被观测到。

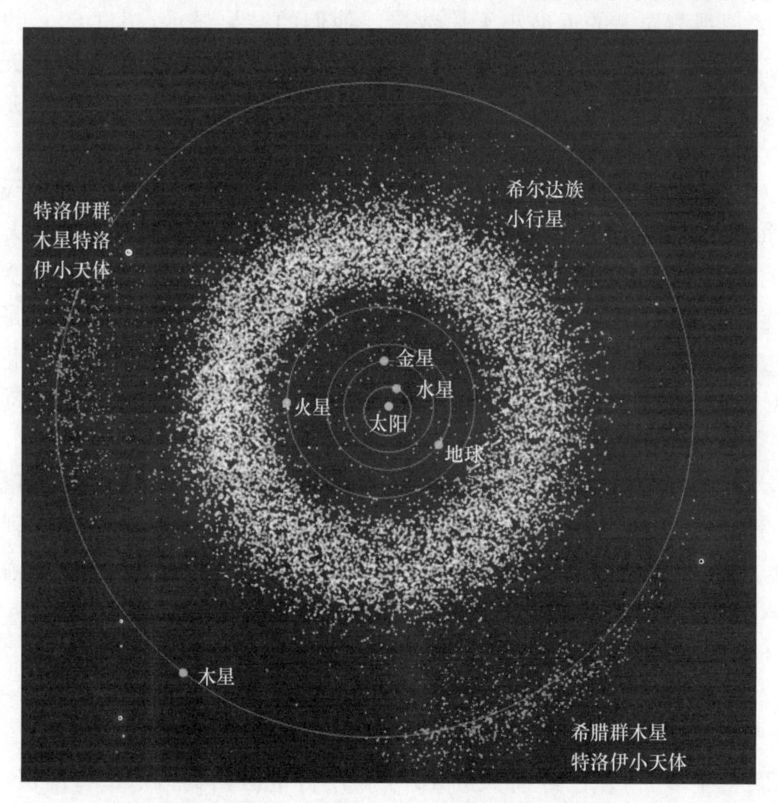

图 3-18　木星特洛伊小天体的分布(后附彩图)

3.5.1　特洛伊小天体的起源

这些行星的特洛伊小天体中，以木星特洛伊小天体的数量最多。那么很自然地就会有一个问题：它们是从哪里来的？如果它们是在现在所在位置形成的，它们

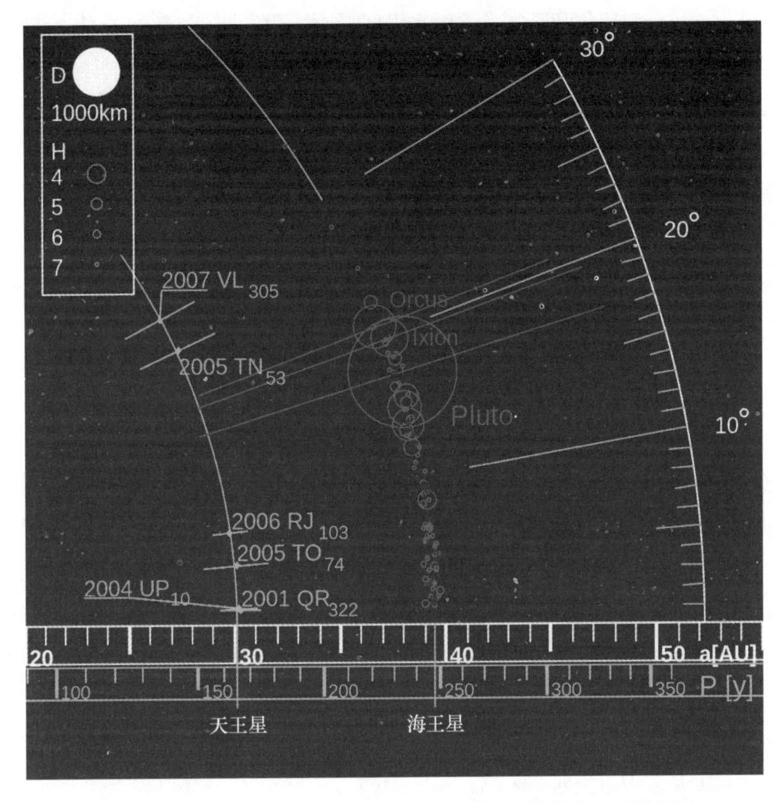

图 3-19　海王星 $L4$ 点附近特洛伊小天体轨道分布(后附彩图)

就是原木星胚胎增长区域中残留的星子，它们的组成将会是人们了解木星内部状况的重要线索。如果特洛伊小天体的前身确实是轨道在木星附近的星子，它们一定在木星到达最终质量之前就被约束在了现在的轨道上，因为一颗已经完全形成了的木星会在一个很短的时间尺度上将其轨道附近区域清理干净。关于在木星形成早期，星子如何被捕获成为木星的特洛伊小天体，基于不同的物理过程，科学界有许多不一样的观点。

舒梅克(Shoemaker)等在 1989 年发表的文章 *Trojan asteroids: Populations, dynamical structure and origin of the L4 and L5 swarms* 中认为：在木星轨道附近区域，星子之间聚合碰撞产生的碎片注入了特洛伊轨道，演化成了我们今天看到的木星特洛伊小天体[61]。约德(Yoder)、皮尔(Peale)以及凯莉(Kary)和利绍尔(Lissauer)展示了星云气体的拖拽会使小星子漂移进入共振带，它们在那里发生聚合碰撞直至我们今天所观察到的样子[62-64]。Marzari 和 Scholl 认为木星的质量增长也是将星子捕获在稳定的特洛伊轨道中的有效动力学机制，质量增长机制俘获特洛伊小天体的效率很高，在木星形成过程中，在其轨道附近约 0.4 天文单位宽度的环带里,40%~50%的星子会被捕获成为木星的特洛伊小天体[65,66]。当然,列举的这些机制并不是相互排斥的,可能是这些机制相互协同作用,共同构成了我们今天观测到的木星特洛伊小天体。

还有一些假说认为木星的特洛伊小天体与木星形成早期没有关系。Rabe 认为可能是在整个太阳系历史中不断有彗星经过木星特洛伊小天体所在的区域,遭到了木星的引力俘获而没能逃离,最终成为了木星的特洛伊小天体[67]。Rabe 和 Yoder 也提出了关于木星特洛伊小天体起源的其他假说,他们认为木星的特洛伊小天体可能是木星的卫星在运行中发生了碰撞或进入木星洛希限内而被木星的引力撕扯产生了碎片,这些碎片通过不变流形最终进入今天木星特洛伊小天体所在的区域,演化成了今天我们观测到的木星特洛伊小天体[62,68]。这种假说存在的问题是碰撞或其他原因产生的碎片数量有限,很难解释今天我们观测到的木星 $L4$ 点和 $L5$ 点有数量如此庞大的特洛伊小天体。因此,在木星形成的早期,被束缚在木星轨道附近的星子日后成为木星特洛伊小天体的假说似乎更加具有说服力。

模拟关于星子聚合以及气体向内聚集收缩形成类木行星这一过程的相关工作非常丰富。Pollack 等在他们的相关工作中假设太阳星云在木星形成位置的星子初始时表面密度为 10 克/厘米^2,他们得到的木星和土星的形成时间在一百万年到一千万年[69]。根据他们的数值模拟,在行星形成的最后阶段,行星质量从数十个地球质量增长到现在的质量(现在木星的质量是地球质量的三百倍以上)只需要很短的时间,大约在十万年的量级。

Mazari 和 Scholl 在 1998 年发表文章描述了行星质量增长过程中捕获星子进入特洛伊小天体轨道的过程,这种机制在解释特洛伊小天体起源这一问题上是非常有效的。由于行星重力场的迅速增长,木星拉格朗日 $L4$ 点和 $L5$ 点周围的振动区域会迅速膨胀,将木星引力吸收区内未聚合的星子俘获过去。数值模拟显示:木星在十万年间以指数增长的方式从 10 个地球质量增加到现在质量的过程中,初始轨道为马蹄形的小天体轨道会演化成蝌蚪形轨道。在行星附近的星子,即使未处于马蹄形轨道中,也会发生类似的行为。因此,在木星形成期间,数量巨大的星子会被俘获进入拉格朗日点附近的轨道,由于蝌蚪形轨道的对称性,$L4$ 点和 $L5$ 点处的特洛伊小天体数量大致相同。然而,星云气体的拖拽效应会破坏这种对称性。1993 年,Peale 对相关过程进行了数值模拟,结果显示:在木星轨道偏心率更高一些的情况下,对于直径小于 100 米的星子,$L5$ 点附近轨道的稳定性会比 $L4$ 点附近轨道的稳定性更好一些,而且两个拉格朗日点在星子的俘获概率上也会有所不同[63]。通过引入 Érdi 推导的特洛伊小天体运动方程可以解释这种由气体拖拽引起的摄动现象[70-72]。两个特洛伊群中小尺寸天体数量上的原初不对称性会因为后续演化过程中发生的碰撞而逐渐缩小乃至消除[65,66]。

一旦成为特洛伊小天体,星子的轨道振幅会在木星的影响下持续减小。数值模拟显示,木星从十个地球质量增长到现在质量的过程中,特洛伊小天体的轨道振幅缩减到了大约其初始振幅的40%。Fleming 和 Hamilton 在2000年左右通过分析途径得到了类似的结果[73]。

3.5.2 特洛伊小天体的演化

木星特洛伊小天体的流失是一个贯穿太阳系整个历史的过程。Marzari 等在1997年发表的文章 *Collisional evolution of Trajan asteroids* 中认为特洛伊小天体的流失可以归因于碰撞演化[74],Levison 等在同年发表的文章 *Dynamical evolution of Jupiter's Trojan asteroids* 中认为是动力学的机制造成了特洛伊小天体的流出[75]。如果大多数被木星质量增长机制所捕获的特洛伊小天体的振幅变大超过了稳定区域的范围,那么后一种机制则是特洛伊小天体流失的主要机制[76]。

Levison 等在该文章中描述了他们进行的模拟特洛伊小天体轨道演化的工作。在木星轨道的 $L4$ 点附近的三维空间放置了270个质量可以忽略不计的虚拟小天体,考虑它们受到太阳及太阳系内四个巨行星的引力作用,忽略小天体之间的引力作用。对太阳、行星和小天体进行运动积分,积分的时间步长是半年[77],轨道积分的终止条件是时间达到 10^9 年或小天体全部逃逸出特洛伊群体。每一个虚拟的特洛伊小天体有着不同的初始条件,包括轨道振幅 D 和轨道偏心率 e_p。初始条件轨道偏心率 e_p 通过0～0.8的27个网格进行选取,轨道振幅 D 选取了0度～140度的十个值。如图3-20所示[75],图中等高线即为木星特洛伊小天体在动力学中的生命周期。图中的点表示已知的特洛伊小天体位置。由于长期摄动,特洛伊小天体的密切轨道根数随时间变化。然而也有可能找到一组大致保持不变的轨道根数。蓝色的线表示 Rabe 的解析解表示的稳定边界[78]。注意到 Rabe 解析解所预言的特洛伊群边界与实际观测到的边界有重大的区别,即在 Rabe 稳定边界曲线之上仍然存在特洛伊小天体。Shoemaker 等通过这些天体得出结论认为真实的稳定边界曲线范围比 Rabe 解析解给出的稳定边界曲线范围要大(除1989BQ 和 Achates 外,当时还没有发现这两颗特洛伊小天体)[61]。蓝色实线表示10亿年轨道积分过程中特洛伊小天体动力学生命周期的等高线。随着轨道积分时间的拉长,稳定区域在不断地缩小。10^9 年的等高线是无法画出来的,因为在这一时间点上积分停止。空心三角形表示对于在10亿年尺度上不稳定轨道,当轨道振幅 D 取一个固定值时,轨道偏心率能取到的最小值。实心三角表示稳定轨道能取到的最大值。动力学生命周期在10亿年的稳定边界轮廓必然在这两组三角形之间。带颜色的点表示已知的特洛伊小天体,绿色表示数值模拟,显示该特洛伊小天体的轨道是稳定的,红色表示其轨道不稳定,黑色表示未模拟其轨道。

在数值模拟的结果中出现了处于稳定边界曲线上方和右侧的特洛伊小天体,

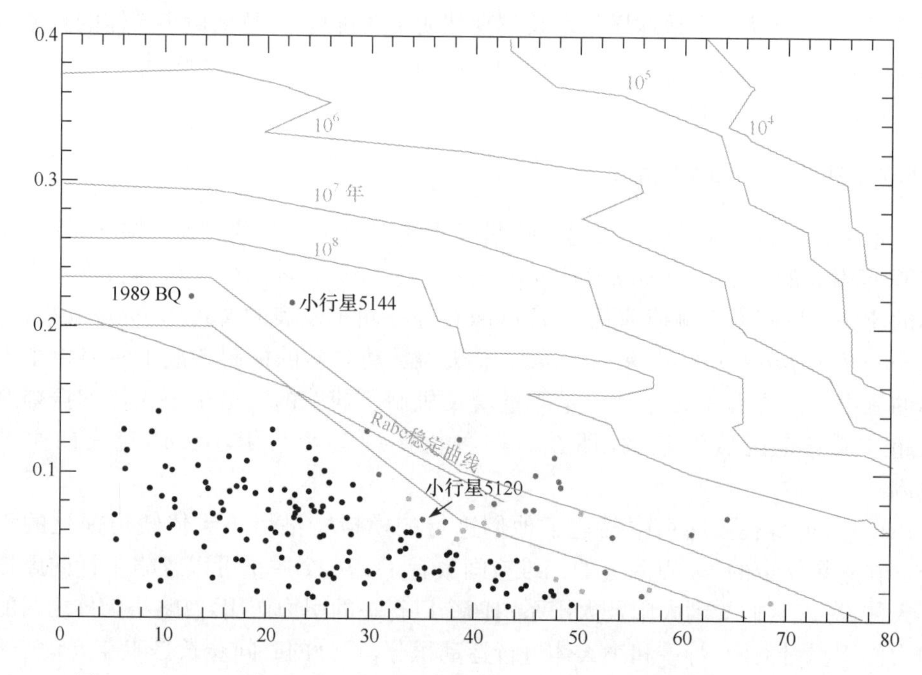

图 3-20　Levison 等进行的木星特洛伊小天体的数值模拟等高线图(后附彩图)

约有 10%的特洛伊小天体落在了 10 亿年尺度上的不稳定区域,另有 10%的天体落在了空心三角形连线与实心三角形连线之间。为了更好地了解和测试观测到的在 10 亿年稳定边界外的特洛伊小天体,Levison 等对稳定边界附近的 36 个特洛伊小天体进行了数值积分。轨道积分的终止条件为时间达到 40 亿年或与其他行星发生碰撞或被弹射出了太阳系,得到的结果即为图中的红色点和绿色点。这 36 个天体中,有 21 个天体在 40 亿年的时间尺度上是不稳定的,所有在空心三角形连接得到的曲线之上的天体都是不稳定的,所有在 Rabe 解析稳定曲线之上的天体也都是不稳定的。这些不稳定的特洛伊小天体行为相似,如图 3-21 所示[75],轨道偏心率 e_p 的值基本保持不变,轨道振幅 D 的值随时间有明显的变化。从图中可以看到,轨道振幅 D 在 10 亿年之内基本保持不变,但是在 10 亿年之后开始增加,这意味着特洛伊小天体会与木星发生撞击,即轨道不稳定。这也解释了为什么很多不稳定特洛伊小天体的偏心率与稳定特洛伊小天体的偏心率并没有较大的差别。从中可以推断出:会有一些特洛伊小天体最初的轨道振幅 D 比现在要小一些,目前这些特洛伊小天体正处于脱离特洛伊群的进程中。除此之外,还有一些特洛伊小天体由于碰撞的原因从本来更加稳定的轨道演化成如今大振幅的轨道。如果特洛伊轨道的演化与数值模拟完全一致,那么就需要单独解释特洛伊小天体 1989BQ 和 5144Achates(如图 3-20 所示)的大轨道偏心率,它们可能原初时刻轨道振幅更小,现在正处于脱离特洛伊群的过程中,或是它们的高轨道偏心率是碰撞造成的。

通常认为直径在1千米以上的特洛伊小天体数量在百万个左右，那些脱离了特洛伊小天体群的有可能成为了彗星[61]。

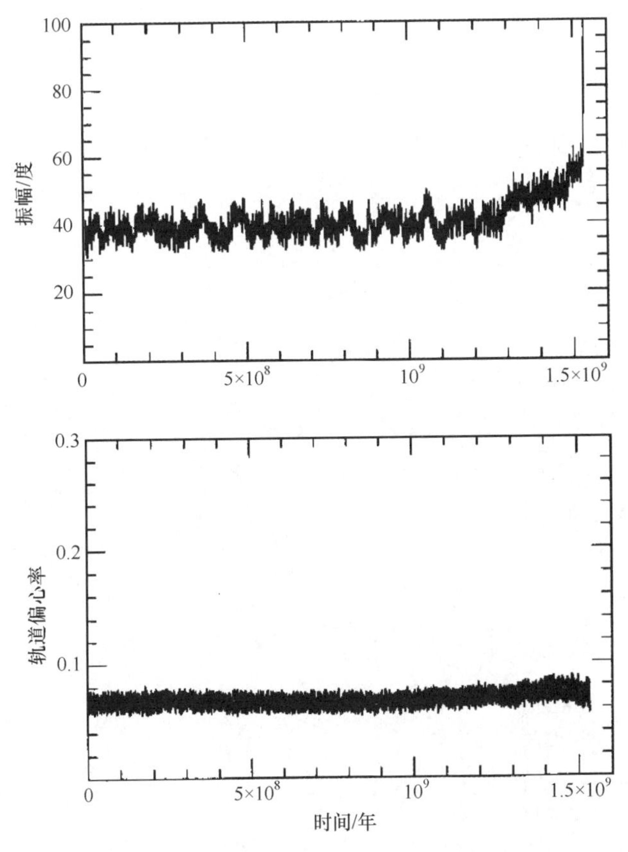

图3-21　Levison等数值模拟木星特洛伊小天体振幅和偏心率的演化

3.6　半人马型小行星的起源

半人马型小行星是轨道半长径达到外行星区域的小行星，它们的轨道因与一个或多个大行星的轨道相交而不稳定。几乎所有半人马型小行星轨道的动力学生命周期都只有几百万年。典型的半人马型小行星既具有小行星的特征也有彗星的特征，这与其具有神秘色彩的命名——马与人混合而成的生物不谋而合。据估计，太阳系中约有44000颗直径在1千米以上的半人马型小行星[79]。

如图3-22所示[80]，绿色为柯伊伯带天体，橙色为半人马型小行星。由于半人马型小行星距离地球较远，关于半人马型小行星的物理数据不很充足，在半人马型小行星起源这一问题上科学界没有确定的结论。比较流行的观点认为由于半人马型小行星不受轨道共振的保护,其轨道的不稳定时间尺度在 $10^6 \sim 10^7$ 年的量级[81]。半人马型小行星的前身是海王星外天体,它们正处于演化为木星族彗星或是被弹射到星际空间的过程中[82,83]。例如,半人马型小行星 55576 阿密科斯(Amycus)处于与天王星 3∶4 轨道共振的不稳定区域附近,从动力学上研究其轨道,结果显示该半人马型小行星正处于从柯伊伯带转移到木星族彗星的中间阶段。

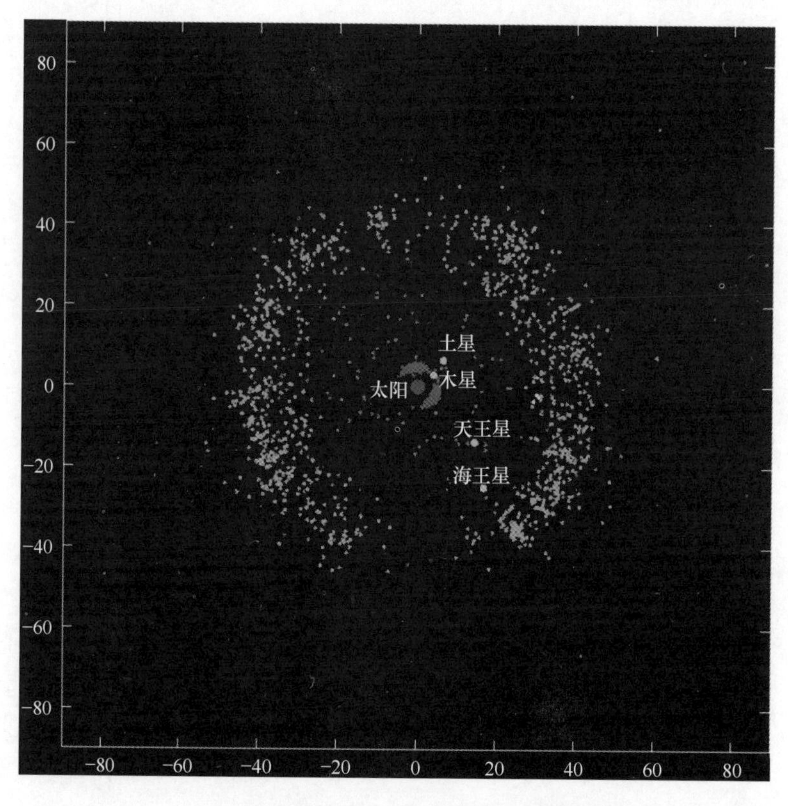

图 3-22 半人马型小行星分布(后附彩图)

有研究人员认为半人马型小行星的主要来源是离散盘中的天体和近海王星高轨道偏心率天体,可能也有少数半人马型小行星来源于柯伊伯带[84]。一些半人马型小行星的轨道会演化至穿越木星轨道的区域,其近日点减小至进入内太阳系,如果其具备彗星的行为,那么它就会被重新归类为木星族彗星。半人马型小行星也有可能继续受到行星尤其是木星的引力摄动而最终与太阳或行星发生碰撞,或被弹射到太阳系外的区域。

对于半人马型小行星轨道演化的数值模拟比较困难,如图 3-23 所示是对半人马型小行星 8405 飞龙星(Asbolus)的轨道模拟[85],对其轨道的测定误差、由气态巨行星摄动引起的误差以及像彗星一样喷射气体和物质等因素都会影响数值模拟的结果。图中是两个研究机构对其轨道演化 5500 年的模拟结果。黑色线为 Astrob 的研究结果,灰色线为 AstDys 的结果。其中的跳变是由于接近木星或土星。可以看到在约 27 个世纪后的 4713 年左右,两种结果大相径庭[86]。

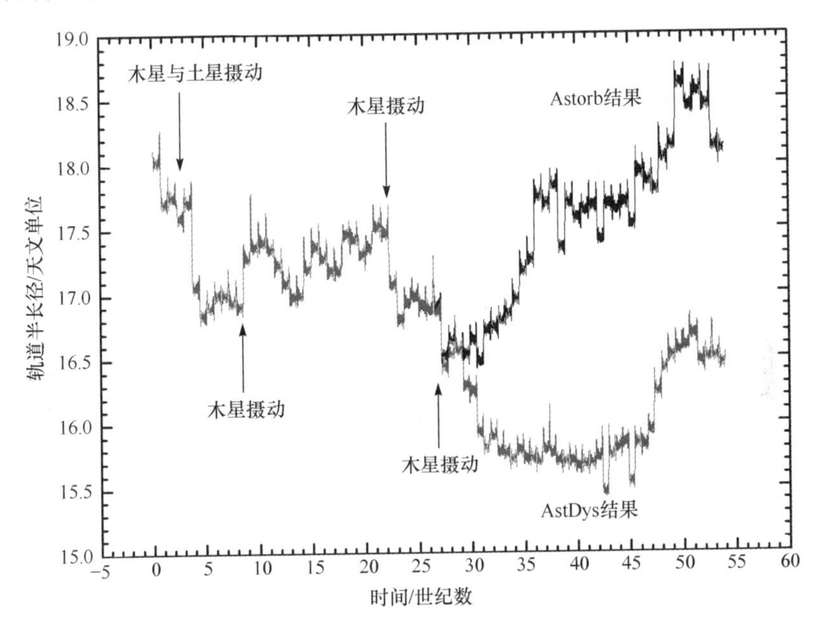

图 3-23　半人马型小行星的轨道模拟

半人马型小行星作为一个轨道演化中间过程族群,不论是从柯伊伯带中逃逸出来的,还是起源于太阳系中的其他区域[87],在我们研究木星族彗星和理解外太阳系结构中都扮演着一个非常重要的角色[84]。

3.7　短周期彗星的起源

短周期彗星的轨道半长径只有几十个天文单位,轨道周期通常小于 200 年,而且它们的轨道大多在黄道面附近,运行方向也与行星相同[88]。如图 3-24 所示的就是大名鼎鼎的哈雷彗星,它也属于短周期彗星[89]。当短周期彗星处于轨道的远日点时,它们和脏雪球没有太大差别。但是当它们处于近日点附近时,彗星上的冰会发生气化,气体从表面溢出,构成了彗星的头部和尾部。这些彗星每次经过近日点时都会失去一些冰的质量,伴随此过程,嵌在冰中的其他物质也会一起流失。所以,它们很难围绕太阳运行几十个或上百个周期(这取决于它们近日点的距离),可能会损失掉所有质量,或是分裂,也可能只是亮度降低到无法继续被观测。由于它们的轨道周期不足 200 年,那么一颗彗星很难持续数千年都可以被观测到。即使是最著名的哈雷彗星，其现在的亮度也只有两千年前的一半左右。短周期彗星几千年的寿命相对于太阳系 45 亿年的年龄非常短暂。科学界通常认为是有一些特殊的机制，使得短周期彗星源源不断地产生。

图 3-24　短周期彗星：哈雷彗星

短周期彗星的产生可以通过观测其轨道给出一些解释，尽管这里涉及很多不同的轨道，但是它们很多与木星、土星等大行星相关。有理由相信：这些彗星是因为在过去的某一时刻，碰巧距离这些大行星中的某一个非常近，而被俘获进入了它们今天所在的轨道。所以一般将轨道远日点在同一行星附近的彗星归为一"族"(family)[90]，如木星族彗星，截至 2016 年共有约 530 颗彗星被归类为木星族彗星。对于其他轨道特征类似的彗星将其归为一"型"(type)。例如，轨道周期大于 20 年的彗星被归类为哈雷型彗星，截至 2016 年共观测到 84 颗哈雷型彗星[91]。

3.7.1　木星族彗星的起源

基于短周期彗星的轨道特征，科学界认为它们的来源可能是半人马座小行星和柯依伯带。一个天体(如彗星)近距离地经过一个大天体或受到某一大行星的引力摄动时，其围绕太阳运行的轨道会发生改变。这种作用可能使其运动速度加快，也可能使其运动速度减慢。加速了的彗星可能得到了足够高的速度以至于脱离了太阳的引力束缚，沿着双曲线轨道飞出了太阳系。实际上，在过去的几百年中，人们观测到过几颗沿着这样的双曲线轨道运行的彗星。如果将这样的彗星的轨道进行反演，就会发现它们确实近距离地经过了某一大行星，并获得了引力加速。然而，如果彗星与大行星作用后发生了减速，它们不仅不会被抛出太阳系，甚至无法运行到原始轨道允许它们距离太阳的最大距离。这种情况下，这颗彗星的轨道就会比原来缩小。在众多行星中，木星的质量是其他行星质量之和的两倍，是最强的摄动源，木星的摄动可能会使奥尔特云内的长周期彗星变成短周期彗星[92,93]。

木星族彗星（如图 3-25 所示[94]）是短周期彗星中重要的一类。木星族彗星的轨道周期少于 20 年，轨道倾角小于 30 度[95]。木星族彗星的起源通常被认为是各向同性的彗星由于近距离经过大行星时受到引力摄动而成为了短周期彗星[96-99]。后来科学家认为这种过程的效率过于低下[100-102]，Fernandez 认为从海王星轨道外侧的冰星子环带中产生这些彗星的效率更高[103]。Duncan 等针对短周期彗星的来源进行了数值模拟，他们在数值模拟中分别使用柯伊伯带和奥尔特云作为木星族彗星的源区，数值模拟的结果显示柯伊伯带中小偏心率椭圆轨道的小天体作为彗星来源得到的结果与观测到的木星族轨道更为一致[104]。

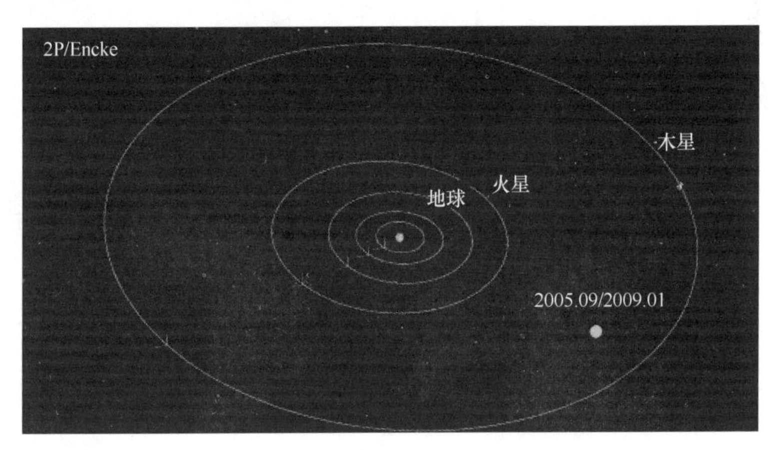

图 3-25 木星族彗星轨道示意图

Duncan 等在 1988 年的论文中并没有给出柯伊伯带中彗星轨道的半长径、偏心率等轨道根数[104]。他们随后于 1997 年与 Levison 等合作进行了一系列的数值模拟工作，结果表明海王星外区域中轨道倾角较小的天体，在与海王星近距离接触后受到海王星的引力摄动，轨道半长径和近日点都会发生较大的变化。数值模拟中得到的“可见彗星（设定为轨道半长径小于等于 2.5 天文单位）”与实际观测到的木星族彗星结果相当吻合。如图 3-26 所示[105]，图(a)中纵坐标为轨道半长径，横坐标为相对于木星的梯塞朗参数。点表示观测到的轨道周期小于 200 年的彗星。垂直的虚线表示木星族彗星边界：$T=2$ 和 $T=3$。落在曲线以上的表示彗星的轨道半长径大于 2.5 天文单位。图(b)中纵坐标为彗星的轨道倾角，横坐标及垂直虚线图(a)相同。阴影区域表示在近日点小于 2.5 天文单位，远日点大于木星轨道半长径的限制条件下，轨道倾角与梯塞朗参数间的关系无法达到的区域。图(c)与图(a)中的线标记相同，区别在于图(c)中只标记出了数值模拟结果中可见的彗星(轨道半长径小于 2.5 天文单位),用圆点表示。图(d)与图(b)中的线标记相同,区别在于图(d)中也只标出了数值模拟结果中可见的彗星(轨道半长径小于 2.5 天文单位)。对比图(a)和图(c)、图(b)和图(d)可见数值模拟的轨道根数结果与实际观测得到的木星族彗星轨道根数高度一致,使得木星族彗星起源于海王星外区域这一理论更加让人信服[106]。

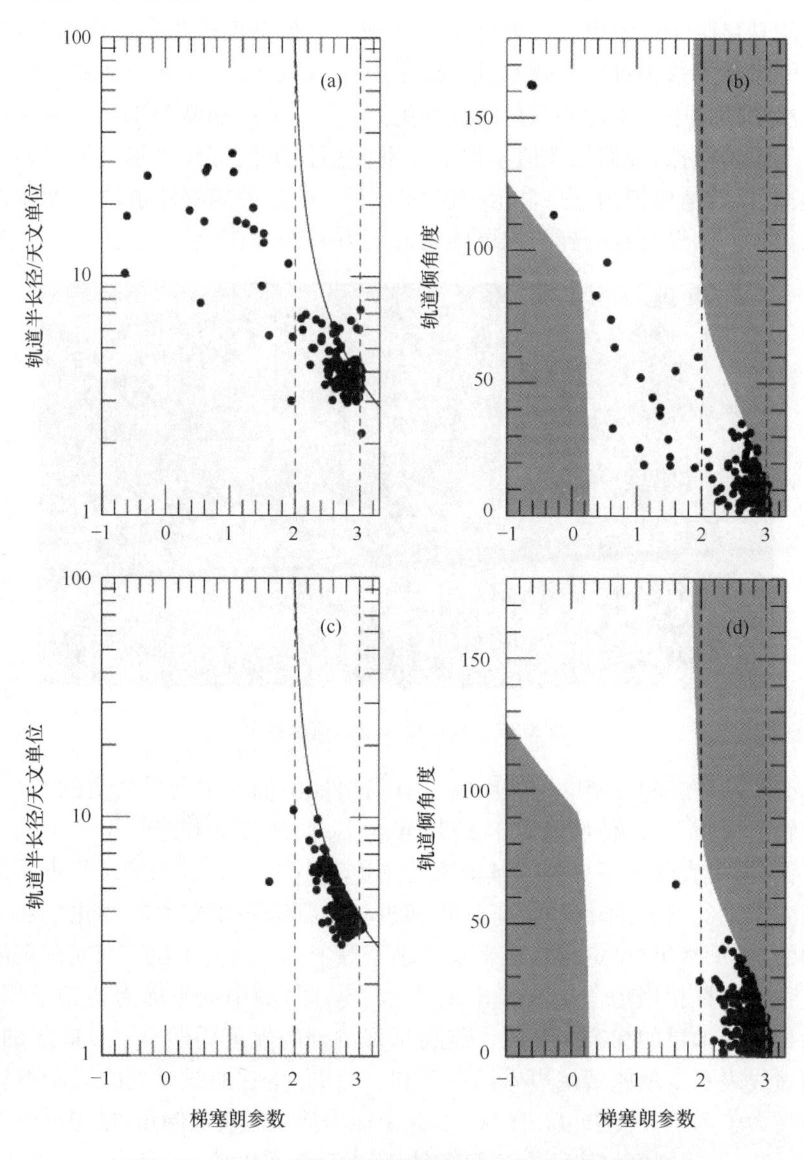

图 3-26 Duncan 等对短周期彗星轨道演化的数值模拟

3.7.2　哈雷型彗星的起源

来自于内奥尔特云区域且近日点在太阳系行星区域的彗星会遭遇木星壁垒作用，即受到木星的引力摄动而被弹射到外奥尔特云区域（或星际空间区域）或是银河系潮汐作用很小的区域。这些天体中有一小部分天体最终的轨道会变为半长径较小的轨道，当它们运行到近日点附近时，会因为距离太阳足够近而产生彗尾。数值模拟的结果显示这种机制是哈雷型彗星（如图 3-27 所示[107]）的重要来源[104,108,109]。

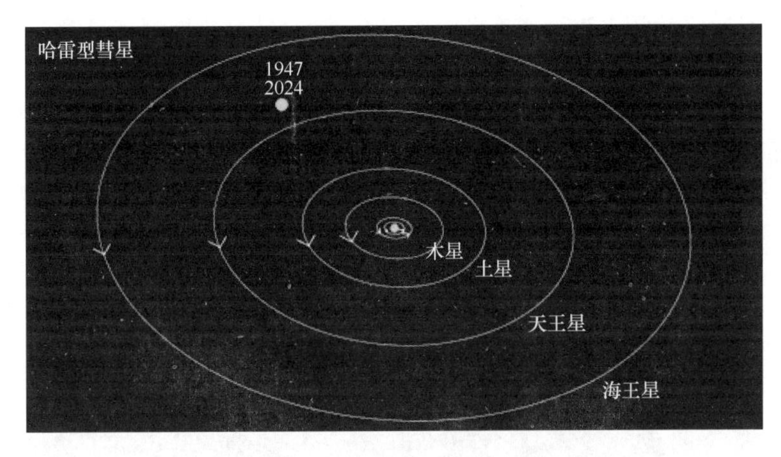

图 3-27　哈雷型彗星轨道示意图

Levison 等试图通过将奥尔特云天体演化成哈雷型彗星这一过程进行模型化来寻找内奥尔特云在结构上的约束。尽管哈雷彗星、斯威夫特-塔特尔彗星是逆行轨道，但大多数的哈雷型彗星是顺行轨道。Levison 等研究发现，在哈雷型彗星捕获的过程中，它们的轨道倾角几乎被保留了下来，其轨道倾角几乎全部位于 10 度～50 度，这说明哈雷型彗星的源区——内奥尔特云区域——相对于几乎呈球状的外奥尔特云区域来说，应该略呈扁平状[101]。在后续的研究中，Levison 等认为：轨道半长径小于 3000 天文单位的天体几乎不受到银河系潮汐作用的影响，这些天体的轨道在整个太阳系历史的时间尺度内都可以保持比较低的轨道倾角；而轨道半长径大于 12000 天文单位的天体受到的银河系潮汐作用比较明显，使得这些天体轨道发生演化，近日点达到 25 天文单位之内。另外，在受到银河系潮汐作用而发生近日点内迁的天体中，大约有 0.01％天体的轨道演化成为与哈雷型彗星相似的轨道。数值模拟结果中轨道根数的分布和逆行轨道的数量都与观测到的哈雷型彗星轨道根数基本一致。但是该数值模拟中并未考虑从太阳系附近经过的恒星以及分子云等可能会影响彗星生成效率的因素[110]。

3.7.3 主带彗星的起源

小行星带最初形成之时,在距离太阳 2.7 天文单位处形成雪线。在太阳系原行星盘雪线之外的区域,由于温度较低,水会凝结成冰[111,112]。这些形成于雪线之外且富含冰质的星子就是我们今天所见彗星的前身。这些彗星与太阳的距离通常与木星到太阳的距离差不多甚至更远,而且它们的轨道偏心率与轨道倾角都比较大。但是,也存在着一部分彗星,它们的轨道处于小行星主带之中,而且它们的轨道偏心率和轨道倾角都很小,这就是主带彗星。根据一些研究人员的数值模拟,地球形成之时所释放的水汽可能不足以形成今天的海洋,故推测彗星撞击也可能是地球水的来源之一。身处主带且轨道也与主带小行星轨道相同的主带彗星 133P/Elst-Pizarro 被观测到在 1996 年和 2002 年两次经过近日点时都产生了彗尾[113]。如图 3-28 所示[114]为夏威夷大学 2.2 米望远镜拍摄的波长为 0.65 微米的图像,上图为主带彗星 133P/Elst-Pizarro,拍摄于 2002 年 9 月 7 日,曝光时间为 1.1 小时;

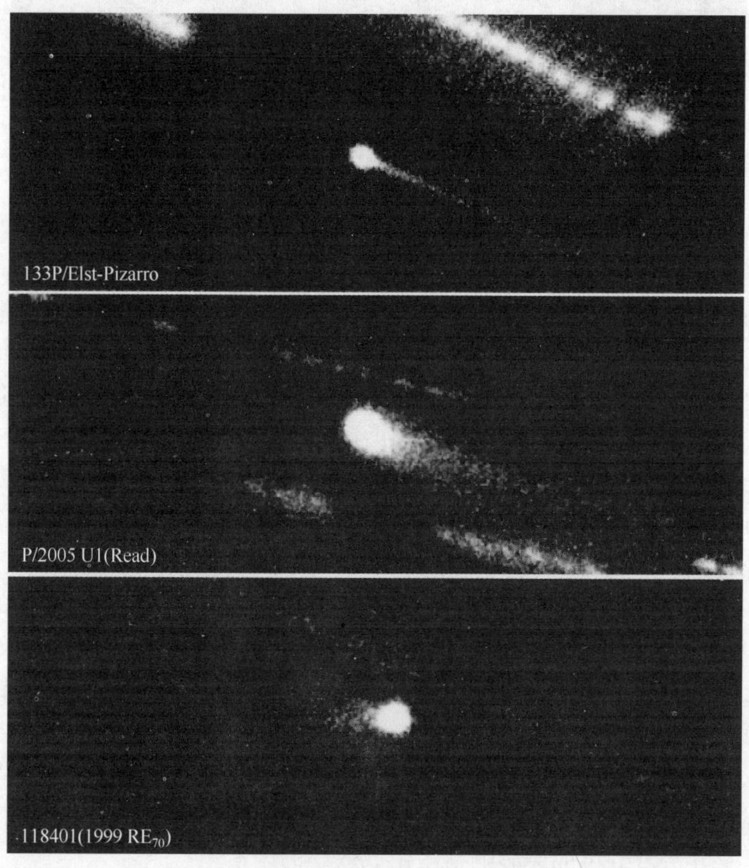

图 3-28　三颗主带彗星的图片

中图为主带彗星 P/2005 U1,拍摄于2005年11月10日,曝光时间为1.9小时;下图为主带彗星118401(1999 RE70),拍摄于2005年11月27日,曝光时间为2.8小时。

三颗主带彗星的观测数据如表3-2所示[114]。位置数据来源为美国喷气推进实验室的在线数据,R 表示目标彗星与太阳的距离,Δ 表示目标彗星与地球的距离,α 表示目标彗星与地球的相位差。表3-3中为这三颗主带彗星的轨道根数,数据同样由美国喷气推进实验室提供,a 为轨道半长径,e 为轨道偏心率,i 为轨道倾角,T_J 为目标彗星相对于木星的梯塞朗参数,q 为近日点距离,Q 为远日点距离[114]。梯塞朗参数一定程度上反映了天体与木星在动力学上的相关程度,通常情况下也可以用来判断天体的轨道属于彗星轨道还是小行星轨道。大多数彗星的梯塞朗参数小于3,大多数小行星的梯塞朗参数大于3[115,116]。d_e 是近似的有效直径,假定反照率为0.04,根据天体的亮度分布进行估算。

表3-2 三颗主带彗星的观测数据

天体	观测日期	望远镜	R/天文单位	Δ/天文单位	α/度
133P/Elst-Pizarro	1996年7月14日	ESO 1.0米	2.65	1.77	13.1
	2002年8月19日	UH 2.2米	2.86	2.05	14.5
	2002年9月7日	UH 2.2米	2.89	1.94	8.2
P/2005 U1(Read)	2005年10月24日	Spacewatch0.9米	2.42	1.46	8.7
	2005年11月10日	UH 2.2米	2.44	1.45	0.6
118401(1999 RE70)	2005年11月26日	Gemini 8米	2.59	1.82	16.4
	2005年12月27日	UH 2.2米	2.60	2.19	21.5

表3-3 三颗主带彗星的轨道根数

天体	a/天文单位	e	i/度	T_J	q/天文单位	Q/天文单位	d_e/千米
133P/Elst-Pizarro	3.156	0.165	1.39	3.184	2.636	3.677	5.0
P/2005 U1(Read)	3.165	0.253	1.27	3.153	2.365	3.965	2.2
118401(1999 RE70)	3.196	0.192	0.24	3.166	2.581	3.811	4.4

主带彗星是否起源于柯伊伯带或奥尔特云,很多研究人员对此进行了数值模拟,结果表示他们无法实现将彗星轨道转变为小行星主带轨道的过程[117]。同样的,主带彗星也不可能像一般彗星在经过小行星主带时一系列碰撞导致其轨道特征与典型主带小行星一致,有两点原因:一是发生如此多次数的碰撞所需的时间尺度非常长,大约是一颗木星族彗星动力学生命周期的10^7倍;二是将原本如此高偏心率、高倾角的轨道通过碰撞精确地转变为低偏心率、低倾角的近圆轨道几乎是不可能的。除非考虑彗星本身非对称的喷射物质对其轨道演化起到了关键作用,否

则主带彗星不大可能起源于柯伊伯带或是奥尔特云区域[114]。

更大的可能性是主带彗星本身就存在大量的冰质，而且就形成于它们现在所在的位置，并由于比较近的时间内受到了某些影响从而激发其像彗星一样活动。如表中数据可见，这些主带彗星被观测到时，与太阳间的距离落在了2.4～2.9天文单位的区间，它们表面的升华物厚度每年大约会减少1米的量级，从表中有效直径的数据推断，这几颗彗星一旦开始升华，其寿命几乎不会超过1000年。一些研究表明，处在太阳系这个位置的小天体，自身携带的冰质会受到表面1～100米厚岩石的保护而得以保存[118]。可能由于与其他天体发生了碰撞或其他原因，小天体表面岩石遭到破坏，埋藏在下面的水冰等暴露在了阳光的照射下，使其表现出了类似彗星的行为。

也有研究人员认为虽然这些主带彗星就起源于它们现在所在的位置，但是它们是由碰撞产生的。有数值仿真的结果显示，一个较大的小行星发生碰撞后也可以产生数个直径在千米级的碎片，并且其轨道倾角和轨道偏心率也都比较小[119]。由于上述三颗主带彗星轨道根数的相近性等原因，它们可能共同起源于司理族小行星(Themis family of asteroid)，该族小行星轨道半长轴介于3.05～3.22天文单位，轨道偏心率介于0.12～0.1，轨道倾角在0.70度～2.22度[120]，光谱型为C类和B类[121]。司理族小行星可能是来源于23亿年前的一次剧烈碰撞，一个直径约400千米的小行星与一个直径190千米的天体发生了碰撞[122]。主带彗星133P/Elst-Pizarro与118401(1999 RE70)轨道处于稳定状态已经超过10亿年，而主带彗星P/2005 U1(Read)的轨道在近20亿年间轨道偏心率处于混沌状态，轨道也并不稳定，该主带彗星可能正处于从司理族小行星脱离的过程中[123]。

现在被归类为主带彗星的天体及其轨道根数如表3-4所示[124]。

表3-4　目前被归类为主带彗星的天体及其轨道根数

主带彗星	半长径/天文单位	近日点/天文单位	近日点日期
133P/Elst-Pizarro [(7968) Elst-Pizarro,P/1996 N2]	3.15	2.64	2013年2月9日
176P/LINEAR[(118401)LINEAR]	3.19	2.57	2011年7月1日
238P/Read[P/2005 U1]	3.16	2.36	2011年3月11日
259P/Garradd[P/2008 R1]	2.72	1.79	2013年1月25日
P/2010 A2(LINEAR)	2.29	2.00	2013年5月23日
324P/La Sagra[P/2010 R2]	3.10	2.62	2015年11月30日
(596) Scheila	2.92	2.44	2012年5月19日
(300163) 2006 VW139	3.05	2.44	2011年7月18日

续表

主带彗星	半长径/天文单位	近日点/天文单位	近日点日期
331P/Gibbs	3.00	2.88	2010 年 3 月 26 日
P/2012 T1(PANSTARRS)	3.15	2.41	2012 年 9 月 11 日
311P/PANSTARRS [P/2013 P5]	2.19	1.95	2014 年 4 月 16 日
P/2013 R3(Catalina-PANSTARRS)	3.03	2.20	2013 年 8 月 5 日

3.8　长周期彗星的起源

长周期彗星的轨道周期在 200 年以上，有些观测到的长周期彗星轨道周期达到了百万年量级，对应的轨道半长径达到 10000 天文单位的量级。例如，彗星卡特琳娜(Catalina，C/1999 F1)的轨道半长径约为 33300 天文单位，轨道周期约为 600 万年[125]。如图 3-29 所示威斯特彗星(West C/1978 A1)也是一颗长周期彗星[126]。这些长周期彗星的 100 个轨道周期的时间尺度将达到 1 亿年，这就与目前估算的太阳系年龄 45 亿年有了可比性。并且，假设这样的彗星从太阳系诞生起就在这样的轨道上运行直到现在。目前认为太阳系的年龄是 45 亿年，这大约是此类彗星在其现在运行轨道时间的 50 倍。如果它们自太阳系起源之时就在现在的轨道运行，那么它们 10 亿年前就应该被燃尽。所以它们以前去哪了？它们为何现在又在这里？这些问题困扰着研究人员。

图 3-29　威斯特彗星照片

3.8.1 奥尔特云假说与行星摄动

这个问题的现有解释是由荷兰天文学家扬·奥尔特(Jan Oort)提出的,其理论被称为奥尔特云理论。人们每年大概会记录到几十颗进入内太阳系的长周期彗星,对于轨道周期在百万年量级的彗星,人们每年只能看到百万分之一的此类轨道彗星。

然而,与近圆且分布在几乎同一个轨道面上的行星轨道不同,人们观测到的长周期彗星来自天空中的各个方向,其中有一些长周期彗星以相同的方向以及相同的轨道倾角围绕太阳运动,而另一些则按完全不同的方向运动。为了解释这个现象,奥尔特提出这个“云”中的彗星有各种各样的运行方向、轨道倾角、轨道形状以及偏心率,它们很有可能是随机分布的,如图 3-30 所示[127]。一些彗星可能是近圆轨道,偏心率在 0～0.1,其数量可能与偏心率落在 0.2～0.3 的彗星一样,甚至与偏心率在 0.9～1 的轨道形状非常瘦长的彗星数量也一样。

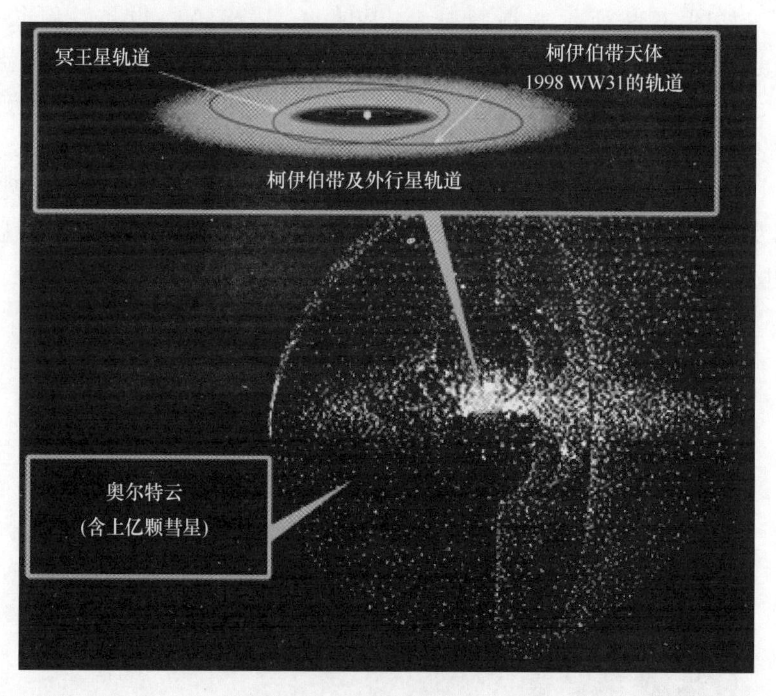

图 3-30　奥尔特云

对于轨道半长径如此大的彗星,如果其偏心率为 0.99 或以下,其近日点的距离仍在冥王星轨道之外,其轨道就不会有机会与大行星发生引力相互作用,从而被观测到。但是如果长周期彗星的轨道达到 0.999,它们就会运行进入内太阳系,并被观测到。对于经过近日点时偏心率略大于 1 的长周期彗星来讲,它们将来不一定会脱离太阳系。例如,马克诺特彗星在 2007 年 1 月靠近其日心轨道近日点时的密切轨道偏心率为 1.000019,但是其仍受到太阳的引力约束,其轨道周期约为 92600 年,在其远离太阳以后,它的轨道偏心率下降到 1 以下。长周期彗星的轨道确定需要在它远离行星区域后,以太阳系质心为中心计算其密切轨道[128]。

当然,如果这些彗星的轨道是随机分布的,那么观测到这些偏心率达 0.999 的彗星的概率为千分之一,如果观测到了十几颗百万年轨道周期的长周期彗星,则意味着奥尔特云中约有上万颗轨道周期在百万年量级的彗星还没有观测到的。这也是奥尔特云理论中需要有 10 亿颗彗星的原因。

3.8.2 临近恒星的引力作用

通常情况下,在讨论太阳系内天体的运动时,可以完全忽略其他恒星的作用。因为它们的距离非常远,即使距离太阳最近的恒星也在将近 300000 天文单位的地方,这对太阳系内的天体几乎没有引力作用。但是,奥尔特云内的彗星离太阳的距离达到了 20000 天文单位、30000 天文单位甚至 50000 天文单位,这个距离达到了太阳与最近恒星距离的 10%。这使得彗星在距离太阳较远的那部分轨道上运行时,会受到其他恒星的引力拖拽,量级大概在太阳引力的几十分之一。

有研究表明:质量在氢点燃临界质量(0.07 个太阳质量)之上的恒星大约每 10 万年从距离太阳 20 万天文单位的距离经过一次[129,130]。这些从太阳系附近经过的恒星平均质量约为 0.5 个太阳质量[131],它们虽然距离太阳系质心非常遥远,但是其微弱的引力摄动施加在奥尔特云的彗星上也会使得这些彗星的轨道运动变得混乱起来。如果彗星的运动方向朝向这些恒星,它们的速度会增加一些;如果背向这些恒星运动,它们的速度就会减慢一些。这些微小的速度变化会改变彗星围绕太阳运动轨道的大小和形状。经过时间的积累,这些小的改变会体现出非常明显的效果,例如,原本轨道偏心率为 0.999 的彗星最终轨道偏心率会变成 0.8 或更小,而那些原本轨道偏心率比较小的彗星轨道偏心率变大到了 0.999 或更大。对于高偏心率的长周期彗星,它们运行到远日点时速度相对较慢,太阳系附近经过的恒星对它们的作用相对更为明显[105]。这种机制使得现在能观察到的彗星不断地被那些轨道偏心率很大的彗星所替代。在这个理论中,轨道偏心率很大的彗星数量大约占到千分之一,即使在太阳系 45 亿年历史中已经完成上述替换过程 50 次,也可能只占到彗星总数量的 5%,在未来数十亿年仍将会有大量此类彗星被观测到。

3.8.3 银河系的潮汐作用

另一个会造成奥尔特云中天体成为长周期彗星的原因是银河系的潮汐作用。许多研究人员认为银河系原盘和突起的引力作用在距离太阳系质心较为遥远的奥尔特云处变得非常重要[132-136]，并且有研究人员认为银河系潮汐作用导致奥尔特云天体成为长周期彗星的机制比太阳系附近恒星的作用要更加有效[136]。银河系潮汐作用对长周期彗星的近日点改变比较明显。对于轨道半长径约为10000天文单位，初始近日点约为25天文单位的长周期彗星，银河系潮汐作用使其轨道近日点的距离发生摆动，长周期彗星的近日点会时而在行星区内，时而不在行星区内，这种摆动的周期约为10亿年[104]。银河系的潮汐作用可以将来自外奥尔特云彗星(轨道半长径大于20000天文单位)的近日点由15天文单位变为3天文单位左右，彗星在距离太阳如此距离时会产生可见的彗尾结构。受到银河系潮汐的作用，经过几个轨道周期，彗星的近日点从内奥尔特云区域(轨道半长径小于20000天文单位)逐渐进入行星区。当长周期彗星运行到行星区的近日点时，木星或土星的行星摄动就不能再忽略不计，这种行星摄动可能使彗星进入外奥尔特云区域甚至进入星际空间中。在这一过程中，木星起到了屏障的作用，使那些来自内奥尔特云区域的天体无法作为彗星被直接观测到。这一效应被称为木星壁垒。

既然内奥尔特云的彗星很难直接被注入可观测的轨道，那么内奥尔特云的质量可能仍然非常巨大。目前有两个天体被认为是来自于内奥尔特云的天体：小行星90377塞德娜(Sedna)和小行星148209。小行星90377被发现于2003年，是当时观测到的太阳系内距离地球最远的自然天体，其轨道半长径为501天文单位，近日点距离为76天文单位，轨道示意图如图3-31所示[137,138]。小行星148209是除小行星90377和阋神星外，距离太阳第三远的已知天体，其轨道半长径为224天文单位，近日点距离为44天文单位[139]。科学界一直在争论这两个天体的轨道是否是由经过太阳系附近的恒星造成的[140,141]，这关系到这两个天体起源模型[142-144]。如果小行星90377确实是内奥尔特云天体，那么内奥尔特云的总质量将会非常可观，有研究人员认为内奥尔特云的总质量可能达到了五个地球质量[137]。

虽然目前奥尔特云理论被广泛接受，但是在“证实”这个理论之前，仍然有一些问题没有解决。首先，奥尔特云理论中彗星的距离非常遥远，以人类现在的手段难以观测到这些彗星，所以没有办法确定这些彗星的存在性。其次，奥尔特云最初是如何形成的。即使奥尔特云确实存在，又如何找到证据证明它们是受到了其他恒星的摄动呢?

幸运的是，对于最后一个问题，现有的一些理论计算认为这种机制是可行的。如果其他恒星距离太阳系更近，由于银河系的影响，那些受此影响而发生轨道改变的彗星的轨道将发生更大的改变，这或许是可以观察到的。事实上，目前确实发现似乎有一些彗星可以被归类为一族，它们的轨道或多或少有些关联，虽然现在这些关联还不是很明确，日后若能证明那将会是巨大的发现。

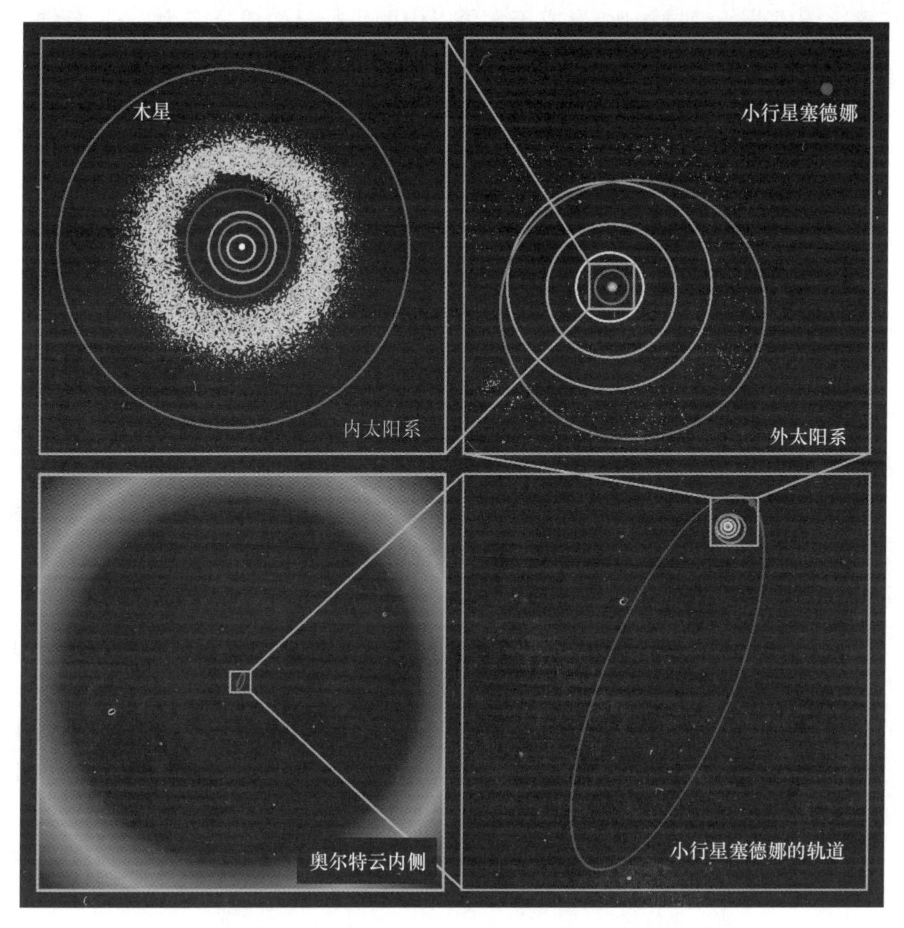

图 3-31　小行星塞德娜轨道示意图(后附彩图)

3.9　由彗星的成分推断形成区域

行星形成后剩余的星子被认为是彗星的前体。所以了解彗星形成的区域,要先了解一个原行星盘的物理模型。标准模型的温度假设:$T(r)\propto T_{\text{o}}r^{-1}$($r$ 的单位为天文单位),在 1 天文单位处,$T_{\text{o}}=700$ 开;在木星的位置,$T=135$ 开;在天王星与海王星之间的区域,T 约为 28 开;在海王星外区域,T 约为 17 开[145]。这样的温度分布允许水在雪线之外的区域发生冷凝,而其他诸如 NH_3,CO_2,CO,NH_2 和 N_2 这样更易挥发的物质在天王星与海王星之间的区域或海王星之外的区域发生冷凝。彗星的化学组成可以反映其形成区域的压力和温度条件,如表 3-5 所示[146],彗星在组成上富含水和碳化合物,由此可以推知其必然形成于雪线之外。

与富含冰质成分的彗星相比，形成于木星以内的小行星的成分多为岩石，且缺乏水冰。在小行星带外侧，水分子与硅酸盐结合形成水合矿物质，这种现象表明其早期组分中含有水(Jewitt 等 *Water in the small bodies of the solar system*)[147]。

表 3-5 彗星中各种分子的相对丰度

分子	质量分数
H_2O	～100
CO	～7～8
CO_2	～3
H_2CO(甲醛)	～0～5
NH_3	～1～2
HCN	≲0.02～0.1
CH_3OH(甲醇)	～1～5

易挥发性的冰物质(诸如 CO,CH_4,N_2 和 CO_2 等)是如何成为彗星成分的目前尚无定论。一种可能是它们在原行星盘中冷凝并以固体形态聚合在了星子上。另一种可能是它们以络合物的形式被吸收或被无定形冰吸收[148]。

小行星主带的外侧可能是不活跃彗星的源区。在这个位置水冰不能暴露在表面上，任何暴露在天体表面的冰都会迅速升华，所以有些水冰会隐藏在岩石或矿物质的表层下面。与其他天体的碰撞可能导致水冰暴露出来，该天体在距离太阳足够近时就会表现得如同一颗彗星，具备形成彗尾等结构的条件，即成为一颗主带彗星[149]。

可以说有限的化学方面的证据表明彗星水冰凝结发生在星云温度范围在25～50 开的区域。根据标准原行星盘模型，这一区域对应土星以外的区域。然而，由于不确定性，还不能排除任何雪线之外的区域作为彗星的来源。这种不确定性也包括以太阳为中心的雪线的距离：雪线可能总是在木星轨道半径附近，也可能距离太阳比距离木星更近，或者是雪线在原行星盘压力温度等条件的影响下随时间变化。在后两种情况下，在外小行星带的任何物体在其惰性表面之下都可能是一颗彗星[149]。

3.10 柯伊伯带、离散盘以及奥尔特云的起源

3.10.1 柯伊伯带的起源

柯伊伯带也被称为伦纳德-柯伊伯带，是位于太阳系黄道面附近，海王星以外(30 天文单位)到离太阳大约 50 天文单位范围内，天体密集的圆盘状区域[150]。其形态与小行星主带类似，但是宽度大约相当于小行星带的 20 倍，总质量是小行星

主带的 20～200 倍[19,81]。柯伊伯带中的天体分布如图 3-32 所示[151]，红色表示天体与海王星存在轨道共振(海王星特洛伊小天体 1∶1 轨道共振，冥族小天体 2∶3 轨道共振，共振海王星外天体(Twotinos)1∶2 轨道共振)，典型的柯伊伯带天体用蓝色表示，离散盘中天体标记为灰色，塞德娜类天体(Sednoids)为黄色。图中横轴表示轨道半长径和对应的轨道周期，纵轴表示轨道倾角。

图 3-32　柯伊伯带中的天体分布图(后附彩图)

关于柯伊伯带的精确起源和内部复杂结构目前还不是很清楚。天文学家还在等待诸如泛星计划和大型综合巡天望远镜(Large Synoptic Survey Telescope, LSST)等大视场望远镜计划的完成，这些望远镜会发现众多现在还未观测到的柯伊伯带天体，为天文学家研究柯伊伯带起源与演化提供更多的数据。

柯伊伯带目前被认为由众多星子、环绕太阳运行而未聚合成行星的原行星盘碎片构成。目前发现其中最大的天体直径也不足 3000 千米。根据对冥王星及其卫星卡戎上的陨石坑的研究发现，这些天体直接形成直径为数十千米的天体，而不是从更小的(数千米级)的天体聚合而来。有假说认为是原行星盘中湍流[152,153]或冲流不稳定性[154]引起的石子云引力坍缩而形成了这些体积较大的天体，这些坍缩的云可能也发生了破碎而最终形成了多个天体[155]。

科学家们通过计算机数值模拟研究的结果认为柯伊伯带受到了木星和海王星的强烈影响，并且认为天王星和海王星并非形成于它们现在所在的位置，因为它们现在所在的区域所含的物质太少了，不足以形成质量如此大的行星。科学家们认为这些天王星与海王星可能形成于比它们现在距离木星更近的位置(图 3-33(a)[156]，由内向外，绿色圆圈表示模型轨道，橙色圆圈表示土星轨道，深蓝色圆圈表示海王星轨道，浅蓝色圆圈表示天王星轨道，后同)。巨行星对太阳系中星子的散射导致了它们发生行星迁移，土星、天王星和海王星发生行星外迁，木星则发生了行星内迁。最终，当木星轨道与土星轨道达到 2∶1 轨道共振(土星每绕太阳公转一圈，而木星绕太阳公转两圈)时，轨道迁移停止(图 3-33(b)[156])。这种共振引力的影响使得天王星和海王星轨道变得不稳定，它们的轨道向外散射，轨道偏心率变得更大，并穿过了原行星盘[157,158]。与海王星轨道发生平运动共振的星子轨道发生了混乱的演化，一些星子向外迁移到了与海王星轨道 2∶1 共振的区域，形成了一个低偏心率的带状结构。后来海王星的轨道偏心率逐渐减小，并最终到达了现在所在的位置。许多星子在海王星轨道迁移的过程中被轨道共振所俘获，有些星子的轨道演化成了高轨道倾角、低偏心率的稳定轨道[159]（图 3-33(c)[156]）。也有一部分星子向内散射，或被木星捕获成为其特洛伊小天体，或被其他大天体捕获成为其卫星，或成为小行星主带中的天体。剩余部分在木星的作用下可能被散射到了太阳系外，原始的柯伊伯带天体只剩下了不足 1%[158]。

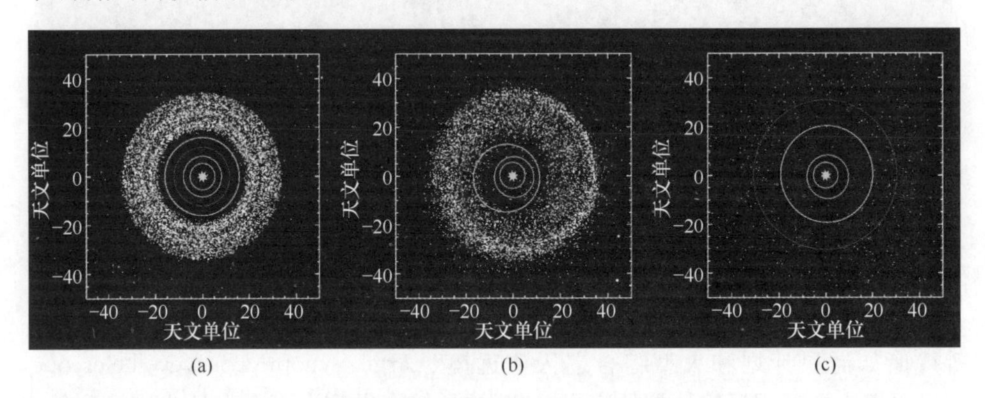

图 3-33　数值模拟的太阳系行星迁移示意图(后附彩图)

3.10.2　离散盘的起源

离散盘是距离太阳很远的盘状结构，其中包含零星的冰质小天体和一部分海王星外天体。离散盘中天体的轨道偏心率可达 0.8，轨道倾角高达 40 度，近日点也在 30 天文单位以上。如图 3-34 所示[160]，横轴为轨道半长径，纵轴为轨道倾角，红色线左端表示天体近日点距离，右端表示远日点距离，红线的长度可以表示偏心率。绿色表示离散盘中处于轨道共振的天体，灰色表示柯伊伯带中的天体。实心圆形表示天体的直径，空心圆形表示天体的绝对星等。

科学界现在对离散盘的认知还相当匮乏，目前还没有模型能够完全解释观测到的关于柯伊伯带和离散盘的全部性质。主流观点认为离散盘中的天体是柯伊伯带中的天体经海王星等其他太阳系外侧天体的引力作用散射来的[161]。发生这一过程所需的时间尚不确定，有假说认为这一过程的时间与太阳系历史一样长[106]，也有假说认为这一进程发生的时间很短，发生在海王星轨道迁移的早期[162]。

尼斯模型认为受到海王星弹射作用，轨道半长径达 50 天文单位以上的天体会被轨道共振俘获，成为今天离散盘中的共振天体，它们中的一部分轨道偏心率在共

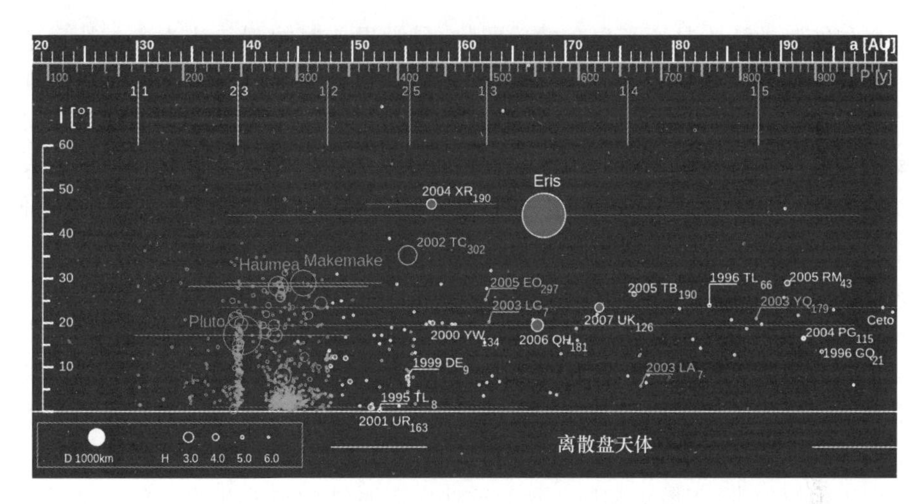

图 3-34　离散盘天体分布示意图(后附彩图)

振的作用下减小,并在海王星的轨道迁移过程中脱离了轨道共振,演化到了更稳定的轨道上[158]。

3.10.3　奥尔特云的起源

奥尔特云也称奥匹克-奥尔特云,以荷兰天文学家扬·奥尔特命名。理论上是一个围绕太阳,由冰质小天体组成,位于距离太阳五万天文单位到二十万天文单位的球状云团[163]。奥尔特云由两部分构成:圆盘状的内奥尔特云(也称希尔云)和球状的外奥尔特云,这两个区域处于日球层之外的星际空间中(如图 3-35 所示[164])。

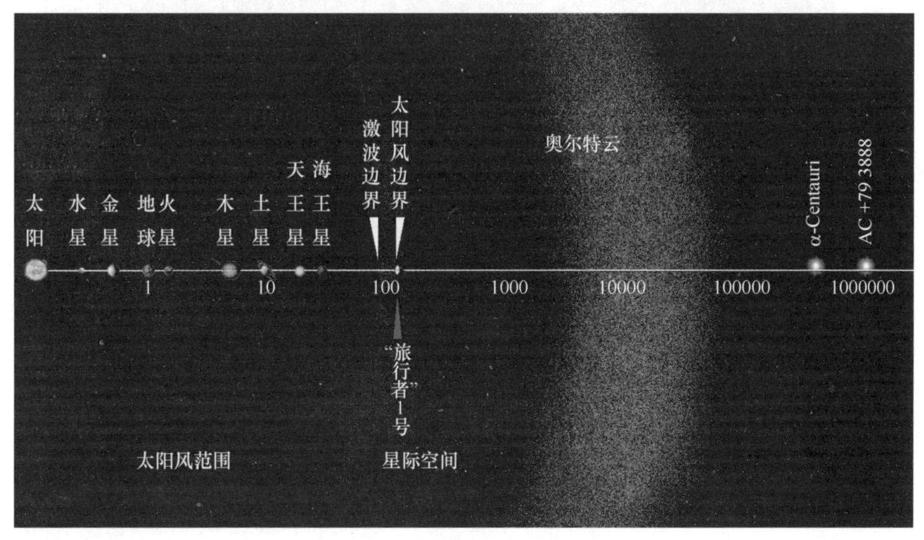

图 3-35　奥尔特云位置示意图

奥尔特云被认为是原行星盘的残留物,科学界普遍的观点认为奥尔特云中的天体形成之初要比现在更接近太阳,这些天体受到刚刚形成的气态巨行星诸如木星的引力作用,被弹射进入了偏心率极高的轨道,甚至抛物线轨道。有研究人员认为离散盘是奥尔特云中天体的源区。在他们的模型中,离散盘中约有一半的天体向外散射到了奥尔特云中,四分之一的天体向内迁移,还有四分之一的天体被弹射进入了双曲线轨道。离散盘中现在可能仍有天体在向奥尔特云区域演化[165]。目前离散盘中所剩无几的天体可能会有三分之一在25亿年后进入奥尔特云[166]。

尼斯模型认为那些受天王星或海王星作用而到达更大轨道半长径(5000天文单位)的天体可能受到银河系潮汐作用的影响轨道近日点不断增大,并最终脱离了轨道共振的作用成为了内奥尔特云天体。还有一些天体在银河系潮汐作用和附近恒星的摄动影响下具备了各向同性的轨道倾角形成了外奥尔特云[167,168]。

由于柯伊伯带、离散盘和奥尔特云这些太阳系结构与地球的距离相对于人类目前有限的探测手段来说十分遥远,所以物理数据相对较少,对于这些结构起源与演化的理论很大程度上仍然比较原始。目前人类飞行最远的探测器"旅行者"1号(如图3-36所示[169])正处于离开太阳系的阶段,以其现在的飞行速度计算,"旅行者"1号将在三百年后到达奥尔特云的内边界,而穿过奥尔特云则需要三万年的时间。然而在2025年前后,"旅行者"1号上的放射性同位素热电池将无法为其上面

图3-36　"旅行者"1号

搭载的科学仪器供电。目前人类其他飞向星际空间的探测器在到达奥尔特云时也都无法进行探测活动。

参 考 文 献

[1] [EB/OL]. [2017-03-08]. http://www. iau. org/news/pressreleases/detail/iau0603/.

[2] File:Diagramme d'Euler des corps du Système solaire. svg[EB/OL]. [2017-03-08]. http://commons. wikimedia. org/wiki/File:Diagramme_d%27Euler_des_corps_du_Syst%C3%A8me_solaire. svg.

[3] ASTEROID BELT FACTS[EB/OL]. [2017-03-08]. http://space-facts. com/asteroid-belt/.

[4] File:Minor Planets-Atira. svg[EB/OL]. [2017-03-08]. http://commons. wikimedia. org/wiki/File:Minor_Planets_-_Atira. svg.

[5] NUMBER OF NEAR-EARTH ASTEROIDS DISCOVERED[EB/OL]. [2017-03-08]. http://neo. jpl. nasa. gov/stats/.

[6] JPL Small-Body Database Search Engine[EB/OL]. [2017-03-08]. http://ssd. jpl. nasa. gov/sbdb_query. cgi? obj_group=all;obj_kind=all;obj_numbered=all;ast_orbit_class=AMO;OBJ_field=0;ORB_field=0;table_format=HTML;max_rows=200;format_option=comp;c_fields=BgBhBiBjBnBsChAcCq;. cgifields=format_option;. cgifields=ast_orbit_class;. cgifields=table_format;. cgifields=obj_kind;. cgifields=obj_group;. cgifields=obj_numbered;. cgifields=com_orbit_class&query=1&c_sort=BiA.

[7] File:Neas. svg[EB/OL]. [2017-03-08]. http://en. wikipedia. org/wiki/File:Neas. svg.

[8] Lagrange J L. Essai sur le probleme des trois corps[J]. Prix de l'académie royale des Sciences de paris,1772,9:292.

[9] Elliot J,Kern S,Clancy K,et al. The Deep Ecliptic Survey:A search for Kuiper belt objects and Centaurs. II. Dynamical classification,the Kuiper belt plane,and the core population[J]. The Astronomical Journal,2005,129(2):1117.

[10] File: TheKuiperBelt 42AU Centaurs. svg[EB/OL]. [2017-03-08]. http://en. wikipedia. org/wiki/File:TheKuiperBelt_42AU_Centaurs. svg.

[11] File:P 2010 A2 Orbit. gif[EB/OL]. [2017-03-08]. http://en. wikipedia. org/wiki/File:P_2010_A2_Orbit. gif.

[12] C/1980 E1[EB/OL]. [2017-03-08]. http://en. wikipedia. org/wiki/C/1980_E1.

[13] Comet Kohoutek[EB/OL]. [2017-03-08]. http://en. wikipedia. org/wiki/Comet_Kohoutek#cite_note-1.

[14] Dwarf Planet Ceres,Artist's Impression[EB/OL]. [2017-03-08]. http://www. nasa. gov/jpl/herschel/dwarf-planet-ceres-pia17830.

[15] Napier W M,Dodd R J. On the origin of the asteroids[J]. Monthly Notices of the Royal Astronomical Society,1974,166(2):469-490.

[16] Morrison D,Lebofsky L. Radiometry of asteroids[J]. Asteroids,1979,1:184-205.

[17] Millis R,Dunham D. Precise measurement of asteroid sizes and shapes from occultations[C].

Asteroids II,1989:148-170.

[18] Magri C,Ostro S J,Rosema K D,et al. Mainbelt asteroids:Results of Arecibo and Goldstone radar observations of 37 objects during 1980-1995[J]. Icarus,1999,140(2):379-407.

[19] Krasinsky G A,Pitjeva E V,Vasilyev M V,et al. Hidden mass in the asteroid belt[J]. Icarus, 2002,158(1):98-105.

[20] The Formation of the Solar[EB/OL]. [2017-03-08]. http://static. ddmcdn. com/gif/asteroid-belt-2. jpg.

[21] Petit J M,Morbidelli A,Chambers J. The primordial excitation and clearing of the asteroid belt[J]. Icarus,2001,153(2):338-347.

[22] Edgar R,Artymowicz P. Pumping of a planetesimal disc by a rapidly migrating planet[J]. Monthly Notices of the Royal Astronomical Society,2004,354(3):769-772.

[23] Clark B E,Hapke B,Pieters C,et al. Asteroid space weathering and regolith evolution[M]// Jr Bottke W F, Cellino A, Pao licchi P,et al. Asteroids III,2002:585-599.

[24] Scott E. Constraints on Jupiter's age and formation mechanism and the nebula lifetime from chondrites and asteroids[C]. 37th Annual Lunar and Planetary Science Conference,2006.

[25] Spratt C E. The Hungaria group of minor planets[J]. Journal of the Royal Astronomical Society of Canada,1990,84:123-131.

[26] File: Kirkwood Gaps. svg[EB/OL]. [2017-03-08]. http://en. wikipedia. org/wiki/File: Kirkwood_Gaps. svg.

[27] Minton D A,Malhotra R. A record of planet migration in the main asteroid belt[J]. Nature, 2009,457(7233):1109-1111.

[28] Klačka J. Mass distribution in the asteroid belt[J]. Earth,Moon,and Planets,1992,56(1): 47-52.

[29] Nesvorný D,Bottke Jr W F,Dones L,et al. The recent breakup of an asteroid in the main-belt region[J]. Nature,2002,417(6890):720-771.

[30] File:Vesta family. png[EB/OL]. [2017-03-08]. http://en. wikipedia. org/wiki/File:Vesta_ family. png.

[31] Zappala V,Bendjoya P,Cellino A,et al. Asteroid families:Search of a 12487-asteroid sample using two different clustering techniques[J]. Icarus,1995,116(2):291-314.

[32] File:Vesta family. png[EB/OL]. [2017-03-06]. http://en. wikipedia. org/wiki/File:Vesta_ family. png.

[33] Öpik E J. Collision probabilities with the planets and the distribution of interplanetary matter[C]. Proceedings of the Royal Irish Academy. Section A:Mathematical and Physical Sciences,1951:165-199.

[34] Bottke Jr W F,Vokrouhlický D,Rubincam D P,et al. The Yarkovsky and YORP effects: Implications for asteroid dynamics[J]. Annu. Rev. Earth Planet. Sci. ,2006,34:157-191.

[35] File: Asteroid-golevka. jpeg[EB/OL]. [2017-03-08]. http://en. wikipedia. org/wiki/File: Asteroid-golevka. jpeg.

[36] Chesley S R, Ostro S J, Vokrouhlický D, et al. Direct detection of the Yarkovsky effect by radar ranging to asteroid 6489 Golevka[J]. Science, 2003, 302(5651): 1739-1742.

[37] Near Earth Object Maps[EB/OL]. [2017-03-08]. http://www.arm.ac.uk/neos/.

[38] Milani A, Carpino M, Hahn G, et al. Dynamics of planet-crossing asteroids: Classes of orbital behavior: Project SPACEGUARD[J]. Icarus, 1989, 78(2): 212-269.

[39] Wetherill G. Where do the Apollo objects come from? [J]. Icarus, 1988, 76(1): 1-18.

[40] Mcfadden L A, Tholen D J, Veeder G J. Physical properties of Aten, Apollo and Amor asteroids[C]. Asteroids II, 1989: 442-467.

[41] Harris N, Bailey M. Dynamical evolution of cometary asteroids[J]. Monthly Notices of the Royal Astronomical Society, 1998, 297(4): 1227-1236.

[42] Gladman B, Michel P, Froeschlé C. The near-Earth object population[J]. Icarus, 2000, 146(1): 176-189.

[43] Rickman H, Fernandez J, Tancredi G, et al. The Cometary Contribution to Planetary Impact Rates, Collisional Processes in the Solar System[M]. Berlin: Springer, 2001: 131-142.

[44] Wisdom J. Chaotic behavior and the origin of the 31 Kirkwood gap[J]. Icarus, 1983, 56(1): 51-74.

[45] Farinella P, Gonczi R, Froeschlé C, et al. The injection of asteroid fragments into resonances [J]. Icarus, 1993, 101(2): 174-187.

[46] Morbidelli A, Zappala V, Moons M, et al. Asteroid families close to mean motion resonances: Dynamical effects and physical implications[J]. Icarus, 1995, 118(1): 132-154.

[47] Zappala V, Bendjoya P, Cellino A, et al. Fugitives from the Eos family: First spectroscopic confirmation[J]. Icarus, 2000, 145(1): 4-11.

[48] Gladman B J, Migliorini F, Morbidelli A, et al. Dynamical lifetimes of objects injected into asteroid belt resonances[J]. Science, 1997, 277(5323): 197-201.

[49] Cellino A, Zappala V, Tedesco E. Near-Earth objects: Origins and need of physical characterization[J]. Meteoritics & Planetary Science, 2002, 37(12): 1965-1974.

[50] Migliorini F, Michel P, Morbidelli A, et al. Origin of multikilometer Earth-and Mars-crossing asteroids: A quantitative simulation[J]. Science, 1998, 281(5385): 2022-2024.

[51] Michel P, Zappala V, Cellino A, et al. Estimated abundance of Atens and asteroids evolving on orbits between Earth and Sun[J]. Icarus, 2000, 143(2): 421-424.

[52] Nesvorný D, Morbidelli A, Vokrouhlický D, et al. The Flora family: A case of the dynamically dispersed collisional swarm? [J]. Icarus, 2002, 157(1): 155-172.

[53] Morbidelli A, Nesvorný D. Numerous weak resonances drive asteroids toward terrestrial planets orbits[J]. Icarus, 1999, 139(2): 295-308.

[54] Farinella P, Davis D, Cellino A, et al. The collisional lifetime of asteroid 951 Gaspra[J]. Astronomy and Astrophysics, 1992, 257: 329.

[55] Zappala V, Cellino A, Dell'oro A. A search for the collisional parent bodies of large NEAs [J]. Icarus, 2002, 157(2): 280-296.

[56] Tholen D J. Asteroid taxonomy from cluster analysis of photometry[D]. 1984.

[57] Bus S J. Compositional structure in the asteroid belt:Results of a spectroscopic survey[D]. Cambridge:Massachusetts Institute of Technology,1999.

[58] Bottke W F,Morbidelli A,Jedicke R,et al. Debiased orbital and absolute magnitude distribution of the near-Earth objects[J]. Icarus,2002,156(2):399-433.

[59] File: InnerSolarSystem-en. png[EB/OL]. [2017-03-08]. http://en. wikipedia. org/wiki/File:InnerSolarSystem-en. png.

[60] File:NTrojans Plutinos 55AU. svg[EB/OL]. [2017-03-08]. http://en. wikipedia. org/wiki/File:NTrojans_Plutinos_55AU. svg.

[61] Shoemaker E M,Shoemaker C S,Wolfe R F. Trojan asteroids:Populations,dynamical structure and origin of the *L*4 and *L*5 swarms[C]. Asteroids II,1989:487-523.

[62] Yoder C F. Notes on the origin of the Trojan asteroids[J]. Icarus,1979,40(3):341-344.

[63] Peale S. The effect of the nebula on the Trojan precursors[J]. Icarus, 1993, 106(1): 308-322.

[64] Kary D M,Lissauer J J. Nebular gas drag and planetary accretion:II. Planet on an eccentric orbit[J]. Icarus,1995,117(1):1-24.

[65] Marzari F, Scholl H. Capture of Trojans by a growing proto-Jupiter[J]. Icarus, 1998, 131(1):41-51.

[66] Marzari F,Scholl H. The growth of Jupiter and Saturn and the capture of Trojans[J]. Astronomy and Astrophysics,1998,339:278-285.

[67] Rabe E. Orbital characteristics of comets passing through the 1∶1 commensurability with Jupiter[J]. Springer Netherlands,1972,45:55-60.

[68] Rabe E. The Trojans as escaped satellites of Jupiter[J]. The Astronomical Journal,1954, 59:433-439.

[69] Pollack J B,Hubickyj O,Bodenheimer P,et al. Formation of the giant planets by concurrent accretion of solids and gas[J]. Icarus,1996,124(1):62-85.

[70] Érdi B. The three-dimensional motion of Trojan asteroids[J]. Celestial Mechanics, 1978, 18(2):141-161.

[71] Érdi B. The motion of the perihelion of Trojan asteroids[J]. Celestial Mechanics and Dynamical Astronomy,1979,20(1):59-67.

[72] Érdi B. The perturbations of the orbital elements of Trojan asteriods[J]. Celestial Mechanics and Dynamical Astronomy,1981,24(4):377-390.

[73] Fleming H J,Hamilton D P. On the origin of the Trojan asteroids:Effects of Jupiter′s mass accretion and radial migration[J]. Icarus,2000,148(2):479-493.

[74] Marzari F,Farinella P,Davis D,et al. Collisional evolution of Trojan asteroids[J]. Icarus, 1997,125(1):39-49.

[75] Levison H F,Shoemaker E M,Shoemaker C S. Dynamical evolution of Jupiter′s Trojan asteroids[J]. Nature,1997,385(6611):42.

[76] Marzari F,Scholl H,Murray C,et al. Origin and evolution of Trojan asteroids[J]. Asteroids III,2002,1:725-738.

[77] Wisdom J,Holman M. Symplectic maps for the n-body problem[J]. The Astronomical Journal,1991,102:1528-1538.

[78] Rabe E. Third-order stability of the long-period Trojan librations[J]. The Astronomical Journal,1967,72:10.

[79] Horner J,Evans N,Bailey M. Simulations of the population of Centaurs-I. The bulk statistics[J]. Monthly Notices of the Royal Astronomical Society,2004,354(3):798-810.

[80] File:Outersolarsystem objectpositions labels comp. png[EB/OL]. [2017-03-08]. http://zh. wikipedia. org/wiki/File:Outersolarsystem_objectpositions_labels_comp. png.

[81] Delsanti A,Jewitt D. The Solar System beyond the Planets,Solar System Update[M]. Berlin:Springer,2006:267-293.

[82] Horner J,Evans N,Bailey M,et al. The populations of comet-like bodies in the Solar system[J]. Monthly Notices of the Royal Astronomical Society,2003,343(4):1057-1066.

[83] Tiscareno M S,Malhotra R. The dynamics of known Centaurs[J]. The Astronomical Journal,2003,126(6):3122.

[84] Emel'yanenko V,Asher D,Bailey M. Centaurs from the Oort cloud and the origin of Jupiter-family comets[J]. Monthly Notices of the Royal Astronomical Society, 2005, 361(4): 1345-1351.

[85] File: AsbolA. png[EB/OL]. [2017-03-08]. http://zh. wikipedia. org/wiki/File: AsbolA. png.

[86] 8405 Asbolus[EB/OL]. [2017-03-06]. http://en. wikipedia. org/wiki/8405_Asbolus#cite_note-AsbolusClones-20.

[87] Stern A,Campins H. Chiron and the Centaurs:Escapees from the Kuiper belt[J]. Nature, 1996,382(6591):471-486.

[88] Delsemme A,Trimble V. Our cosmic origins:From the big bang to the emergence of life and intelligence[J]. Quarterly Review of Biology,1999,67(3):264,265.

[89] File:Lspn comet halley. jpg[EB/OL]. [2017-03-08]. http://en. wikipedia. org/wiki/File:Lspn_comet_halley. jpg.

[90] Wilson H. The Comet families of Saturn,Uranus and Neptune[J]. Popular Astronomy, 1909,17:629-633.

[91] [EB/OL]. [2017-03-08]. http://physics. ucf. edu/～yfernandez/cometlist. html.

[92] Sagan C,Druyan A. Comet[M]. New York: Random House Digital,1997.

[93] Koupelis T. In Quest of the Solar System[M]. Burlington:Jones & Bartlett Publishers, 2010.

[94] Jupiter-family Comets[EB/OL]. [2017-03-08]. http://astronomy. swin. edu. au/cosmos/J/Jupiter-family+Comets.

[95] [EB/OL]. [2017-03-08]. http://en. wikipedia. org/wiki/Comet.

[96] Newton H. Capture of comets by planets[J]. The Astronomical Journal, 1891, 11: 73-75.
[97] Newton H A. On the capture of comets by planets, especially their capture by Jupiter[J]. American Journal of Science, 1891, (249): 183-199.
[98] Delsemme A H. Comets, Asteroids, Meteorites: Interrelations, Evolution, and Origins[M]. Toledo: University of Toledo, 1977.
[99] Bailey M. The mean energy transfer rate to comets in the Oort cloud and implications for cometary origins[J]. Monthly Notices of the Royal Astronomical Society, 1986, 218(1): 1-30.
[100] Joss P C. On the origin of short-period comets[J]. Astronomy and Astrophysics, 1973, 25(2): 271-273.
[101] Levison H F, Dones L, Duncan M J. The origin of Halley-type comets: Probing the inner Oort cloud[J]. The Astronomical Journal, 2001, 121(4): 2253.
[102] Fernandez J, Gallardo T. The transfer of comets from parabolic orbits to short-period orbits: Numerical studies[J]. Astronomy and Astrophysics, 1994, 281: 911-922.
[103] Fernandez J A. On the existence of a comet belt beyond Neptune[J]. Monthly Notices of the Royal Astronomical Society, 1980, 192(3): 481-491.
[104] Duncan M, Quinn T, Tremaine S. The origin of short-period comets[J]. The Astrophysical Journal, 1988, 328: L69-L73.
[105] Duncan M J. Dynamical Origin of Comets and Their Reservoirs, Origin and Early Evolution of Comet Nuclei[M]. Berlin: Springer, 2008: 109-126.
[106] Levison H F, Duncan M J. From the Kuiper belt to Jupiter-family comets: The spatial distribution of ecliptic comets[J]. Icarus, 1997, 127(1): 13-32.
[107] Halley-Type Comets[EB/OL]. [2017-03-08]. http://astronomy.swin.edu.au/cosmos/H/Halley-Type+Comets.
[108] Quinn T, Tremaine S, Duncan M. Planetary perturbations and the origins of short-period comets[J]. The Astrophysical Journal, 1990, 355: 667-679.
[109] Emel'yanenko V, Bailey M. Capture of Halley-type comets from the near-parabolic flux[J]. Monthly Notices of the Royal Astronomical Society, 1998, 298(1): 212-222.
[110] Levison H F, Duncan M J, Dones L, et al. The scattered disk as a source of Halley-type comets[J]. Icarus, 2006, 184(2): 619-633.
[111] Sasselov D, Lecar M. On the snow line in dusty protoplanetary disks[J]. The Astrophysical Journal, 2000, 528(2): 995.
[112] Lecar M, Podolak M, Sasselov D, et al. On the location of the snow line in a protoplanetary disk[J]. The Astrophysical Journal, 2006, 640(2): 1115.
[113] Hsieh H H, Jewitt D C, Fernández Y R. The strange case of 133P/Elst-Pizarro: A comet among the asteroids[J]. The Astronomical Journal, 2004, 127(5): 2997.
[114] Hsieh H H, Jewitt D. A population of comets in the main asteroid belt[J]. Science, 2006, 312(5773): 561-563.

[115] Vaghi S. The origin of Jupiter's family of comets[J]. Astronomy and Astrophysics, 1973, 24:41.

[116] Kresák L'. Dynamics, interrelations and evolution of the systems of asteroids and comets[J]. The Moon and the Planets, 1980, 22(1):83-98.

[117] Fernández J A, Gallardo T, Brunini A. Are there many inactive Jupiter-family comets among the near-Earth asteroid population? [J]. Icarus, 2002, 159(2):358-368.

[118] Fanale F P, Salvail J R. The water regime of asteroid(1) Ceres[J]. Icarus, 1989, 82(1):97-110.

[119] Haghighipour N. Dynamical constraints on the origin of main belt comets[J]. Meteoritics & Planetary Science, 2009, 44(12):1863-1869.

[120] Zappala V, Cellino A, Farinella P, et al. Asteroid families. I -Identification by hierarchical clustering and reliability assessment[J]. The Astronomical Journal, 1990, 100:2030-2046.

[121] Mothé-Diniz T, Roig F, Carvano J. Reanalysis of asteroid families structure through visible spectroscopy[J]. Icarus, 2005, 174(1):54-80.

[122] Marzari F, Davis D, Vanzani V. Collisional evolution of asteroid families[J]. Icarus, 1995, 113(1):168-187.

[123] Bertini I. Main Belt Comets: A new class of small bodies in the solar system[J]. Planetary and Space Science, 2011, 59(5):365-377.

[124] Main-belt comet[EB/OL]. [2017-03-08]. http://en. wikipedia. org/wiki/Main-belt_comet.

[125] C/1999 F1[EB/OL]. [2017-03-08]. http://en. wikipedia. org/wiki/C/1999_F1.

[126] File: C-west-1976-ps. jpg[EB/OL]. [2017-03-08]. http://en. wikipedia. org/wiki/File: C-west-1976-ps. jpg.

[127] File: Kuiper belt-Oort cloud-zh-cn. svg[EB/OL]. [2017-03-08]. http://zh. wikipedia. org/wiki/File: Kuiper_belt_-_Oort_cloud-zh-cn. svg.

[128] [EB/OL]. [2017-03-08]. http://spaceobs. org/en/2011/03/07/vliyanie-planet-gigantov-na-orbitu-komety- c2010-x1-elenin/.

[129] García-Sánchez J, Preston R A, Jones D L, et al. Stellar encounters with the Oort cloud based on Hipparcos data[J]. The Astronomical Journal, 1999, 117(2):1042.

[130] García-Sánchez J, Weissman P, Preston R, et al. Stellar encounters with the solar system[J]. Astronomy & Astrophysics, 2001, 379(2):634-659.

[131] Chabrier G. The galactic disk mass budget. I. Stellar mass function and density[J]. The Astrophysical Journal, 2001, 554(2):1274.

[132] Byl J. Galactic perturbations on nearly-parabolic cometary orbits[J]. The Moon and the Planets, 1983, 29(2):121-137.

[133] Byl J. The effect of the Galaxy on cometary orbits[J]. Earth, Moon, and Planets, 1986, 36(3):263-273.

[134] Byl J. Galactic removal rates for long-period comets[J]. The Astronomical Journal, 1990,

99:1632-1635.

[135] Smoluchowski R, Torbett M. The boundary of the solar system[J]. Nature, 1984, 311(5981):38,39.

[136] Heisler J,Tremaine S. The influence of the galactic tidal field on the Oort comet cloud[J]. Icarus,1986,65(1):13-26.

[137] Brown M E,Trujillo C,Rabinowitz D. Discovery of a candidate inner Oort cloud planetoid [J]. The Astrophysical Journal,2004,617(1):645.

[138] File:Oort cloud Sedna orbit. svg[EB/OL]. [2017-03-08]. http://zh. wikipedia. org/wiki/ File:Oort_cloud_Sedna_orbit. svg.

[139] Gladman B,Holman M,Grav T,et al. Evidence for an extended scattered disk[J]. Icarus, 2002,157(2):269-279.

[140] Levison A. Scenarios for the origin of the orbits of the trans-neptunian objects 2000 CR105 and 2003 VB12[R]. 2004.

[141] Kenyon S J,Bromley B C. Stellar encounters as the origin of distant Solar System objects in highly eccentric orbits[J]. Nature,2004,432(7017):598-602.

[142] Matese J J,Whitmire D P,Lissauer J J. A widebinary solar companion as a possible origin of Sedna-like objects[J]. Earth,Moon,and Planets,2005,97(3-4):459-470.

[143] Gomes R S,Matese J J,Lissauer J J. A distant planetary-mass solar companion may have produced distant detached objects[J]. Icarus,2006,184(2):589-601.

[144] Gladman B,Chan C. Production of the extended scattered disk by rogue planets[J]. The Astrophysical Journal Letters,2006,643(2):L135.

[145] Goldreich P,Ward W R. The formation of planetesimals[J]. The Astrophysical Journal, 1973,183:1051-1062.

[146] Fernández J A. Comets:Nature,Dynamics,Origin,and Their Cosmogonical Relevance[M]. Berlin: Springer Science & Business Media,2006.

[147] Jewitt D,Chizmadia L,Grimm R,et al. Water in the small bodies of the solar system[J]. Protostars and Planets V,2007,1:863-878.

[148] Delsemme A, Swings P. Gas hydrates in cometary nuclei and interstellar grains[J]. Ann. Astrophys,1952,15(1):1-6.

[149] Fernández J A. Origin of comet nuclei and dynamics//Fernández J A. Origin and Early Evolution of Comet Nuclei[M]. New York:Springer,2008:27-42.

[150] Stern S A,Colwell J E. Collisional erosion in the primordial Edgeworth-Kuiper belt and the generation of the 30～50 AU Kuiper gap[J]. The Astrophysical Journal, 1997, 490(2):879.

[151] File:KBOs and resonances. png[EB/OL]. [2017-03-08]. http://en. wikipedia. org/wiki/ File:KBOs_and_resonances. png.

[152] Parker A H,Kavelaars J,Petit J-M,et al. Characterization of seven ultra-wide trans-neptunian binaries[J]. The Astrophysical Journal,2011,743(1):1.

[153] Cuzzi J N, Hogan R C, Bottke W F. Towards initial mass functions for asteroids and Kuiper Belt Objects[J]. Icarus, 2010, 208(2): 518-538.

[154] Johansen A, Jacquet E, Cuzzi J N, et al. New paradigms for asteroid formation[J]. Asteroids IV, 2015: 471-492.

[155] Nesvorný D, Youdin A N, Richardson D C. Formation of Kuiper Belt binaries by gravitational collapse[J]. The Astronomical Journal, 2010, 140(3): 785.

[156] File: Lhborbits. png[EB/OL]. [2017-03-08]. http://en. wikipedia. org/wiki/File: Lhborbits. png.

[157] Tsiganis K, Gomes R, Morbidelli A, et al. Origin of the orbital architecture of the giant planets of the Solar System[J]. Nature, 2005, 435(7041): 459-461.

[158] Levison H F, Morbidelli A, Vanlaerhoven C, et al. Origin of the structure of the Kuiper belt during a dynamical instability in the orbits of Uranus and Neptune[J]. Icarus, 2008, 196(1): 258-273.

[159] Thommes E W, Duncan M J, Levison H F. The formation of Uranus and Neptune among Jupiter and Saturn[J]. The Astronomical Journal, 2002, 123(5): 2862.

[160] File: TheKuiperBelt 100AU SDO. svg[EB/OL]. [2017-03-08]. http://en. wikipedia. org/wiki/File: TheKuiperBelt_100AU_SDO. svgx.

[161] Duncan M J, Levison H F. A disk of scattered icy objects and the origin of Jupiter-family comets[J]. Science, 1997, 276(5319): 1670-1672.

[162] Orbital shuffle for early solar system[EB/OL]. [2017-09-16]. http://www. geotimes. org/june05/WebExtra060705. html? utm _ source = tech. mazavr. tk&utm _ medium = link&utm_compaign=article.

[163] Morbidelli A. Origin and dynamical evolution of comets and their reservoirs of water ammonia and methane[J]. arXiv preprint astro-ph/0512256, 2006.

[164] File: PIA17046-Voyager 1 Goes Interstellar. jpg[EB/OL]. [2017-03-08]. http://en. wikipedia. org/wiki/File: PIA17046_-_Voyager_1_Goes_Interstellar. jpg.

[165] Fernández J A, Gallardo T, Brunini A. The scattered disk population as a source of Oort cloud comets: Evaluation of its current and past role in populating the Oort cloud[J]. Icarus, 2004, 172(2): 372-381.

[166] Davies J K, Barrera L H. The First Decadal Review of the Edgeworth-Kuiper Belt[M]. Berlin: Springer Science & Business Media, 2013.

[167] Weissman P R, Duncan M J. Oort cloud formation and dynamics[M]//Festou M C, Keller H U, Weaver H A. Comets Ⅱ. Tucson: The University of Arizona Press, 2004: 153-174.

[168] Brasser R, Morbidelli A. Oort cloud and scattered disc formation during a late dynamical instability in the solar system[J]. Icarus, 2013, 225(1): 40-49.

[169] File: Thousandau1 space probe. jpg[EB/OL]. [2017-03-08]. http://en. wikipedia. org/wiki/File: Thousandau1_space_probe. jpg.

第 4 章　小天体的物理化学性质

本章主要叙述太阳系内小行星和彗星的大小形状、质量密度等物理性质，并分析了其化学组成，另外对几个典型的小行星、彗星进行了较详细介绍。

4.1　大小和形状

4.1.1　小行星的大小和形状

到目前为止，太阳系内一共已经发现了约 127 万颗小行星，但是这些可能仅是一小部分，而且只有少数小行星的直径大于 100 千米。21 世纪以后，在柯伊伯带内发现了一些小行星的直径比谷神星还要大，比如 2000 年发现的伐楼那(Varuna)直径为 900 千米，2002 年发现的夸奥尔(Quaoar)直径为 1280 千米，2004 年发现的厄耳枯斯直径达到了 1800 千米。2003 年，人们又发现的塞德娜(小行星 90377)位于柯伊伯带以外，直径约为 1500 千米。根据估计，小行星的数目应该有数百万，而最大型的小行星现在开始重新分类，被定义为矮行星[1]。

总的来说，小行星的尺寸是比较小的。小行星是太阳系形成后的剩余物质。然而这些小行星更像是些从未组成过单一行星的物质。如果将太阳系所有的小行星全部加在一起，那它的直径还不到 1500 千米——比月球还小[2]。图 4-1 为较大

图 4-1　灶神星(小行星 4)、谷神星(矮行星)、月球(由左至右)的相对大小示意图

的小天体灶神星、谷神星和月球的相对大小示意图。

根据估计，小行星的数目会有数百万。不同小行星的大小相差很大，微型小行星只有鹅卵石般大小，而最大型的小行星现在开始重新分类，被定义为矮行星[3]。

天文学家们已经对不少小行星作了地面观测。一些知名的小行星有小行星图塔蒂斯(4179 Toutatis)、小行星 4769 Castalia、灶神星(4 Vesta)和地理星(1620 Geographos)等。图 4-2 为主带小行星质量分布示意图。

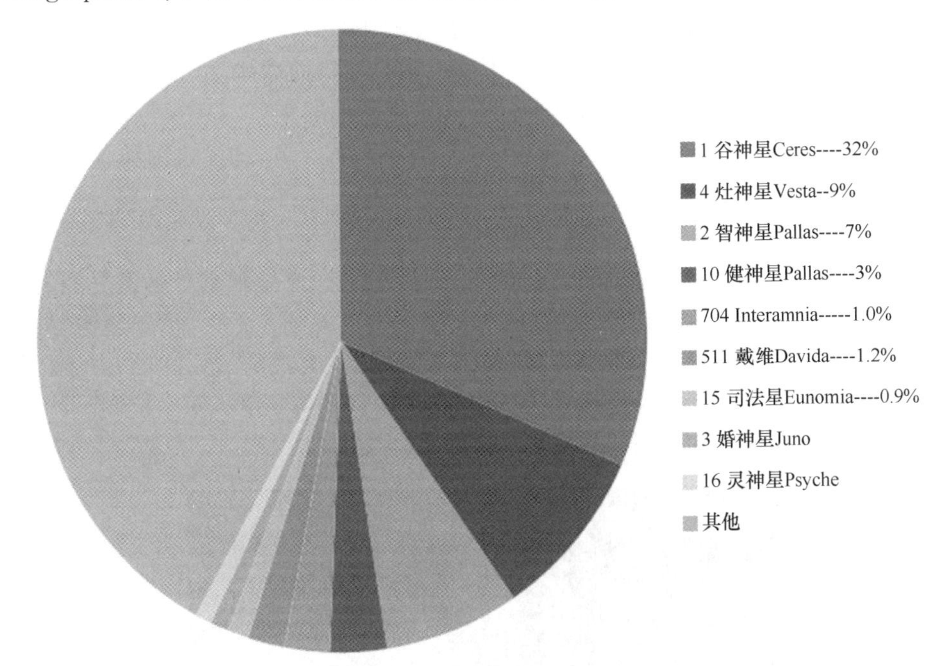

图 4-2　主带小行星质量分布示意图(后附彩图)

探测器经过小行星带时发现，小行星带其实非常空旷，小行星与小行星之间分隔得非常遥远。除了飞船近距观测，在地球上很难准确测定小行星的大小[2]。

根据对已知曲线、实验室中人工光曲线的分析和数值模拟，由小行星的亮度和反照率观测资料、小行星掩(恒)星的联合观测资料、雷达探测资料，来得出小行星的大小和形状。大多数小行星的直径根据 IRAS 的辐射观测确定，IRAS 检验了大约 2000 颗小行星的红外辐射，由此确定它们的反照率和直径。测量大小的一种更准确的方法是恒星掩星法。当一颗小行星在天空中移动时，可能通过一颗恒星的前面，并遮掩了它。在地球上的每一个点，小行星阴影的宽度揭示了垂直于视线的小行星的宽度。利用在地球上不同地点的掩星观测，可以得到小行星的大小[4]。

雷达探测技术可以很准确地确定小行星的形状，只限于靠近地球附近飞越的小行星。一般而言，较大的小行星的形状比较规则。而较小的小行星越小，形状越不规则,这是因为它们是灾难性碰撞的结果[1]。

最早发现的三颗主带小行星是智神星、婚神星和灶神星,而最大的三颗小行星则为智神星、健神星和灶神星。

智神星是由德国天文学家奥伯斯于 1802 年 3 月 28 日发现的。其平均直径为 544 千米[5]。婚神星,也是小行星带中最大的小行星之一,直径 240 千米,是质量很大的小行星之一,质量约占整个小行星带的 1.0%[6]。

较大的小行星大致是球形的。多数小行星是形状不规则的,它们可能是较大母体撞击瓦解的碎块。例如,智神星的形状大致是三轴椭球体,(1620)地理星是平均直径约 2.2 千米的雪茄形,(4769)1989PB 是哑铃形的。

除了小行星之外,太阳系中还有一些比较大的矮行星,这里也简单作一些介绍。国际天文学联合会(IAU)目前承认的矮行星有 5 颗:谷神星、冥王星、妊神星、鸟神星和阋神星[7]。

在主带中只有一颗矮行星——谷神星,谷神星是在火星和木星轨道之间的小行星带中最亮的天体,它的直径大约是 945 千米[8]。如图 4-3 所示为“黎明”号探测器拍摄的谷神星图像。这是小行星带之中已知的最大最重的天体,约占小行星带总质量的三分之一。谷神星几乎为球状,这表明它的形状受到重力控制。此外,这颗小行星的物质在其内部并非均匀地分布[8]。

图 4-3 “黎明”号在 2015 年 5 月拍摄,以原色呈现的谷神星

冥王星是太阳系内已知体积最大、质量第二大的矮行星。根据“新视野”号的

测量结果，半径为 1186 千米，质量仅有月球的六分之一，体积为月球的三分之一。妊神星是太阳系的第四大矮行星，它的质量是冥王星质量的三分之一。目前，天文学家们为妊神星的大小建立了数个椭球模型，最有可能的形状是三轴椭球体，大小约为 2000 千米×1500 千米×1000 千米。图 4-4 为妊神星及其两颗卫星的示意图。

阋神星是在所有直接围绕太阳运行的天体中质量排名第九的天体，估测直径为(2326±12)千米[9]，比冥王星重约 27%(但冥王星的体积更大一些)[10]。鸟神星(图 4-5)是太阳系内已知的第三大矮行星，它的精确大小还不是十分清楚，但依据斯皮策空间望远镜(Spitzer Space Telescope，为 2003 年 NASA 发射的一颗红外天文卫星，是大型轨道天文台计划的最后一台空间望远镜)的红外观测数据以及与冥王星相似的光谱，可得出直径估计值为 1500 千米[11]。这个数值比妊神星略大，使鸟神星成为继阋神星和冥王星后的已知第三大外海王星天体。

图 4-4　妊神星及其两颗卫星

图 4-5　哈勃望远镜拍摄的鸟神星

4.1.2　彗星的大小和形状

前面已经提到，彗星是进入太阳系内亮度和形状会随日距变化而变化的绕日运动的天体，呈云雾状的独特外貌。彗星分为彗核、彗发、彗尾三部分。彗核由冰物质构成，当彗星接近恒星时，彗星物质升华，在冰核周围形成朦胧的彗发和一条稀薄物质流构成的彗尾。由于太阳风的压力，彗尾总是指向背离太阳的方向形成一条很长的彗尾。彗尾一般长几千万千米，最长可达几亿千米。彗星形状像扫帚，所以俗称扫帚星[12]。图 4-6 为著名的哈雷彗星的照片。

彗星的固体部分称为彗核，有些彗星的彗核很大，如海尔-波普彗星的彗核宽达 30 千米。彗核是由松散的冰、尘埃和小岩石构成的，大小从 P/2007 R5 的数百米至海尔-波普彗星的数十千米不等，但大部分都不会超过 16 千米[12]。曾经观察

图 4-6 哈雷彗星

过的彗核直径有超过 30 千米的，但是要确定其真实的大小是很困难的。P/2007 R5 的彗核直径只有 100～200 米。尽管目前仪器灵敏度非常高，但是由于缺乏较小的彗星可供检测彗核的大小，因此，一般认为彗核的直径不会小于 100 米[13]。

彗星与小行星的区别只在于存在着包围彗核的大气层，未受到引力的约束而扩散着。这些大气层有一部分被称为彗发(中央包围着彗核的大气层)，其他的则是彗尾(受到来自太阳的太阳风等离子和光压作用，从彗发被剥离的气体、尘埃和带电粒子，通常呈线性延展的部分)。然而，熄火彗星因为已经接近太阳许多次，几乎失去了所有可挥发的气体和尘埃，所以就显得类似于小行星。图 4-7 即为艾森彗星经过近日点时拍到的影像。小行星被认为与彗星有着不同的起源，是在木星轨道内侧形成的，而不是在太阳系的外侧。主带彗星和活跃的半人马小行星的发现，使得小行星和彗星之间的差异变得模糊不清[12]。

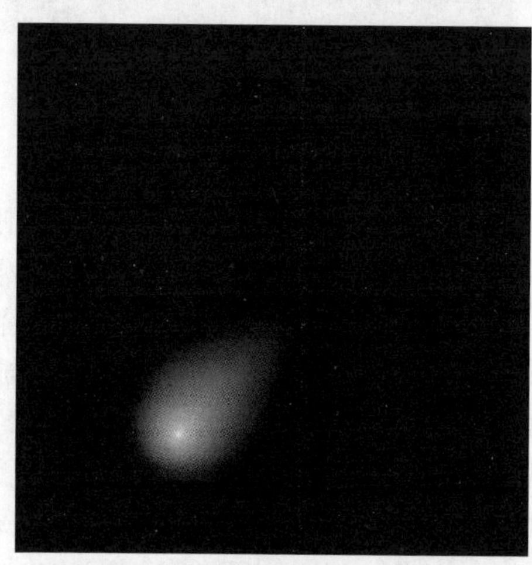

图 4-7 艾森彗星经过近日点时拍到的影像

彗星没有固定的体积，它在远离太阳时体积很小；接近太阳时彗发变得越来越大，彗尾变长，体积变得十分巨大。彗尾最长竟可达两亿多千米。如图 4-8 所示，彗星 19P/Borrelly 拖着长长的彗尾。图 4-9 所示为拍摄的彗星 19P/Borrelly 照片及后期合成的地形图。彗星的质量非常小，彗核的平均密度为 1 克/厘米^3。彗发和彗尾的物质极为稀薄，其质量只占总质量的 1%～5%，甚至更小。彗星的物质主要由水、氨、甲烷、氰、氮、二氧化碳等组成，而彗核则由凝结成冰的水、二氧化碳（干冰）、氨和尘埃微粒混杂组成，是个“脏雪球”！

图 4-8　彗星 19P/Borrelly 展示出喷流

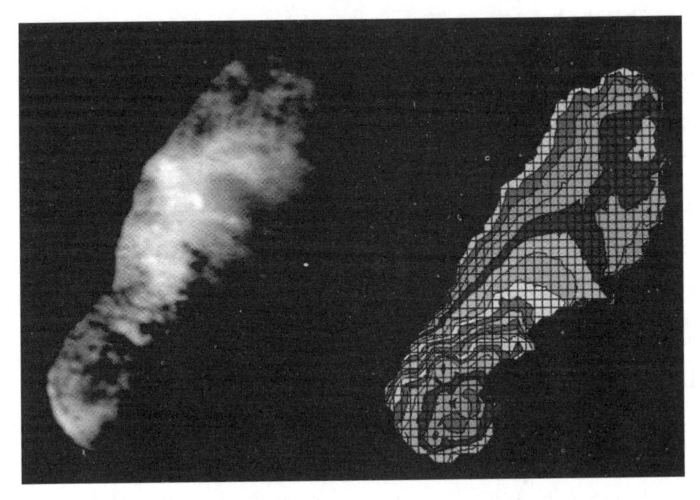

图 4-9　彗星 19P/Borrelly 的图像及地形图（后附彩图）

艾森彗星（C/2012 S1）的彗核很小，只有大约 2 千米的宽度。这一体积数据是根据“哈勃”空间望远镜拍摄的图片估算出来的，是个上限值，因此现实中它可能更小一些。不过，艾森彗星依然可以凭肉眼看到，即使距离达到上百万千米，这是因为在观看艾森彗星（或其他任何彗星）图片的时候，并不是在看它的彗核，而是在看围绕在彗核周围的气体。当彗星靠近太阳的时候,彗核上的冰受热直接升华成气体。这些气体从彗核微弱的引力中逃逸出来,形成了弥漫在其周围的彗发[14]。

由于彗发并非固态,因此并没有明显的边缘。不过艾森彗星的彗发有时看起来已经有大约 3 角分宽(角分是天空中张角大小的单位,满月的张角大小约为 30 角分)。艾森彗星距离地球大约 1.4 亿千米,因此可以计算出其彗发大小约为 12 万千米,这相当于地球直径的 10 倍[15]!

一旦彗发中的气体和尘埃进入太空,就会受到太阳风和太阳光压的影响。气体和尘埃会被“吹走”,形成一条或多条的长尾。与彗发相似,彗尾也是极为稀薄的气体,因此并没有真正的边缘,但据测算,艾森彗星的彗尾至少有 800 万千米长。这相当于月地距离的 20 倍。通常冰的密度并不大,能浮在水面上,如果艾森彗星是典型的由冰和岩石构成的彗星,那它的密度大约在 600 千克/米^3。假设艾森彗星的彗核是一个直径 2 千米的球体,那它的质量在 20 亿～30 亿吨。这听起来似乎很多,但实际上冰的密度比岩石小很多,一座小的岩石山就比艾森彗星重多了[12]。

4.2 质量与密度

4.2.1 小行星的质量与密度

小行星是太阳系形成之后的物质残余。有一种推测认为,它们可能是一颗神秘行星的残骸,这颗行星在远古时代遭遇了一次巨大的宇宙碰撞而被摧毁。但从这些小行星的特征来看,它们并不像是曾经结合在一起[2]。

小行星的质量测定是很困难的。从三颗最大小行星的引力摄动效应,推算出三颗小行星的质量分别为:谷神星$(9.393\pm0.005)\times10^{20}$千克,智神星$(2.11\pm0.26)\times10^{20}$千克,灶神星$(2.59076\pm0.00001)\times10^{20}$千克。从它们的直径算出体积,进而算出平均密度:谷神星 2.161 克/厘米^3,智神星 2.8 克/厘米^3,灶神星 3.456 克/厘米^3。绝对亮度较弱的小行星数量多,但是对总的质量贡献很小。绝对星等在 10.5～16.5 的小行星总质量仅为谷神星质量的 7%。

康奈尔大学的彼得·汤马斯认为谷神星的内部有分层结构,因为对一颗未分层的天体来说它的扁率是太低了。图 4-10 为谷神星分层结构示意图。这表示它有一个被含冰的地幔包覆的岩石核心。厚约 100 千米的地幔(占谷神星 23%～28%的质量和约 50%的体积)包含 2 亿立方千米的冰,这比地球上的淡水总量还要多,这一结果得到凯克望远镜(10 米口径光学/近红外线望远镜)在 2002 年的观测和相应演化模型的支持。同样的,在它的表面上也留下了一些历史的痕迹(距离太阳是如此的远,削弱了太阳辐射的影响力,使其在形成的过程中纳入了一些低熔点的成分)，谷神星的内部可能有挥发性物质[3]。

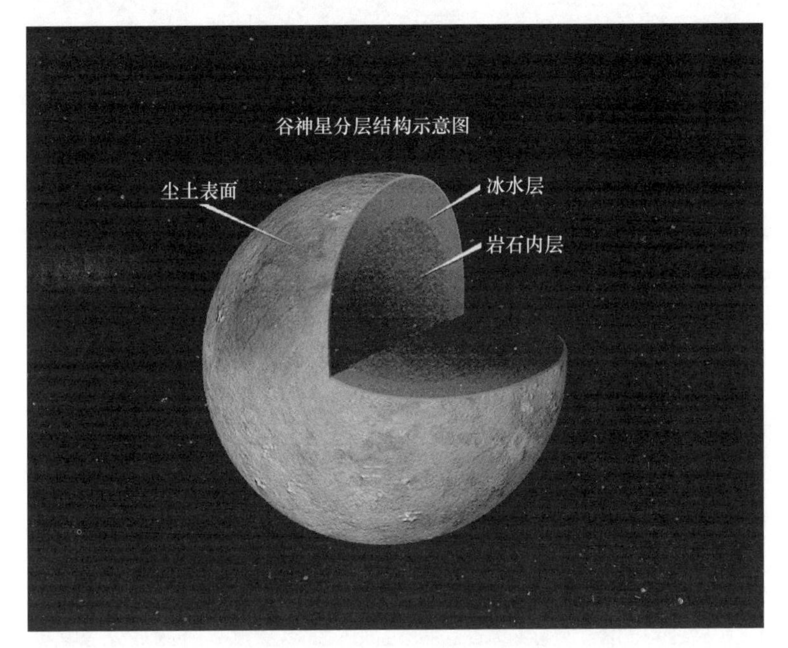

图 4-10　谷神星内部结构示意图

另一方面，谷神星的形状和大小或许可以解释它内部的多孔性和只有部分分层或是完全未分层的现象。只有一层冰存在于岩石的基础上，由于重力的作用，这种结构是不稳定的。如果有任何的岩石矿床陷入冰层中，将形成盐类的沉积，而这些盐类是检测不出来的。因此谷神星可能没有一个很大的冰壳，而是一颗多水的低密度矮行星[8]。

灶神星是小行星主带质量第二大的小行星，质量只有谷神星的 28%[16]。密度小于 4 颗内行星(水星、金星、地球和火星)，但是高于大部分的卫星和其他小行星。它的表面积大约为 80 万平方千米。灶神星的轨道位于小行星带的柯克伍德空隙内侧，在 2.50 天文单位以内。它有已经分层的内部和比智神星略小的体积(在误差范围内)，但是质量大了约 25%[3]。

智神星质量为$(2.11\pm0.26)\times10^{20}$千克，平均密度为 2.8 克/厘米^3。虽然体积比灶神星稍大一些，但是其质量却比灶神星轻 10%～30%，所以智神星是小行星带中第三重的小行星[5]。图 4-11 是智神星的图像，可以看出其近乎八面体的扁平形状。

4.2.2　彗星的质量与密度

彗星由彗头和彗尾组成，其中彗头包括彗核和彗发。彗核很小，但是集中了彗

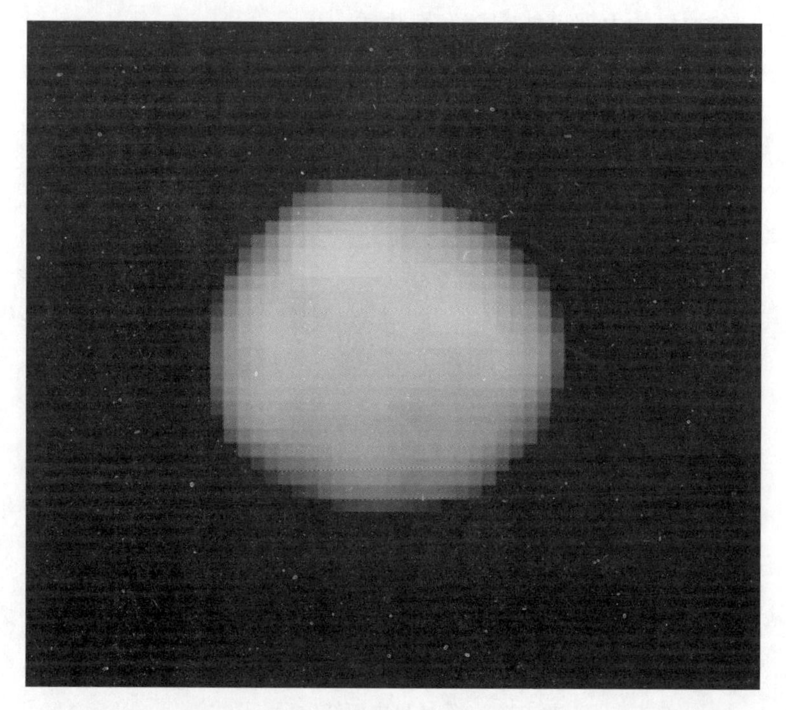

图 4-11 智神星的紫外线图像，显示出近乎八面体的扁平形状

星的大部分质量。彗发和彗尾的质量之和一般只占彗星总质量的 1%～5%。从已知的彗星估计，彗核的平均密度大约是 0.6 克/厘米^3，彗核的低质量使彗核不会因为自己的重力而形成球状，因此它们的外形是不规则的。

彗星的物理性质还不能确切知道，因为它藏在彗发内，不能直接观察到，但我们可由彗星的光谱猜测它的一些性质。通常这些光谱的谱线表明存在有 OH、NH 和 NH_2 基团的气体，这很容易解释为最普通的元素 C、N 和 O 的稳定氢化合物，即 CH_4、NH_3 和 H_2O 分解的结果，这些化合物冻结的冰可能是彗核的主要成分。科学家相信各种冰和硅酸盐粒子以松散的结构散布在彗核中，有些像脏雪球，具有约 0.1 克/厘米^3 的密度，是冰受热蒸发时遗留下的松散的岩石物质。当地球穿过彗星的轨道时，观察到的这些粒子就是流星。多数彗星掠过太阳表面时都会蒸发消失，但是科学家最新一项研究显示，达到一定质量的彗星掠过太阳后能够幸存下来不会蒸发[12]。

有理由相信彗星可能是聚集形成了太阳和行星的星云中物质的一部分。因此，研究人员很想设法获得一块彗星物质的样本来作分析以便对太阳系的起源了解得更加深入。

4.3 化学成分

4.3.1 小行星的化学成分

由于小行星是早期太阳系的物质，科学家们对它们的成分非常感兴趣。但是小行星与小行星之间距离非常遥远，对小行星的了解通常是通过分析坠落到地球表面的太空碎石得到的。那些与地球相撞的小行星称为流星体。当流星体高速闯进地球大气层时，其表面因与空气摩擦产生高温而汽化，并且发出强光，这便是流星。如果流星体没有完全烧毁而落到地面，便称为陨星[17]。

1991 年以前所获的小行星数据都是通过地面观测得到的。1991 年 10 月，“伽利略”号木星探测器访问了小行星 951(Gaspra)，从而获得了第一张高分辨率的小行星照片。1993 年 8 月，“伽利略”号又飞越了艾达小行星，使其成为第二颗被探测器访问过的小行星。图 4-12 为“伽利略”号探测器拍摄的艾达小行星及其卫星的照片。小行星 951 和艾达小行星都富含金属，属于 S 型小行星[18]。

图 4-12　艾达小行星及其卫星的照片

此外通过多种方法，如光谱、多色测光、偏振、红外、射电辐射、雷达探测等技术手段可以研究小行星表面的物质成分和化学性质[1]。

太阳光照射到小行星表面，一部分被吸收，还有一部分被反射。小行星(相位角 $\theta=0$ 度)反射的光流跟照射的太阳光流之比称为“几何反照率”，而几何反照率和小行星表面的物质成分有关。小行星最初分为两类,一类是反照率很小的,称为碳质(C 型)小行星;另一类是反照率较大的,称为石质(S 型)小行星。后来结合光谱等特征,分为更多种类:A、V、E、M、S、B、G、F、P、D、R、T 等[4]。

C 型小行星:这种小行星占所有小行星数量的 75%,因此是数量最多的小行星。C 型小行星的表面含碳,反照率非常低,只有 0.05 左右。一般认为 C 型小行星的构成与碳质球粒陨石(一种石陨石)的构成一样。通常 C 型小行星多分布于小行星带的外侧。

S 型小行星:这种小行星占所有小行星数量的 17%,是数量第二多的小行星。S 型小行星一般分布于小行星带的内层。S 型小行星的反照率比较高,在 0.15~0.25。它们的构成与普通球粒陨石类似。这类陨石一般由硅化物组成。

A 型小行星:这类小行星含很多橄榄石,它们主要分布在小行星带的内侧。

V 型小行星:这类非常稀有的小行星的组成与 S 型小行星差不多,唯一不同的是它们含有比较多的辉石。天文学家猜测这类小行星是从灶神星的上层硅化物中分离出来的。灶神星的表面有一个非常大的环形山,可能在它形成的过程中 V 型小行星诞生了。地球上偶尔会找到一种十分罕见的石陨石,即非球粒陨石,它们的组成可能与 V 型小行星相似,可能也来自灶神星。

下面列举一些小行星的其他分类[1]:

E 型小行星:这类小行星的表面主要由顽火辉石构成,反照率比较高,一般在 0.4 以上。这类小行星的构成可能与顽火辉石球粒陨石(另一类石陨石)相似。

M 型小行星:剩下的小行星中大多数属于这一类。这些小行星可能是过去比较大的小行星的金属核。反照率与 S 型小行星的类似,其构成可能与镍-铁陨石类似。

B 型小行星:它们与 C 型小行星和 G 型小行星相似,但紫外线的光谱不同。

G 型小行星:它们可以被看成 C 型小行星的一种。它们的光谱非常类似,但在紫外线部分 G 型小行星有不同的吸收线。

F 型小行星:也是 C 型小行星的一种。但在紫外线部分的光谱不同,而且缺乏水的吸收线。

P 型小行星:这类小行星的反照率非常低,而且其光谱主要在红色部分。它们可能是由含碳的硅化物组成的,一般分布在小行星带的极外层。

D 型小行星:这类小行星与 P 型小行星类似,反照率非常低,光谱偏红。

R 型小行星:这类小行星与 V 型小行星类似,光谱说明它们含较多的辉石和橄榄石。

T 型小行星:这类小行星也分布在小行星带的内层,光谱比较红暗,但与 P 型小行星和 R 型小行星不同。

经过对所有陨星的分析,其中 92.8%的成分是二氧化硅(岩石),5.7%是铁和镍,剩余部分是这三种物质的混合物。含石量大的陨星称为陨石,含铁量大的陨星称为陨铁。因为陨石与地球岩石非常相似,所以较难辨别。

谷神星的内部分为不同层:稠密物质集中在核心,比较轻的物质靠近表层。它可能包括一个富含冰水的表层,里面是一个多岩石的核心。美国太空望远镜科学研究所发表的一份报告说,如果谷神星表层 25% 由水构成,那么其淡水含量就比地球还多。谷神星表面的化学组成大致上与 C 型小行星相同,但也存在着一些差异。谷神星的红外线光谱显示出水合物的成分无所不在,表明其内部存在大量的水。表面可能的其他成分包括富铁黏土矿物(黑铁蛇纹石)和碳酸盐矿物(白云石和菱铁矿),这些都是碳质球粒陨石中常见的矿物。碳酸盐岩和黏土矿物的光谱特征通常在其他 C 型小行星中是所欠缺的。有时,谷神星会被归类为 G 型小行星一类[8]。

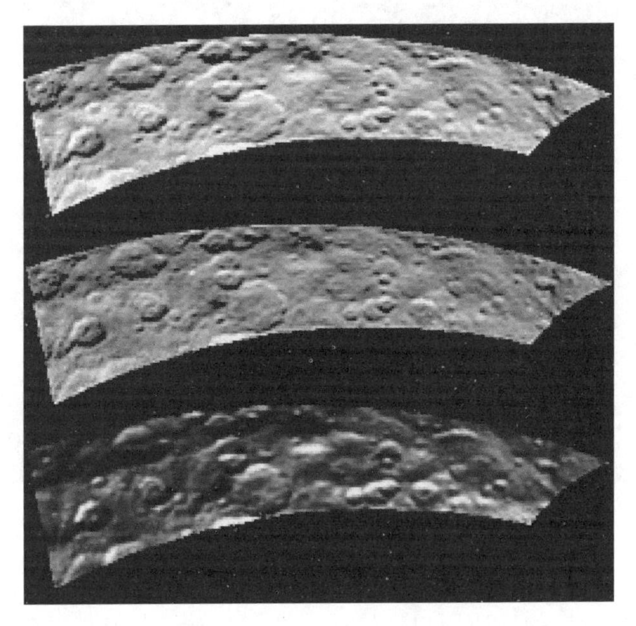

图 4-13　谷神星的可见光与红外(VIR)光谱地图(从上到下:黑白、原色、红外线)(后附彩图)

谷神星的表面是相对温暖的。1991 年 5 月 5 日,测定其日下点的最高温度大约是 235 开(大约是零下 38 摄氏度或零下 36 华氏度)。在这样的温度下,冰是不稳定的。表面的冰升华后所留下的成分,可以解释谷神星为何会比外太阳系其他的冰卫星黑暗[8]。

"曙光"号观测到大量的坑穴与不明显的突起,显示这些坑穴可能躺在较柔软的表面,可能是水冰之上。其中一个直径 270 千米的坑穴只有着极低的突起,让人想起特提斯和伊阿珀托斯大而平的坑穴。意外的是大量谷神星的坑穴有中央的凹陷,而许多还有中央峰。"曙光"号观测到几个亮斑,最亮的 5 号斑位于直径 80 千米,被称为欧卡托坑的中央。2015 年 5 月 4 日拍摄的谷神星影像显示,第二亮的斑点实际上是一群可能多达 10 个分散亮点的集团。这些明亮特征的反照率大约是 40%,这是表面的一种物质,可能是反射太阳光的冰或盐类。最有名的亮斑——5 号斑会周期性地出现阴霾,或许可以解释这是某种释气或冰的升华形成的亮斑。2015 年 12 月 9 日,NASA 的科学家指出:谷神星的亮斑可能涉及某些盐类,包括硫酸镁、六水泻盐($MgSO_4 \cdot 6H_2O$)。这些斑点也可能与富含氨的黏土有所关联[8]。2016 年 3 月,“黎明”号在 Oxo 坑(位于谷神星北半球,直径约 10 千米)发现谷神星表面有水分子的证据。

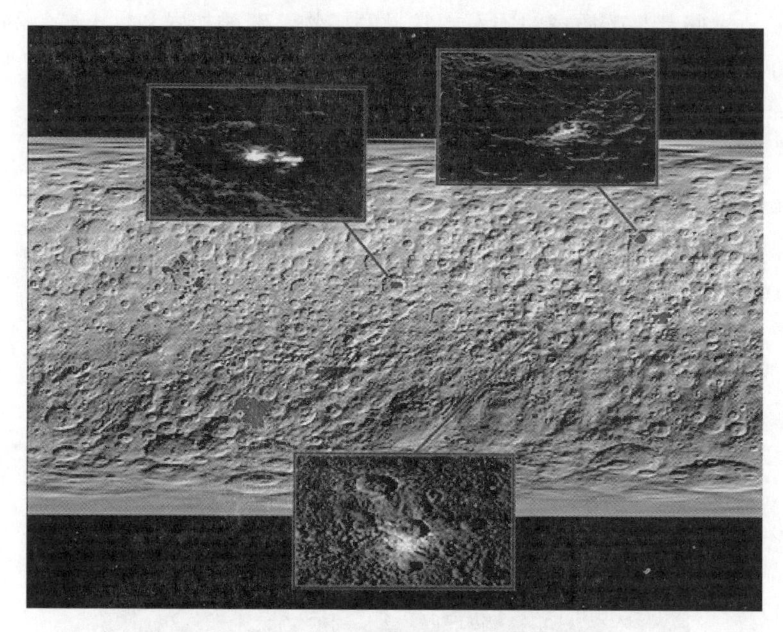

图 4-14 谷神星上的亮斑

对于灶神星,科学家有较多的样品可以研究,有超过 200 颗以上的 HED 陨石可以用于洞察灶神星的地质历史和结构。灶神星被认为有以铁镍为主的金属核心,外面包覆以橄榄石为主的地幔和岩石的地壳[16]。

鸟神星表面存在直径大于 1 厘米的大颗粒甲烷晶体。除此之外,鸟神星表面还可能存在着大量的乙烷与托林物质(是存在于远离恒星的寒冷星体上的一种物质,属共聚物分子,由原初的甲烷、乙烷等简单结构有机化合物在紫外线照射下形成。托林无法在今日的地球自然环境下形成,但在外太阳系以冰组成的天体表面有较大的含量),这些物质极有可能是甲烷受太阳辐射光解的产物。托林物质可能是鸟神星可见光谱呈红色的原因。尽管有证据表明,鸟神星表面存在着可能与其他冰质混合的氮冰,但没有达到冥王星与海卫一外壳含氮 98%的水平,其中的原因可能是氮物质在太阳系早期因不明原因被消耗了。甲烷与可能存在的氮意味着鸟神星上可以短暂地存在大气,这一现象与冥王星靠近近日点时相似。如果鸟神星存在氮物质,那么氮气将成为鸟神星大气中的主要物质。大气的存在也为氮的流失提供一种合理解释:由于鸟神星的引力弱于冥王星、阋神星与海卫一,鸟神星可能会因为大气逃逸作用而损失大量的氮;而甲烷虽轻于氮,但在鸟神星表面处于常温(30~35 开)时,甲烷的蒸汽压却会明显低于氮气,这会抑制甲烷的逃逸;此过程的结果便是让甲烷的相对含量不断升高[11]。

灵神星(Psyche)非常特殊,完全由铁镍金属构成,因此 NASA 已决定发送探测器到这里进行近距离观察。图 4-15 为灵神星探测任务的海报。"灵神"号任务的主要研究者 Lindy Elkins-Tanton 表示:"人类已经拜访过了岩石世界和冰雪世界,但我们从未见过一个金属世界。灵神星的外表对我们而言依旧是个谜,这将是真正的探索和发现。"

图 4-15 灵神星探测任务的海报

4.3.2 彗星的化学成分

彗星大部分时间运行在距离地球较远的寒冷区域,这使得彗星保存了它们的初始状态。但是由于彗星距离太阳较远难以开展观测,只有在它们通过近日点的时候,才能对其进行观测。

为了确定彗星的成分,需要观测源于表面冰蒸发以及彗星尘埃的原始分子。分子的探测,主要是根据它们的旋转和振动电子发射产生的可见及紫外辐射。

彗核的表面一般是干燥的,冰隐藏在表面数米厚的地壳之下。除了已经提到的气体,彗核可能还包含各种各样的有机化合物,包括甲醇、氰化氢、甲醛、乙醇和乙烷,或许还有更复杂的分子,如长链的烃类和氨基酸。2009 年,从 NASA"星尘"

号任务带回的彗星尘埃中发现了氨基酸中的甘氨酸。2011 年 8 月，NASA 发表根据在地球上发现的陨石所做的报告，指出已经发现 DNA 和 RNA 的元件(腺嘌呤、鸟嘌呤及相关的有机分子)可能已经在小行星和彗星上形成。

彗核表面的反照率非常低，使它们成为太阳系内反照率最低的物体。“乔托”号太空探测器发现哈雷彗星的彗核只反射了大约 4%照射在它上面的光线，“深空”一号发现包瑞利彗星表面反射落在它上面的光线少于 3%；相比之下，落在沥青表面的光都还有 7%能被反射。彗核表面黑暗的物质材料可能包括复杂的有机化合物。太阳使得较轻的挥发物挥发，而留下了较重的有机化合物，往往都是黑色的，像是焦油或是原油。彗星表面相对较低的反照率使它们可以吸收更多的热量。

彗星是一种很特殊的天体，与生命的起源可能有着重要的联系。图 4-16 为美国国家航空航天局的“深度撞击”号探测器飞掠哈特雷二号彗星拍摄的照片。彗星中含有很多气体和挥发成分。根据光谱分析，主要是 C_2、CN、C_3，另外还有 OH、NH、NH_2、CH、Na、C、O 等原子和原子团。这说明彗星中富含有机分子。1990 年，NASA 的 Kevin. J. Zahule 和 Daid Grinspoon 对白垩纪-第三纪界线附近地层的有机尘埃作了这样的解释：一颗或几颗彗星掠过地球，留下的氨基酸形成了这种有机尘埃。并由此指出，在地球形成早期，彗星也能以这种方式将有机物质像下小

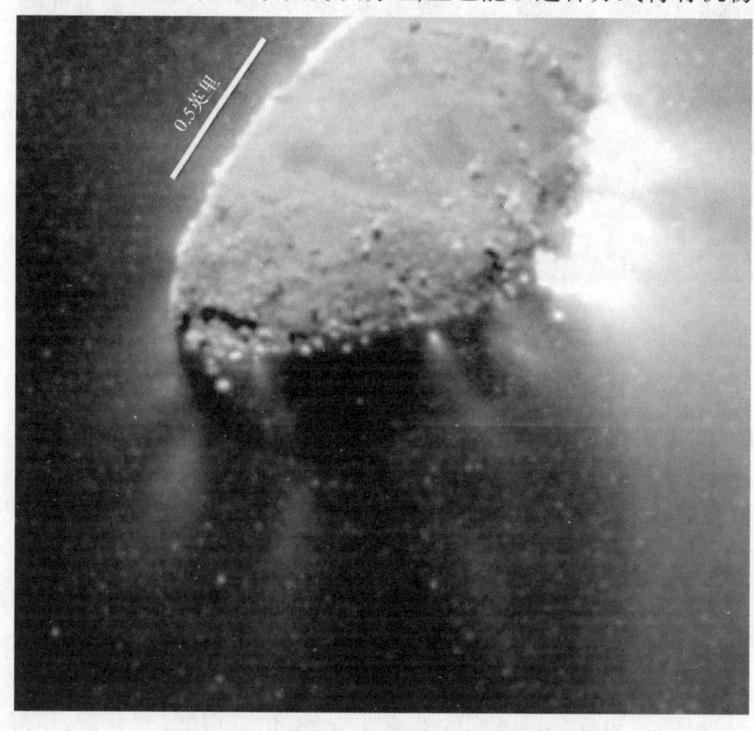

图 4-16　哈特雷二号彗星的气体和雪的喷流

1 英里=1.609344 千米

雨一样洒落在地球上——这就是地球上的生命之源。

总的来说,彗星实际上就是由岩石、砂砾和冰堆积而成的混合物。1986 年哈雷彗星回归时,人类第一次用“乔托”号探测器详细观察彗星,得到了第一手的彗核结构与彗发和彗尾形成机制的资料。这些观测支持一些彗星结构的假设,如弗雷德·惠普的“脏雪球”模型比较正确地预测了哈雷彗星是挥发性冰——水、二氧化碳和氨以及宇宙尘埃的混合物。这些资料使科学家建立了更准确的模型,例如,哈雷彗星的表面大部分是宇宙尘埃,没有挥发性物质,并且只有一小部分是冰。

彗星内保留着太阳系形成初期的物质,是了解太阳系形成的线索。1978 年,美国发射了一个探测器,于 1985 年 9 月穿过了一颗彗星的彗尾。1985 年,欧洲航天局发射了“乔托”号探测器,第一次近距离地观测了哈雷彗星的彗核。1992 年该探测器成功地飞越了另一颗彗星,用多种实验设备对那颗彗星进行了两周近距离观测,得到许多宝贵资料。这些资料告诉人们,彗星核的表面是由凝结成冰的水加上干冰、尘埃、氨和岩石混杂而成,而水正是生命产生的条件之一。另外,让科学家相信彗星与生命起源有关的另一个理由是彗星的古老特征。人们发现,太阳系最外层,行星以外的黑暗空间里,有一个亿万彗核组成的巨大球云。少数彗星受到行星引力的干扰,才离开了原有的轨道,进入地球所在的内太阳系。因此彗星一生中的大部分时间,是在太阳系边缘的温度极低的空间度过的,如同被保存在巨大的冰箱之中。构成彗星的物质,应该保持 45 亿年前太阳系形成时期的初始状态[12]。

2005 年 1 月,美国“星尘”号穿过维尔德 2 号彗星的彗尾,科学家借助光谱仪发现了一类称为 PQQ 的辅酶,这类物质是生命形成过程中的重要一环,存在于除了古细菌外的所有生物中,此前人类无法解释:地球上是如何产生这种辅酶的。现在这样的猜想很自然:它是随着彗星尘埃在几十亿年前抵达地球的,从而促成了生命的诞生[18]。

如果要想证明是彗星给地球带来生命,除了水、辅酶之外,还需要收集更多的样本证据。“深度撞击”探测器能从坦普尔 1 号彗星上搜集到一些有机分子的样本,那将为彗星可能是生命起源的理论提供重要的佐证。图 4-17 为“深度撞击”号探测器成功撞击坦普尔 1 号彗星的效果图。坦普尔 1 号的彗核是分层的,彗核表面覆盖着十多米厚的细粉状物质,其下是较硬的彗核之核。彗核的平均密度不过 0.6 克/厘米^3,比水还轻。彗核外表的细粉,是多年以前就存在还是逐年累积的,这也说明彗核的内部含有太阳系初期的原始物质。彗核在飞近太阳时会喷发,特别是彗核表面朝向太阳的那部分,会经常有小规模的喷发。彗核呈多孔性,表层物质热惯性小,会被太阳很快加热,但太阳辐射的热量不会对彗核内部的物质产生影响,这表明彗核内部的物质受外界影响的可能性不大。坦普尔 1 号的彗核尽管很小,却有多种地貌,既有光滑平坦的部分,也有类似环形山的坑洼，这表明在“深度撞击”任务之前，这颗彗核就已经常被太空中更小的天体撞击。彗核内部存在大量含碳和氮的有机分子，“深度撞击”之后彗核中喷发的物质中含有氢氰酸（HCN）、乙腈、冰和二氧化碳，而彗核表面的粉状物中却没有这些物质，说明它们存在于表层下较浅的部位，在受撞击或热影响时才喷发出来。这还表明，在彗星和小行星撞击频繁的地球早期阶段，彗星有可能把最早的有机物带到地球上[17]。

图 4-17 “深度撞击”号探测器成功撞击坦普尔 1 号彗星效果图

艾森彗星于 2012 年 9 月由俄罗斯和白俄罗斯天文学家共同发现。这颗彗星于 2013 年 11 月飞抵近日点。2013 年 11 月中旬，这颗彗星的亮度曾急剧增加，日本研究人员利用位于美国夏威夷的“昴星团”望远镜（8.2 米口径光学望远镜，以疏散星团“昴星团”命名）观测这颗彗星发出的光，以分析彗核内的物质，最终发现了由氮和氢构成的氨基的波长。研究小组分析后认为，氨基是彗核内的氨受到太阳紫外线破坏而形成的。氨基是氨基酸的构成要素。日本京都产业大学教授河北处世说：“彗星内还含有其他与生命起源有关的物质，这些物质也许在地球形成初期被大量带到地球上。”

2014 年 2 月 21 日，日本京都产业大学的研究小组发现彗星上有氨的存在。科学家们在追踪 67P/楚留莫夫-格拉希门克彗星的“罗塞塔”号探测器上发现了属于该彗星的一些化学残留物。科学家对这些化学物质进行分析后，发现其主要成分为氨、甲烷、硫化氢、氰化氢和甲醛。这次的发现让科学家颇为惊讶，因为此前，科学界普遍认为，彗星在飞行过程中，挥发出来的只有二氧化碳和一氧化碳[19]。

4.4　太阳系内著名小天体

4.4.1　小行星爱神星

爱神星(图 4-18)是阿莫尔型小行星，也就是其轨道的近日点和远日点都在地球轨道以外，1898 年 8 月 13 日由德国天文学家威特发现，并以希腊神话中爱神厄罗斯命名。

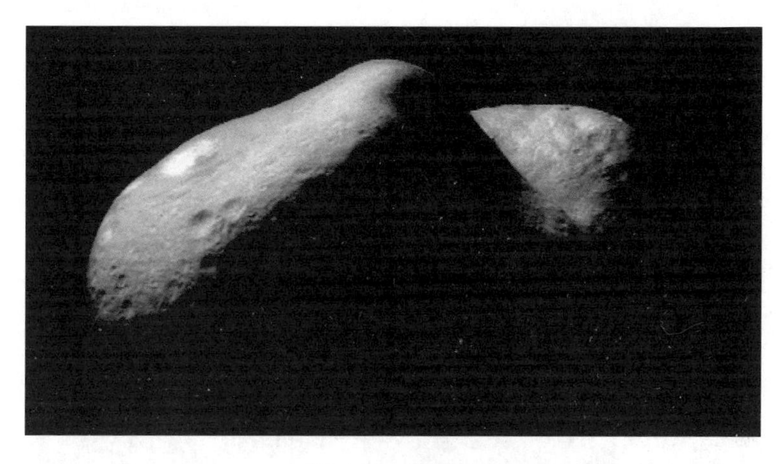

图 4-18　爱神星

爱神星长 33 千米，宽 13 千米，自转周期 5 小时 16 分钟，公转周期 1.75 年，轨道半长径 1.46 天文单位。

2000 年 2 月 14 日，恰逢情人节，美国“舒梅克”号近地小行星探测器成功地进入了环爱神星轨道，这是人类第一颗环绕小行星的探测器。而后 2001 年 2 月 12 日 18 时，“舒梅克”号在爱神星表面进行了软着陆，在下降过程中，探测器向地球传回了大量的照片，展示了小行星表面地貌[17]。

经过大约两小时，探测器成功着陆，在着陆过程中，探测器的太阳帆板必须指向太阳，相机要远离地面，当时探测器的燃料已经不足，因此这次任务的难度也颇高。

“舒梅克”号探测器在爱神星拍摄了超过 16 万张图片，极大地丰富了科学家对这颗小行星的了解。“舒梅克”号探测器携带了激光测距仪、磁力计、X 射线/γ 射线分光计、近红外光谱仪和彩色照相机等多种观测设备，造价 1.2 亿美元。

爱神星中部有一个巨大的凹陷，从传回的照片来看，爱神星整体的密度比较均

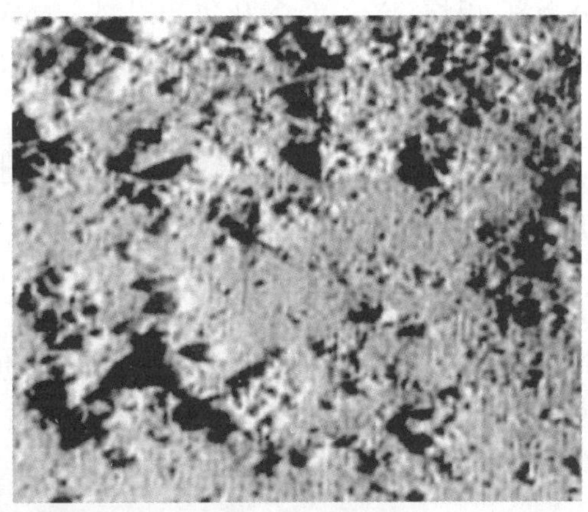

图 4-19　“舒梅克”号拍摄的爱神星表面照片

图 4-20　NASA 工作人员在庆祝这次成功着陆[23]

匀，形状比较完整，应该是一个完整的岩石，而不是拼合成的小天体。爱神星上有两座环形山，2003 年以中国古典名著《红楼梦》中的贾宝玉和林黛玉命名。贾宝玉陨石坑半径 400 米，位于爱神星表面南纬 73.2 度，西经 105.6 度，林黛玉陨石坑半径 700 米，位于爱神星表面南纬 47.0 度，西经 126.1 度附近。

4.4.2　小行星灶神星

灶神星是主带小行星中质量最大的，它不是矮行星，平均直径 525 千米，是于 1807 年 3 月 29 日被发现的。发现者是德国的天文学家奥伯斯，并以罗马神话中的壁炉女神 Vesta 命名，在中文中即译为灶神星。灶神星在主带小行星中仅次于矮行星谷神星，总质量占到主小行星带的 9%，而谷神星的质量份额为 32%，灶神星比智神星的质量大，但是体积略小一些。NASA 的“黎明”号探测器于 2011 年 7 月 16 日成功进入了环绕灶神星的轨道，而后前往谷神星继续探测。

灶神星（图 4-21）曾经受过巨大的撞击，在这次撞击中大量的碎片被抛散出来并抵达地球，这就是地球上的 HED 陨石。灶神星表面有一个巨大的火山坑，深度达到了 13 千米，火山的存在证明灶神星曾经经历了剧烈的内部演化，并不是一颗沉寂的小行星，内部应该存在着分异结构。灶神星的东半球和西半球的地形差异比较大，“哈勃”望远镜的光谱分析显示东半球的反照率比较高，西半球却比较黑暗，应该是类似月海的玄武岩结构暴露在灶神星表面的结果[20]。

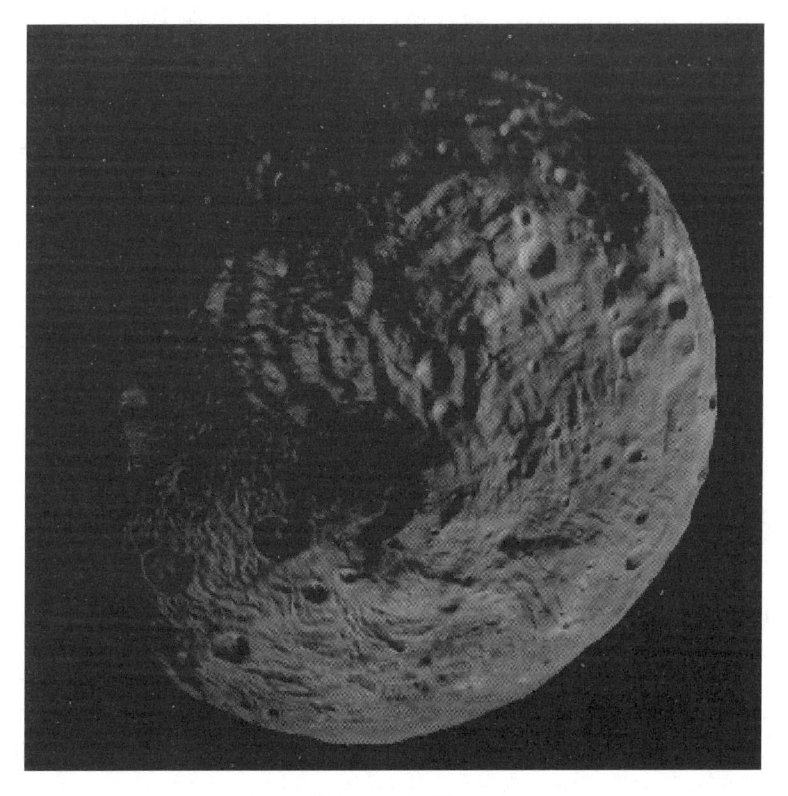

图 4-21　灶神星

灶神星上具有两个大盆地，被认为是巨大的撞击坑，分别为雷亚希尔维亚盆地和维纳尼亚盆地，包括灶神星表面的其他撞击坑在内，命名的来源都是与 Vesta 贞女相关的。在罗马神话中，Vesta 贞女是侍奉 Vesta 的女祭司，以此来命名也表明了灶神星及其陨石坑的从属关系。

就在发现灶神星的前一天，奥伯斯发现了主带小天体中质量第三大的智神星，平均直径为 540 千米左右，智神星的轨道倾角很大，达到了 34 度，而偏心率也有 0.23。

4.4.3 小行星健神星

1849 年 4 月 12 日，意大利那不勒斯天文台台长（Annibale de Gasparis）发现了健神星，这也是他们发现的第九颗小行星。健神星的名字来自于希腊神话中的健康女神，所以中文译为健神星。健神星是主带小行星中的第四大天体，但是由于其轨道倾角较大，探测器难以抵达。健神星的表面的原始组成是碳质，和地球上的球粒陨石相似。健神星自转周期比较缓慢，时间为 27 小时 37 分钟，相对于其他比较大的小行星要长很多[21]。

主带小行星的总质量很大一部分都是被这四颗小天体占据，表 4-1 显示了主带小行星的质量分布。

表 4-1 主带小行星的质量分布

名称	质量占比
谷神星	32%
灶神星	9%
智神星	7%
健神星	3%
戴维	1.2%
司法星	0.9%

4.4.4 小行星贝努

编号为 101955 的小行星贝努，是 NASA 于 1999 年 9 月 11 日发现的。2016 年 9 月 8 日发射的美国“OSIRIS-Rex”号探测器的探测目标就是贝努小行星，该任务计划从这颗小行星上带回至少 60 克的样本。这颗小天体是对地球有极大威胁的小天体，每隔 6 年就穿越一次地球轨道，这颗小行星将会在 2135 年的时候穿越地月系，并在 2182 年前后临近地球，其碰撞概率达到两千分之一。贝努小行星属于阿波罗型小行星。其轨道位于地球轨道以外，而近日点在地球轨道以内。

贝努小行星与地球相撞的概率虽然小于阿波菲斯（Apophis），但是其体积要比阿波菲斯大得多，直径达到了 500 米，一旦撞击地球，将会对人类造成巨大的打击。当“OSIRIS-Rex”号探测器抵达贝努小行星之后，将会进行一年左右的探测活动，以获得这颗小行星的精确轨道参数和相关的物理化学性质。如果结果显示贝努小行星将会与地球碰撞，那么人类就要采取措施来避免这一事件发生[22]。

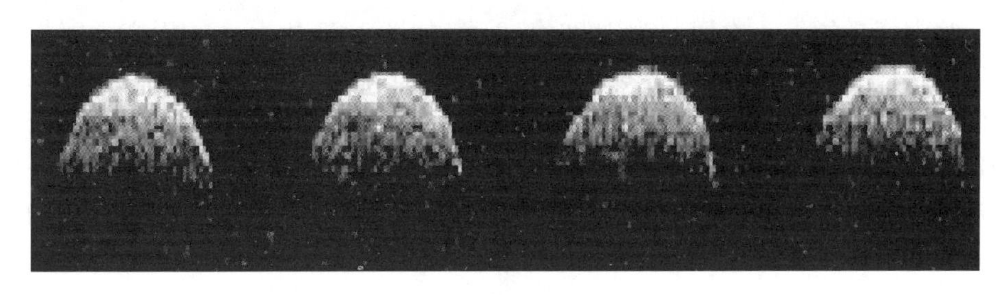

图 4-22　贝努小行星连续观测的多普勒图像

4.4.5　哈雷彗星

哈雷彗星的正式名称为 1P/Halley，它是一颗短周期彗星，其周期为 75～76 年。它是一颗在地球上肉眼可见的短周期彗星，幸运的人一生中可以见到哈雷彗星两次。

哈雷彗星早在公元前 240 年就被中国、古巴比伦等国的人们观测并记录下来，但是直到 1705 年，英国天文学家艾德蒙·哈雷才第一次指出其为一颗周期彗星，并准确地预言了它的下次出现，哈雷彗星因此而得名。

哈雷彗星最近三个世纪的回归周期为 75～76 年，自公元前 240 年以来，其回归周期落在 74～79 年的区间内。哈雷彗星的轨道偏心率为 0.967，轨道近日点为 0.6 天文单位，介于水星和火星之间；轨道远日点为 35 天文单位，这几乎与冥王星的轨道半长轴相当。哈雷彗星轨道为逆行轨道，轨道倾角为 162 度，这使得哈雷彗星相对于地球的速度非常快，1910 年回归的哈雷彗星相对地球的最快速度达到了 70.56 千米/秒。哈雷彗星在围绕太阳运行时有两处穿越地球轨道，这使得哈雷彗星成为两个流星雨的母体：宝瓶座 η 流星雨和 10 月猎户座流星雨。与哈雷彗星相似的彗星（轨道周期为 20～200 年，轨道倾角从 0 度到 90 度以上）被称为哈雷型彗星。截至 2015 年，人们共观测到 75 颗哈雷型彗星。

哈雷彗星在近日点附近时，彗核表面会升华出大量易挥发物质，诸如水、一氧化碳、二氧化碳和其他冰质等，这些物质形成了哈雷彗星尺度达到 10 万千米的彗发，哈雷彗星的彗尾长度达到了 1 亿千米。从哈雷彗星表面喷射出的气体物质中，水蒸气含量为 80%，一氧化碳含量为 17%，二氧化碳含量为 3%～4%，喷射出的尘埃粒子主要为来自于外太阳系的碳氢氧氮化合物和类地行星岩石中的硅酸盐。哈雷彗星释放的水分子中氘核的比例要远高于地球海洋水分子中氘核的比例，因此哈雷型彗星不太可能是地球水的来源。

相比于哈雷彗星巨大的彗发和彗尾，其彗核相对较小，三个方向的尺寸分别为 15 千米、8 千米和 8 千米，质量约为 2.2×10^{14} 千克，平均密度约为 0.6 克/厘米^3，这意味着哈雷彗星的彗核是非常松散的碎石堆结构。

哈雷彗星的上一次回归为 1986 年 2 月,如图 4-23 所示[23]。天文学家早在 1982 年 10 月 16 日通过位于巴乐马山口径 5.1 米的海尔望远镜就发现了即将回归的哈雷彗星。这次回归哈雷彗星的近日点达到了 0.42 天文单位,当时哈雷彗星和地球分别位于太阳的两侧,几乎是两千年来最糟糕的相对位置。在城市以外可以通过双筒望远镜看到哈雷彗星,由于城市的灯光污染比较严重,很多城市中的人没能看到哈雷彗星。

图 4-23 1986 年拍摄的哈雷彗星(后附彩图)

哈雷彗星下一次到达近日点的时间为 2061 年 7 月 28 日,这次哈雷彗星将与地球位于太阳的同侧,预计本次回归哈雷彗星的视星等将达到−0.3 等,相比之下 1986 年哈雷彗星的视星等只有 2.1 等。哈雷彗星再下一次回归将在 2134 年,与地球间的距离达到 0.09 天文单位,视星等将达到−2.0 等[24]。

4.4.6 舒梅克-利维 9 号彗星

舒梅克-利维 9 号彗星的正式编号为彗星 D/1993F2,该彗星于 1992 年 7 月发生了分裂,并于 1994 年 7 月与木星发生了碰撞,这是人类第一次观测到发生在地球以外的太阳系天体碰撞。这次碰撞事件受到了全世界科学家的广泛关注,使科学界对木星及其在清理内太阳系天体方面的作用有了新的认识。

舒梅克-利维 9 号彗星于 1993 年 3 月 24 日由天文学家卡罗琳、舒梅克和大卫·利维发现,当时舒梅克-利维 9 号彗星已经被木星捕获并围绕木星运行,这是人类第一次发现围绕行星运动的彗星。舒梅克-利维 9 号彗星围绕木星运动的轨道周期约为2年，远星点为0.33天文单位，轨道偏心率0.998。反演该彗星的轨道发现其大约在20世纪70年代早期由环绕太阳轨道被木星捕获，在被木星捕获以前，该彗星可能是一颗短周期彗星，其远日点可能在木星轨道内侧，近日点在小行星带区域。

计算显示该彗星的破碎是由1992年7月与木星距离太近导致的。当时，舒梅克-利维9号彗星距离木星大气层上界只有约40000千米，比木星最内侧的卫星——木卫十六距离木星还要近。该彗星进入了木星的洛希极限，受到木星引力撕扯的作用而分裂。后续观测到的该彗星是一系列直径2千米左右的碎片，科学界按照以前的惯例将这些碎片从"碎片A"编号至"碎片W"。

当彗星与木星的碰撞即将发生时，科学家将许多地基望远镜及空间望远镜指向木星，其中包括"哈勃"望远镜、ROSAT-X波段观测卫星以及1995年到达木星的"伽利略"探测器。"伽利略"探测器从距离木星1.6天文单位的地方观测到撞击的发生。由于木星的自转，在碰撞发生若干分钟后，地基望远镜就无法继续观测到该碰撞事件了。第一次碰撞发生于1994年7月16日协调世界时(UTC)20:13，"碎片A"以60千米/秒的相对速度进入木星南半球大气层。"伽利略"探测器上携带的仪器观测到碰撞产生了一个火球，其温度峰值达到了24000开(木星大气温度的典型值为130开)，火球迅速碰撞冷却，40秒后温度下降到了1500开。火球产生的烟尘绵延3000千米。碰撞产生火球后的几分钟，"伽利略"探测器发现一些区域再次升温，可能是碰撞激起的物质回落与大气发生摩擦而产生的。如图4-24所示[25]，地球上的观测者借助很小的望远镜就能看到碰撞在木星表面形成了一个"黑点"，这个"黑点"的跨度约为6000千米(与地球半径相当)。在接下来的六天时间里，人们共观测到21个碰撞事件，其中最大的碰撞事件发生在7月18日07:33(UTC)，"碎片G"与木星发生碰撞。这次碰撞产生的巨大"黑点"跨度有12000千米，估计这次碰撞过程中释放的能量相当于六万亿吨TNT炸药爆炸所产生的能量。最后一个"碎片W"在7月22日与木星发生碰撞。

科学家希望通过这次碰撞事件能够一睹木星大气之下的真容，木星大气的下层物质会在碎片与木星发生碰撞之后浮现出来。对木星的光谱研究发现木星首次出现了双原子硫单质和二硫化碳的吸收线。除此之外，木星上还发现氨分子和硫化氢分子，却未发现二氧化硫分子。

舒梅克-利维9号彗星与木星的碰撞事件，使得人们注意到木星的"内太阳系吸尘器"作用。木星强大的引力作用使得众多小行星和彗星与其发生碰撞，研究人员估算木星与彗星碰撞的概率是地球与彗星碰撞概率的2000～8000倍[26]。

4.4.7　威斯特彗星

威斯特彗星是一颗非周期彗星，被认为是20世纪最漂亮的彗星之一。图4-25

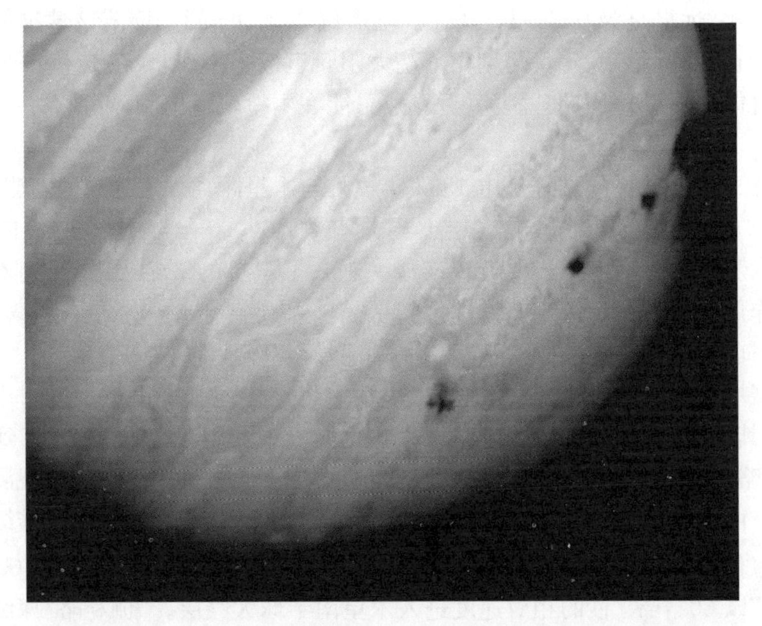

图 4-24　彗星碎片与木星碰撞，在木星表面形成了“黑点”

为拍摄的威斯特彗星的照片。欧洲南天天文台的丹麦天文学家 Richard M. West 于 1975 年 11 月 5 日在经过曝光后的底片上首次发现，后来又在 1976 年 8 月所摄得的底片上发现了它的踪迹。威斯特彗星有时也被称为大彗星[4]。

图 4-25　威斯特彗星

该彗星 1976 年 2 月 25 日通过近日点。彗星在通过近日点时,威斯特彗星亮度(视星等)达到－3 等[4]。从 2 月 25 日到 27 日,天文观测报告说这颗彗星非常明亮,可以在日光下进行研究[4]。威斯特彗星的彗尾呈现扇形,其中带着淡红色的尘埃尾长度达到 30 度～35 度。1976 年 4 月中旬后,人们无法再用肉眼观测到威斯特彗星。

威斯特彗星的公转轨道接近抛物线,偏心率为 0.99997[1],近日点 0.197 天文单位。这颗彗星的公转周期估计在 254000～558000 年,轨道倾角 43.0664 度。因为它的彗核曾经分裂过,天文学家计算这颗长周期彗星公转轨道并不容易。

尽管威斯特彗星拥有壮丽的外观,但当时彗星并未受到关注。部分是由于 1973 年接近地球的科胡特克彗星,当时该彗星被预测将会非常明亮,但是最后结果相差较大。因此科学家对于威斯特彗星的预测较为保守,所以并未引起公众的注意。

在威斯特彗星通过近日点之前,天文学家利用 28 个地区获得的观测数据,观察到彗核分裂成四个部分。经过观测发现,1975 年 3 月 5 日威斯特彗星的彗核分裂成 2 块,几天后,1975 年 3 月 10 日至 11 日彗核又进一步分裂为 4 块。第一次彗核分裂报告出现于 1976 年 3 月 7 日 12:30(UTC),当时该彗星已分裂成两个部分。天文学家 Steven O′Meara 使用 9 英寸的哈佛折射望远镜观测彗星后,报告说另外两个彗核于 3 月 18 日上午形成。

这些彗核的碎片在当时是极少数被观察到彗星发生分裂的事件,之前最显著的例子则是 1882 年大彗星。1882 年大彗星是克鲁兹族彗星的成员之一。最近,施瓦斯曼·瓦茨曼 3 号(73P/Schwassmann-Wachmann)彗星、C/1999 S4 彗星和杜托伊特-诺伊明-德尔波特彗星(57P/du Toit-Neujmin-Delporte)都已经被观测到彗核在飞过太阳的过程中发生分裂。

自 2003 年之后,威斯特彗星距离太阳已经超过 50 天文单位。

4.4.8　海尔-波普彗星

海尔-波普彗星(图 4-26)于 1995 年 7 月 23 日被发现,发现者是美国业余天文学家艾伦·海尔(Alan Hale)和 汤玛斯·波普(Thomas Bopp)。

当天凌晨,艾伦·海尔在例行观测彗星的一个空档时间,偶然将望远镜指向了人马座的 M70。在视野中他看到了一个模糊的光点,海尔凭借丰富的观测经验立刻猜想这可能是一颗尚未发现的彗星。在进行了光度和位置测量之后,海尔利用国际天文学联合会鉴别彗星的软件确认了这颗尚未发现的新天体,并且向国际天文学联合会发出了信息。就在同一天的同一时段,汤玛斯·波普也发现了这颗彗星,并且同样向国际天文学联合会请求确认是否为尚未发现的彗星。由于两人分别独立地发现,这颗彗星被命名为海尔-波普彗星,临时编号为 1995O1。

图 4-26 海尔-波普彗星

海尔-波普彗星是一颗比较明亮的彗星，近日点时为－1.4 等，即使在有一定光污染的情况下也可凭肉眼看到。1997 年开始，该彗星的亮度不断增加，1997 年 2 月已经到达 2 等，并且可以清晰地看到背向太阳的淡蓝色的彗尾以及在其轨迹尾部留下的黄色的尾迹。巧合的是，当年的 3 月 9 日在蒙古、西伯利亚东部以及中国的漠河境内，均可以观测到一次日全食，于是就出现了一幕日全食与彗星同时出现的天文奇观。这吸引了大量的天文爱好者的关注，我国中央电视台也进行了现场直播，这是中央电视台首次进行同类天文奇观的现场直播。该彗星在 1997 年 4 月 1 日通过近日点，由于其明亮的特性，被誉为最壮观的彗星。位于大犬座的天狼星是夜空中最明亮的恒星(其他更亮的为太阳系内的行星或者人造天体)，而海尔-波普彗星的亮度在当夜的天空中仅次于天狼星。

当时，该彗星的两条彗尾在夜空中呈现 30 度～40 度夹角，由于其当时距离太阳较近，只能在日落后的一段短时间才可以观测。后来，又有天文爱好者持续拍摄到这颗彗星的图像，肉眼可见的持续时间达到了 569 天(18.5 个月)，此前最长的彗星肉眼可见时间仅为 9 个月。2005 年 1 月，海尔-波普彗星已经越过了天王星轨道，使用地面的大型望远镜依然可以观测到，并且依然有彗尾结构的存在。

经过初步计算，该彗星上一次回归大约在 4200 年前，由于这一次回归时受到了木星引力的强烈摄动，其公转周期缩短至 2380 年，远日点也减小到 360 天文单位。海尔-波普彗星下一次回归是在 2000 多年后的 4385 年。根据“哈勃”空间望远镜的观测，海尔-波普彗星的直径达到了 40 千米，属于大型彗星。在这一次回归中，科学家获得了许多珍贵的观测资料。

图 4-27　1997 年 3 月 9 日拍摄的海尔-波普彗星(后附彩图)

一般来说,彗星的彗尾大多由气体和尘埃构成,但是海尔-波普彗星的彗尾(图 4-28)却含有金属元素钠,此前观测到的钠元素仅仅是从彗星上释放出的,这也是第一次在彗星尾部观测到钠元素的释放。

此外,该彗星的重氢元素的含量达到地球上重水含量的两倍。如果在以后的观测中发现彗星中的重水有相似的丰度,就可以推断,地球上的水并不全部来源于彗星,否则无法解释同位素丰度的异常。这颗彗星上还发现了惰性气体氩气,不同的惰性气体的升华温度不尽相同,因此可以作为推测彗星温度的依据。元素氪的升华温度为 16～20 开,在该彗星中的比例只相当于太阳的二十五分之一,而氩的升华温度则较高,元素丰度也高于太阳。根据这些观测结果,可以推断出该彗星内部的温度一直保持在不高于 35～40 开的水平,但是不会低于 20 开。因此科学家认为,这颗彗星的形成区域应该在柯伊伯带以外。

4.4.9　矮行星卡戎

2006 年的国际天文联合会上,天文学家确认了矮行星的定义:体积介于行星

图 4-28 海尔-波普彗星的钠尾

和小行星之间,围绕恒星运转,质量足以克服固体引力以达到流体静力学平衡形状,没有清空在轨道上的其他天体,同时不是卫星[27]。

根据这个定义,一些本应属于小行星的天体被划分到了矮行星范畴,其中比较著名的有卡戎星、阋神星、谷神星、鸟神星、妊神星。虽然严格意义上这类天体已经不属于小行星范畴,这里还是给出了简单的介绍。

卡戎星原本被认为是冥王星的卫星,也就是冥卫一,其直径为冥王星的一半,为 1208 千米。在 2006 年国际天文联合会上,卡戎星不再被认为是冥王星的卫星,而是一个与冥王星组成双星系统的矮行星。

阋神星是人类已知的柯伊伯带的第二大矮行星,最初观测到阋神星的时候,观测结果显示阋神星要比冥王星大,所以一度被称为第十大行星。2010 年的观测显示,阋神星的直径约为 2326 千米,误差 10 千米左右,其直径略小于冥王星。而 NASA 在 2015 年公布的观测数据显示,阋神星的直径为 2326 千米,比冥王星的直径 2371 千米要小。最初发现阋神星的时候,其临时编号为 2003UB313,同期已经发现了大量和冥王星大小相当的天体,所以阋神星当时被当成小行星看待,直到 2006 年以后被划分在了矮行星的行列。

4.4.10 矮行星谷神星

谷神星位于火星和木星之间的小行星带上,是目前已知的存在于小行星带中的唯一的矮行星。谷神星于 1801 年 1 月 1 日由意大利天文学家皮亚齐发现。

在矮行星定义公布之前,谷神星曾经被认为是太阳系以内最大的小行星。目前已经确认,谷神星内含有大量的冰,欧空局利用“赫歇尔”望远镜观测到了水蒸气。水蒸气的发现使得科学家有理由猜测,谷神星内部存在液态水。谷神星的发现还有一个有趣的故事。早在 1766 年的时候,人类只发现了太阳系内的六个大行星:水星,金星,地球,火星,木星,土星。德国的一名中学教师提丟斯发现:六大行星的轨道半长径满足一个数列通项公式,但是唯独在火星和木星之间,即数列的第五项上,缺少一颗大行星。1781 年,天王星在位于该数列第八项的位置被发现。这激发了人们去寻找位于这个数列第五项的天体,谷神星的发现填补了这个空白。但是其大小和质量却没有达到一颗大行星的要求。谷神星直径 950 千米,一直被认为是太阳系以内最大的小行星,目前被定义为矮行星[28]。

图 4-29　谷神星表面的亮斑为冰的反射光

4.4.11　矮行星鸟神星

鸟神星为太阳系内第三大矮行星,位于柯伊伯带中。直径约为冥王星的四分之三。2005 年 3 月 31 日由迈克尔·E. 布朗、查德·特鲁希略、戴维·拉比诺维茨三位天文学家发现。鸟神星直径 1500 千米,反照率 0.77,平均密度 1.7 克/厘米^3。2008 年,该天体被正式命名为鸟神星。这也是为了符合 IAU 对于柯伊伯带小天体命名的传统。鸟神星这个名字取自复活岛拉帕努伊原住民神话中的创造人类的神,因为鸟神星是在复活节之后不久发现的,所以这个命名也保留了与复活节之间的联系[29]。

4.4.12 矮行星妊神星

妊神星是太阳系内第四大矮行星,质量为冥王星的三分之一。妊神星轨道半长径 51 天文单位,近日点为 35 天文单位,轨道倾角为 28 度。妊神星属于柯伊伯带天体,轨道周期为 283 年,1992 年经过远日点。妊神星的视星等为 17.3 等,是柯伊伯带第三亮的天体,仅次于冥王星和鸟神星。

参考文献

[1] 胡中为. 普通天文学[M]. 南京:南京大学出版社,2003.
[2] 小行星[EB/OL]. [2017-3-01]. http://sun.bao.ac.cn/kepu/solor%20system/plani.html.
[3] Asteroid[EB/OL]. [2017-3-10]. http://en.wikipedia.org/wiki/Asteroid.
[4] 焦维新,邹鸿. 行星科学[M]. 北京:北京大学出版社,2009.
[5] 2 Pallas[EB/OL]. [2017-09-12]. http://en.wikipedia.org/wiki/2_Pallas.
[6] 3 Juno[EB/OL]. [2017-08-21]. http://en.wikipedia.org/wiki/3_Juno.
[7] Dwarf planet[EB/OL]. [2017-09-14]. http://en.wikipedia.org/wiki/Dwarf_planet.
[8] Ceres[EB/OL]. [2017-09-07]. http://en.wikipedia.org/wiki/Ceres_(dwarf_planet).
[9] Sicardy B, Ortiz J L, Assafin M, et al. Size, density, albedo and atmosphere limit of dwarf planet Eris from a stellar occultation[C]. Epsc-Dps Joint Meeting, 2011:137.
[10] Tholen D J, Buie M W. How big is Pluto? [J]. Annals of the Missouri Botanical Garden, 1991, 23(2):172-178.
[11] Makemake[EB/OL]. [2017-09-16]. http://en.wikipedia.org/wiki/Makemake.
[12] Comet[EB/OL]. [2017-03-10]. http://en.wikipedia.org/wiki/Comet.
[13] Grego P. What are Comets and Asteroids[M]. Heidelberg: Springer International Publishing, 2014:1-36.
[14] Comet ISON[EB/OL]. [2017-08-26]. http://en.wikipedia.org/wiki/Comet_ISON.
[15] Costlow M, Hample A. Newly discovered comet visible in morning sky[J]. Biochemical & Biophysical Research Communications, 1980, 92(1):213-220.
[16] 4 Vesta[EB/OL]. [2017-09-06]http://en.wikipedia.org/wiki/4_Vesta.
[17] 罗素 C T. 深度撞击计划:解密彗星之旅:looking beneath the surface of a cometary nucleus[M]. 北京:国防工业出版社,2008.
[18] 士元. 星尘号首携彗核物质天外归来[J]. 国际太空,2006,(3):1-9.
[19] 迟惑."罗塞塔"魂归 67P 彗星[J]. 太空探索,2016,(11):42-45.
[20] 胡中为. 行星科学[M]. 北京:科学出版社,2008.
[21] Braun R D, Manning R M. Mars exploration entry, descent and landing challenges[C]. 2006 IEEE Aerospace Conference, 2006:18.

[22] Harry D A J. Rock moisture data from an Australia island [J]. National Geographic，2016，6：8.

[23] File：Comet Halley. jpg[EB/OL]. [2017-04-13]. http://upload. wikimedia. org/wikipedia/commons/b/b7/Comet_Halley. jpg.

[24] Halley's Comet[EB/OL]. [2017-04-13]. http://en. wikipedia. org/wiki/Halley%27s_Comet.

[25] File：Jupiter showing SL9 impact sites. jpg[EB/OL]. [2017-04-15]. http://en. wikipedia. org/wiki/File：Jupiter_showing_SL9_impact_sites. jpg.

[26] Comet Shoemaker-Levy 9[EB/OL]. [2017-04-15]. http://en. wikipedia. org/wiki/Comet_Shoemaker%E2%80%93Levy_9.

[27] 李桢．载人火星探测任务轨道和总体方案研究[D]. 长沙：国防科技大学，2011.

[28] Forbes E G. Gauss and the discovery of Ceres[J]. Journal for the History of Astronomy，1971，2：195-199.

[29] 鸟神星[EB/OL]. [2017-09-09]. http://zh. wikipedia. org/wiki/%E9%B8%9F%E7%A5%9E%E6%98%9F.

第 5 章　小天体的探测

5.1　已完成的小天体探测任务

已完成的小天体探测任务主要有小行星和彗星探测两部分。任务模式分为飞越小天体，绕飞小天体和撞击小天体，以及在小天体表面着陆和从小天体采样返回地球几种。下面根据任务模式介绍已经完成的小天体探测任务。

5.1.1　小行星着陆任务："会合-舒梅克"号探测器

"会合-舒梅克"号(Near Earth Asteroid Rendezvous-Shoemaker，NEAR Shoemaker)[1,2]是 1996 年 2 月 17 日 NASA 发射的针对爱神星(Eros)的探测器，其名字是为了纪念天文学家尤金・舒梅克(Eugene M Shoemaker)。"会合-舒梅克"号由约翰・霍普金斯大学的应用物理实验室(APL)设计，在爱神星的环绕轨道上进行了超过一年的观测研究，爱神星大小约为 13 千米×13 千米×33 千米，是近地小行星中体积第二大的小天体，2001 年 2 月 12 日探测器在小行星表面着陆，是首个实现小行星软登陆的探测器[2]。

探测器系统

"会合-舒梅克"号携带的科学仪器主要包括 X 射线/γ 射线光谱仪、近红外成像光谱仪、装有 CCD 成像探测器的多光谱成像仪、激光测距仪和一个磁力计。同时还携带近距离追踪系统可进行无线电实验来估计小行星的重力场。仪器的总质量为 56 千克，需要 80 瓦的电源来运行，发射质量约 800 千克，干重 487 千克。

如图 5-1 所示[3]，探测器平台具有八边形棱柱的形状，每个边长约 1.7 米，具有四个固定的砷化镓太阳能电池板，配备 1.5 米 X 波段高增益天线，其中磁力计安装在天线馈电线上，在一端(前甲板)有 X 射线太阳能监视器，其他仪器固定在另一端(后甲板)上。大多数电子产品安装在甲板的内侧，推进模块也被包含在内部。

航天器采用三轴姿态稳定，使用一个含双组元推进剂(肼/四氧化氮)的 450 牛主推进器和四个 21 牛及七个 3.5 牛的肼推进器，总脉冲为 1450 米/秒。使用肼推进器和四个反作用轮实现姿态控制。推进系统在两个氧化剂箱和三个燃料箱中装有 209 千克肼和 109 千克 NTO 氧化剂。

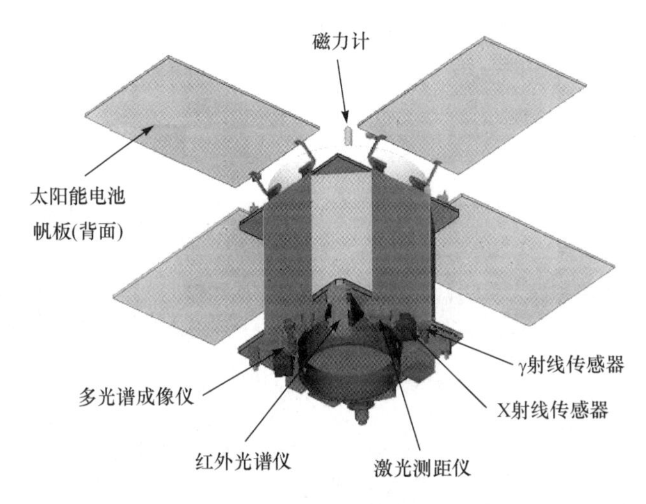

图 5-1　“会合-舒梅克”号的基本结构图

电力由四个 1.8 米×1.2 米的砷化镓太阳能电池板提供，可以在 2.2 天文单位(探测器与太阳的最大距离)处产生 400 瓦，在 1 天文单位处产生 1800 瓦的电力，并存储在一个 9 安培时，22 节的可充电超镍镉电池中。

探测器导航系统包括五个数字式太阳方位检测器，一个惯性测量单元(IMU)和一个星敏感器。IMU 包含半球形谐振器陀螺仪和加速度计。四个反作用轮(冗余配置使得任何三个都可以提供完整的三轴控制)用于正常姿态控制。推进器用于快速回转和推进动作。姿态控制精度为 0.1 度，视线指向稳定度为 50 微弧度。

命令和数据处理子系统包括两个冗余命令和遥测处理器与固态记录器，一个电源开关单元以及用于与其他子系统通信的两个冗余 1553 标准数据总线的接口。NEAR 是第一个使用大量塑料封装微电路(PEM)的 APL 航天器，第一个使用固态数据记录器海量存储的 APL 航天器(以前的 APL 航天器使用磁带录音机或磁芯)。固态记录器由 16 兆比特 IBM Luna-CDRAM 构成。一个记录器具有 1.1 吉比特的存储空间，另一个有 0.67 吉比特[4]。

飞行过程

“会合-舒梅克”号的飞行轨道如图 5-2 所示[5]，于 2000 年 2 月 3 日协调世界时 17:00 完成与爱神星交会的机动调整，将探测器相对爱神星的速度由 19.3 米/秒减小至 8.1 米/秒。另一次机动调整则发生在 2 月 8 日，将相对速度略为增加至 9.9 米/秒。“会合-舒梅克”号分别在 1 月 28 日、2 月 4 日与 2 月 9 日搜索爱神星的卫星，但是没有任何新发现。这次探测是基于科学上的考虑，也是为了减少与卫星碰撞的可能。“会合-舒梅克”号在 2 月 14 日进入 321 千米×366 千米的椭圆轨道来环绕爱神星，之后调整到 200 千米的圆轨道。2000 年 4 月 30 日轨道逐渐调整为 50 千米×50 千米，2000 年 7 月 14 日开始调整为 35 千米×35 千米的极地轨道。2001 年 1 月 24 日开始，探测器开始一系列的近距离飞掠（5～6 千米）爱神星的表面，并在 1 月 28 日以 2～3 千米的距离掠过该小行星。绕行期间，总共绕行 230 圈。

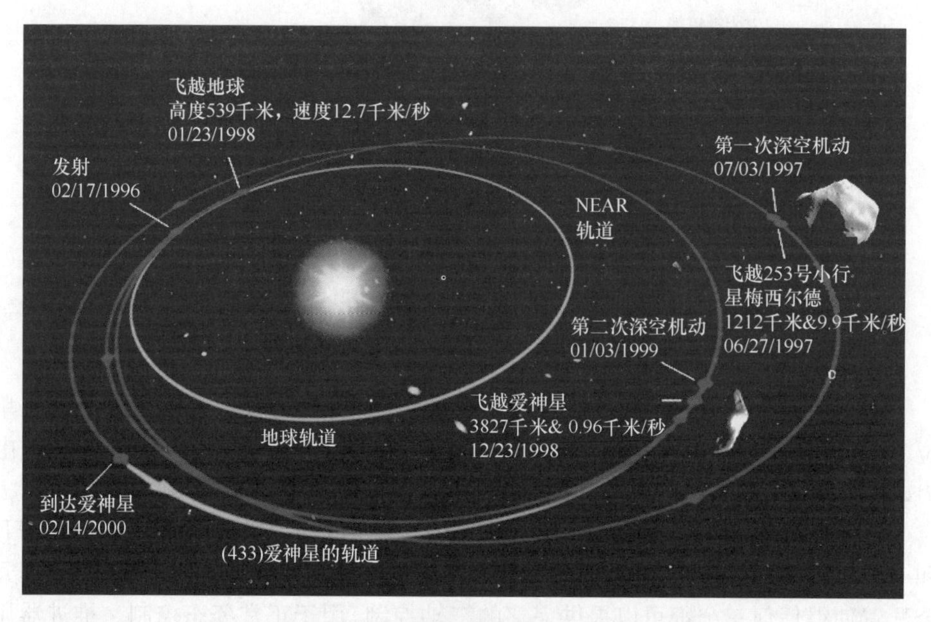

图 5-2 “会合-舒梅克”号的飞行轨道

“会合-舒梅克”号于 2 月 12 日协调世界时 20:01 左右缓慢降落到爱神星南部一个鞍形的地区。“会合-舒梅克”号在降落后仍未损坏，着陆速度为 1.5～1.8 米/秒，降落后并未损坏。在深空网延伸天线接收到信号后，探测器的 γ 射线光谱仪从大约 4 英寸的高度收集爱神星的数据，它的灵敏度在小行星表面比绕行轨道上要高 10 倍。在“会合-舒梅克”号停止工作前，科学家于 2001 年 2 月 28 日接收到它发出的最后一个信号。在 2002 年 12 月 10 日最后一次尝试与探测器的联络未成功，宣告整个任务结束[4]。

探测结果

“会合-舒梅克”号的主要科学成果是传回了爱神星的内部构造、组成、矿物学、质量分布及磁场等数据，另外发回了包括风化层的特性、小行星与太阳风的相互作用、小行星表面可能出现的地质活动（如尘埃或气体）及小行星的自转状态等相关数据。这些数据帮助科学家首次较全面地理解了小行星的特征，陨石和彗星之间的关系及太阳系早期的情况。由于爱神星是一颗 S 型小行星，获得的观测数据还从一定程度上验证了地球上的陨石和 S 型小行星的关联。“会合-舒梅克”号还在

1997 年 6 月 27 日以 1212 千米的距离飞越了直径约 61 千米的 253 号小行星梅西尔德(Mathilde)，相对速度为 9.9 千米/秒，除了借助其进行引力加速外还传回一些图像和其他测量数据，发回了 500 张照片，涵盖梅西尔德星 60%的表面，并根据重力数据计算出梅西尔德星的大小与质量。“会合-舒梅克”号的主要探测结果包括[6]：

(1) 利用数字图像和激光测距仪的数据，科学家建立了第一个详细的小行星地图和三维模型。

(2) 科学家以前认为小行星是固体铁或瓦砾堆，但是爱神星不是。数据表明：爱神星是一个有裂缝但坚固的岩石，密度类似于地壳。科学家认为爱神星是一个更大的天体断裂后的碎片，由太阳系中的一些最原始的材料组成。

(3) 爱神星具有地质活性，有沟槽、脊和许多由于尘埃和岩石碎片(又称作风化层)的移动而形成的坑，且达到 300 英尺(1 英尺 $=3.048\times10^{-1}$ 米)深。数据表明，风化层已经下移，在粗糙的区域平滑和溢出到陨石坑。科学家对爱神星表面出现的方形火山口和小撞击坑数量较少这两种现象表示惊讶。已经发现超过 100000 个大于 50 英尺的火山口。巨形岩石的数量惊人，拥有约 100 万个房子大小或更大尺寸的巨石。另一个意想不到的发现是风化层的沉积物非常光滑平整。

(4) “会合-舒梅克”号在其下降的最后 4 千米，拍摄了 69 幅详细的图片，是最高分辨率的小行星图像，其分辨率达到了 1 厘米。在表面工作的两周时间内，测量了表面组成，并在地球以外的表面进行第一次 γ 射线实验。

(5) “会合-舒梅克”号任务发回了 16 万张详细图像。最终的图像显示了一些巨石的堆积，表面看起来像已经坍塌的区域，以及在一些火山口底部的极其平坦、清晰的区域，这都表明爱神星的内部活动仍很剧烈，还在不断改变自己的面貌。

“会合-舒梅克”号的丰富数据首次揭示了关于小行星的令人惊讶的细节，并提出了更多的问题——小行星的表面地质特征和内部结构的形成过程是怎样的？它们与小行星的大小有怎样的关联？“会合-舒梅克”号探测器的丰富成果也为“黎明”号科学目标提供了大量的参考。

5.1.2　小行星绕飞任务：“黎明”号探测器

“黎明”号(Dawn)探测器是 NASA 于 2007 年 9 月 27 日发射的小行星探测器，探测目标是太阳系小行星主带内的灶神星和谷神星。它是首个实现环绕两颗地外天体的航天器，也是首个造访矮行星的航天器，2015 年 3 月到达矮行星谷神星，而“新视野”号 2015 年 7 月才到达冥王星。“黎明”号计划的任务时间是 9 年，目前已经超过计划时间，仍在运行。NASA 一度曾考虑过探测第三个目标，但已经放弃。

“黎明”号 2011 年 7 月 16 日抵达灶神星，进行约 14 个月的观测后，于 2012 年

9 月 5 日开始前往谷神星。2014 年 12 月 1 日“黎明”号开始持续发回谷神星的高分辨率图像，2015 年 3 月 6 日进入谷神星轨道并绕行至今。

“黎明”号的任务主要由 NASA 喷气推进实验室(JPL)、加利福尼亚大学洛杉矶分校(UCLA)和轨道科学公司合作完成。JPL 和 UCLA 负责项目管理、系统工程、离子推进系统、科学探测和探测器任务运行等工作，轨道科学公司负责探测器的设计、集成和测试，飞行软件研制等工作。另外，肯尼迪航天中心负责发射，科学仪器由挪威、德国和意大利等合作伙伴提供。“黎明”号是 NASA 首次使用离子推进器离开和进入多个天体的轨道进行科学探测的航天器[7,8]。

科学目标

“黎明”号的主要科学目标是利用探测器上同一套科学仪器先后对灶神星和谷神星进行环绕探测来进一步揭示太阳系的形成与演化，并测试离子推进器在深空中的性能。谷神星和灶神星在探测器到达之前被认为是性质差异巨大的原行星，前者是冰质天体，后者是岩石质天体，对二者进行探测有助于科学家了解冰质天体和岩石质天体的形成过程及二者之间的相互关联，并进一步了解在怎样的条件下岩石质天体上可将水保留下来。

科学家通过深入分析“黎明”号收集的信息，判断落入地球的陨石与其母体的关系、目标天体的受热过程；通过表面图像了解其他天体对目标天体的撞击过程、目标天体的外壳构造和火山历史，分析其形成和演变过程。具体包括[8]：

(1) 研究灶神星和谷神星的内部结构、密度和同质性；

(2) 利用三种波段的仪器进行目标天体的全球表面成像，确定灶神星和谷神星表面的形状和撞击坑；

(3) 确定灶神星和谷神星的形状、尺寸、成分、质量、引力场、主轴、自旋轴和惯性力矩等物理性质；

(4) 确定灶神星和谷神星核心的受热过程和尺寸；

(5) 了解水在控制小行星演变过程中的作用；

(6) 验证灶神星作为一系列石质陨石(古铜钙长无球粒陨石、钙长辉长岩陨石和奥长古铜无球粒陨石)母体的科学理论，确定源于谷神星的陨石；

(7) 提供古铜钙长无球粒陨石、钙长辉长岩陨石和奥长古铜无球粒陨石的地质背景；

(8) 通过 0.25～5.0 微米波长的光谱仪获得各种成分(包括水冰、各种盐类等)在目标天体表面的覆盖情况；

(9) 获得中子和 γ 射线光谱，刻画各天体表面元素成分图，包括主要造岩元素(氧、镁、铝、硅、钙、钛、铁)、微量元素(钆和钐)以及长寿命放射性元素(钍、铀)的丰度。

探测器系统

探测器基本结构如图 5-3 所示[9]，“黎明”号平台尺寸为 1.64 米×1.27 米×1.77 米，发射总质量为 1217.7 千克，结构主体为石墨复合材料制成的圆柱体。离子推进器的氙(425 千克)贮箱和传统推力器的肼燃料(45.6 千克)贮箱安装在圆柱体内部。通信系统通过 3 个低增益天线和 1 个直径 1.52 米的高增益天线实现与地球的通信。姿态控制系统由 2 个星敏感器、3 个两轴惯性参考单元、16 个太阳敏感器和 4 个反作用轮组成，该系统控制万向架以保持太阳帆板朝向太阳；另外，还通过控制离子推进器的万向架，使离子推进器具有两个转动自由度。该系统通常可使用星敏感器来确定探测器的姿态。除了反作用轮，探测器的姿态也可通过一组被称为反作用控制系统的 12 个 0.9 牛的肼推力器来保持和改变。“黎明”号探测器目前只用 3 个反作用轮来进行姿态控制，有 1 个反作用轮在 2010 年 6 月时失效。依靠 3 个反作用轮的构型也可以使“黎明”号正常工作。但是，为了提高在另一个反作用轮也出现异常情况下的任务灵活性，NASA 更新了软件系统，因此“黎明”号也可以利用与推力器相配合的 2 个反作用轮来帮助控制姿态。

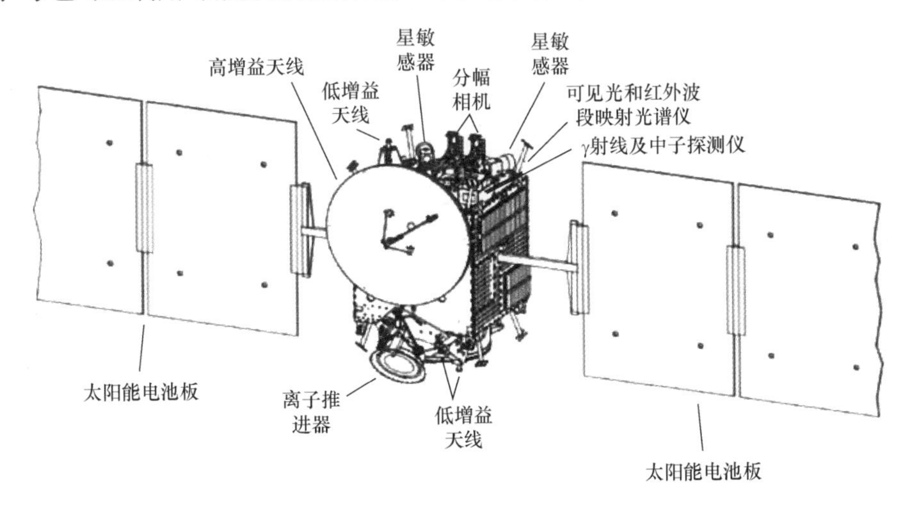

图 5-3　“黎明”号探测器的基本结构

“黎明”号有 3 台高 33 厘米、直径 30 厘米、质量 8.9 千克的离子推进器，每台开关寿命数百次，具有两个转动自由度，以便在飞行过程中调整探测器的推力方向。姿态控制系统也可以使用离子推进器来帮助控制探测器的姿态。在整个任务期间，3 台离子推进器在同一时间内最多有一台工作，总工作时间超过 2000 天。每台离子推进器的推力大小为 19～91 毫牛，推力达到最大时氙推进剂的消耗速度为 5.25 毫克/秒。“黎明”号探测器到达谷神星时，氙推进剂剩余 40 千克，总工作时间达到 1885 天，提供的总速度改变量与德尔塔 2 型运载火箭相当。

探测器长 2.36 米，太阳帆板展开后，探测器长变为 19.7 米。每个太阳帆板面积 18 平方米，覆盖有 5740 片独立的光电池。2 个太阳帆板安装在探测器的两边，总计可产生 10 千瓦的电能，万向接头可使其以任何角度朝向太阳。容量为 35 安培时的镍氢电池组能在探测器发射和探测器远离太阳时供电。

“黎明”号的指令和数据处理系统可为探测器提供全面控制，并负责管理工程与科学数据的传输。该系统由冗余的 RAD6000 处理器组成，每个可提供 8 吉比特的存储容量。

科学仪器主要有 3 个：分幅相机（FC），γ 射线与中子探测器（GRAND）和可见光与红外光谱仪（VIR）。此外，科学家还可以利用“黎明”号的无线电发射机进行相关的科学探测。如通过“黎明”号发回的信息，探测两个目标天体引力场的微妙变化，揭示并分析其质量分布与内部结构[8]。

“黎明”号巡航段飞行轨迹如图 5-4 所示[9]，呈现出螺旋形，巡航阶段使用离子推进器飞行，消耗 72 千克的氙推进剂。2011 年 5 月 3 日，“黎明”号在距离灶神星

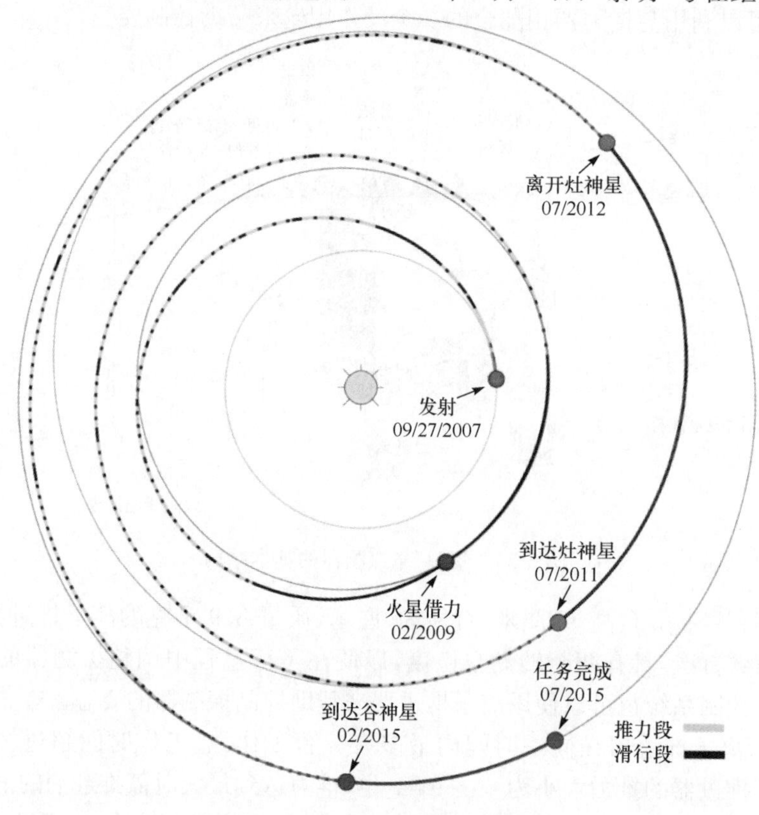

图 5-4 “黎明”号巡航段飞行轨迹

120万千米处获得其第一幅目标图像，然后开始逐渐接近这颗小行星。2011年6月12日，黎明号的速度相对于灶神星减慢，采用螺旋形飞行方式于2011年7月16日进入灶神星轨道。2011年8月2日，“黎明”号进入高度2700千米、周期68小时的轨道；2011年9月27日进入高度680千米、周期124小时的高测绘轨道；最终于2011年12月8日进入高度210千米、周期4.34小时的低测绘轨道。“黎明”号最初计划在2012年8月26日离开灶神星，开始其两年半飞往谷神星的旅程。但是探测器的一个反作用轮出了问题，延迟了“黎明”号离开灶神星的时间，直到2012年9月5日才飞离灶神星。

2014年12月1日，“黎明”号获得首张谷神星照片；2015年1月13日获得谷神星旋转的动态图像；3月6日，“黎明”号到达离谷神星距离为13520千米的轨道。接着“黎明”号将螺旋下降至高度为4424千米的轨道，利用分幅相机获得谷神星的全球图像，并利用可见光与红外光谱仪进行全球绘图。然后下降至高度1474千米的高测绘轨道，继续利用可见光与红外光谱仪和分幅相机获取更清晰的全球图像，并进行立体成像。然后“黎明”号继续螺旋下降至高度大约374千米的低测绘轨道，利用γ射线与中子探测器获取数据并开展引力研究。随着燃料与电池的耗尽，“黎明”号最终将结束任务并成为谷神星的卫星[8]。

探测结果

据统计，“黎明”号任务自2007年执行至今已发回六万九千多幅图像，以及超过132GB的数据。

“黎明”号首次为人类提供了有关灶神星表面化学组成成分的信息。在此之前，灶神星一度被认为是一颗完全干燥的多岩天体，由于地表温度和气压过低，无法维系水分的存在。科学家通过分析“黎明”号传回的三万多幅照片和其他大量科学探测数据，改变了对灶神星的地貌特征以及它与太阳系行星之间关系等方面的认识。灶神星的化学和地质组成中拥有来自小行星撞击或行星际尘埃带来的含水矿物成分，并在沿赤道附近的地区中分布着广泛的易挥发物质。灶神星地表物质组成中铁氧和铁硅元素比与地球上发现的一类陨石元素比值相同，确认了二者之间存在紧密联系。此外，灶神星少量年轻的环形山上存在弯曲的冲沟以及扇形（“叶状”）沉积物，证明曾出现过短暂的少量水力驱动沙、岩粒所形成的物质流。

“黎明”号发现谷神星的地貌和灶神星有很大的不同，谷神星表面没有直径超过285千米的大型撞击坑，仅有16个直径超过100千米的撞击坑。“黎明”号观测到大量的坑穴与不明显的突起，显示这些坑穴可能躺在较柔软的表面，可能是水冰之上。其中一个直径270千米的坑穴，其内部只有极低的突起。谷神星表面的大型坑穴中央凹陷现象较为普遍，但也有很多其他尺寸的坑穴存在着中央峰，这揭示谷神星表面曾存在着物质的流动、塌方等地质活动[74]。

“黎明”号在谷神星表面观测到几个亮斑，这可是谷神星的表面物质反射太阳光造成的，这些表面物质可能是硫酸镁、六水泻盐($MgSO_4 \cdot 6H_2O$)等。2016年3月，“黎明”号在Oxo坑发现谷神星表面有水分子的决定性证据，这些水可能被束缚在矿物内，或者是以冰的形式存在[7]。2017年2月，“黎明”号在谷神星一处火山口附近探测到有机物存在的证据[74]。

随着观测的继续，“黎明”号还会有更多关于谷神星的发现。

5.1.3 彗星撞击任务:“深度撞击”

“深度撞击”号是NASA“探索”系列计划中的一个，该任务将发射一个探测器在名为坦普尔1号的彗星表面制造一个撞击坑，以此来确定彗核内部特征以及物理参数。

任务分为三个阶段:接近段，撞击段和回视段。在探测器撞击彗核之前的24小时内被称为撞击段，之前称为接近段，之后称为回视段，直到结束对该彗星的观测。

探测器系统

探测器主要包含两个部分:一个是重约370千克的撞击器(Smart Impact)，它的任务是撞击彗星;另一个是飞越器(Flyby)，它的任务是飞越彗星。

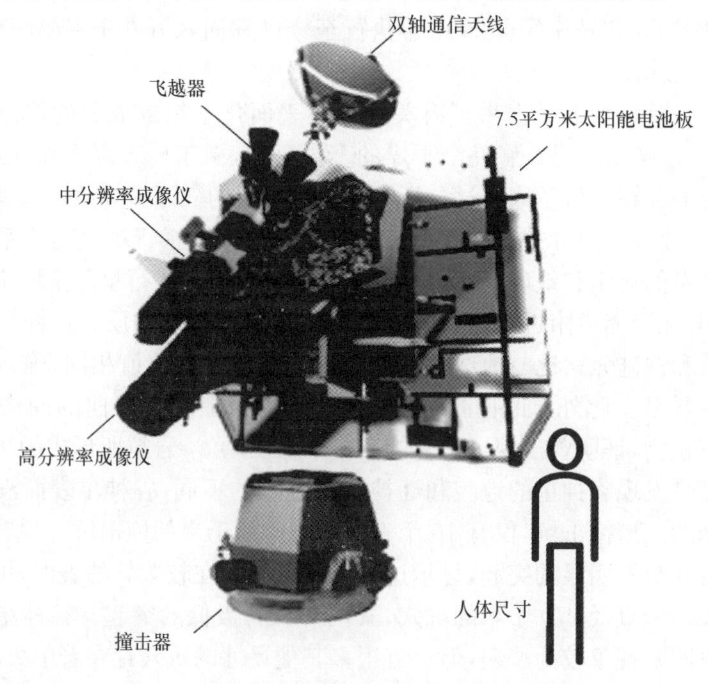

图5-5 “深度撞击”号结构

探测器约 3.2 米长，1.7 米宽，2.3 米高，包括两个太阳能电池组，一个碎片防护罩与用来进行光学和红外波段成像的仪器以及导航系统。

撞击器主要携带的测量仪器包括：

(1) 撞击器瞄准传感器(ITS)：在飞越器临近彗星的时间内，ITS 将对彗星进行持续的拍照，由于最小采样间隔的需求，拍照的时间要随着距离的增加而降低，同时不能超过飞越器数据传输能力，因此飞越器发回的图像是越来越小的，最终仅取中心部分大约 64×64 像素的部分进行传送。

(2) 红外分光计(HRI_IR)：主要用于对彗发进行光谱测量，能在撞击之前测出彗核反射率的空间分布图，并在撞击过程中对抛出物的光谱进行测量，希望得出其成分变化。

(3) 高分辨率成像仪(HRI_Vis)：用于观测彗星的自转状态和轨道位置，并将彗核定位在视场中央。

(4) 中分辨率成像仪(MRI)：作为高分辨率成像仪的补充，MRI 上携带滤光片，可以分辨彗发中的气体物质和固体物质，能够较好地补充观测信息的不足。MRI 的视场很大，再加上其他相机提供的图像，就可以为彗核的三维图像提供更充足的信息。

撞击过程

撞击时间为 2005 年 1 月，经过了 43.1 亿千米 172 天的飞行，“深度撞击”号抵达到坦普尔 1 号彗星附近。探测器于 2005 年 7 月 3 日一分为二，一部分是撞击器，另一部分是飞越器。撞击器利用推进器进入撞击彗星的轨道，于 24 小时之后以 10.3 千米/秒的相对速度撞击了彗星表面。撞击器质量 370 千克，在此次撞击中向彗星传送了 1.96×10^{10} 焦耳的能量，相当于 4.7 吨 TNT 爆炸产生的能量。科学家认为，这次高速撞击之后，会在彗星表面形成一个大约 100 米宽的撞击坑，但在撞击后的一年里科学家仍然不确定撞击坑的尺寸。直到 2007 年“星尘”号探测器再次探测了这颗彗星，经过观测，确认了撞击坑的直径为 150 米。在这次撞击之后，该彗星的速度变为 5×10^{-6} 厘米/秒，在 2022 年彗星到达近日点时，位置偏差仍小于 250 米。故此次深度撞击对于彗星轨道的影响几乎可以忽略不计。

撞击器撞击彗星一分钟后，飞越器在抵近彗星大约 500 千米的距离开始了一系列的观测，包括：对撞击坑的位置进行拍照，观测喷出物以及整个彗核的结构。在整个任务过程中，地球上的地基望远镜和“哈勃”空间望远镜、“斯皮策”空间望远镜、XMM-牛顿空间望远镜、钱德拉空间望远镜都对目标进行了持续的观测。这次撞击也被正在执行任务的欧空局的“罗塞塔”探测器的相机拍摄到，当时“罗塞塔”探测器距离彗星大约 8000 万千米。“罗塞塔”探测器观测了这次撞击产生的尘埃和云雾[10,11]。

图 5-6 撞击瞬间图像

完成撞击任务之后，轨道器的设备依然可以正常工作，因此 NASA 开展了一系列扩展任务，名为 EPOXI(Extrasolar Planet Observation and Deep Impact Extended Investigation)，即太阳系外行星观测和深度撞击扩展研究。2005 年 7 月 21 日，“深度撞击”号进行了一次轨道修正飞往扩展任务的目标星。

“深度撞击”号的第一个扩展任务是飞越 Boethin 彗星，按照原定计划，“深度撞击”号应在 2008 年 12 月 5 日飞越 Boethin 彗星。对于这次任务，“深度撞击”项目的负责人 Michael A'Hearn 表示，这次扩展任务的成本非常小，但是可以得到和原定任务几乎相同的信息量。但是在借助地球引力进行加速的时候，科学家却无法对 Boethin 彗星进行定位，目前可能的原因是彗星在运行过程中碎裂为多块，导致光度下降以至于无法观测，这颗彗星的轨道无法计算，所以项目组不得不放弃了这一次飞越。

在第一次扩展任务失败后，项目组将哈雷 2 号彗星作为飞越目标，这次飞越经历两年的时间。2010 年 5 月 28 日，“深度撞击”号进行了一次机动，发动机持续工作 11.3 秒，确定于 6 月 27 日与彗星交会，并且在 11 月 4 日飞越哈雷 2 号彗星。

11 月 4 日，“深度撞击”号从距离哈雷 2 号彗星 700 千米处拍摄了照片并且发回了地面，清楚地展示了花生形状的彗核和多处喷发，照片由探测器携带的中分辨率仪器拍摄，如图 5-7 所示。

2013 年，探测器电池已无法继续维持正常工作，到 2013 年 8 月 8 日 NASA 最后一次与探测器取得联系后，宣布该任务结束。

图5-7　2010年11月4日拍摄的哈雷2号彗星

探测结果

“深度撞击”号是当时飞得最远的彗星撞击器，根据任务的首席科学家——马里兰大学的Hearn总结，最重要的五个成果如下：

(1) 对于撞击图像的研究表明撞击后一秒内所产生的闪光要比预期的昏暗很多。与NASA在地球上做的撞击实验相比后，这种微弱的闪光可能是由超过75%空隙的表面层(深度大约为数个撞击体直径)引起的。之前科学家没有预期到该彗星孔隙会如此之多。

(2) “深度撞击”号对于该彗星的观测说明：水分挥发的峰值位于彗星的赤道附近，而大部分的二氧化碳挥发是在南纬地区发生的，距离彗星的南极不远。这可能是因为季节的效应导致了南纬地区进入了冬季的黑暗中。在扩展任务当中，对哈雷2号彗星的观测表明：彗星“腰部”的光滑部分是纯水，在该彗星较小的一端喷发出二氧化碳。

(3) 对于哈雷2号彗星的观测表明：有大量固态的冰粒是喷发出的二氧化碳所携带出来的。这些冰粒应该就是这类彗星大量水蒸气的来源。在这一点上，与哈雷2号彗星相似的彗星并不多，可能不足彗星总数的10%。

(4) 长周期彗星和短周期彗星的相对数量意味着短周期彗星相比于长周期彗星是在更加温暖的环境下形成的。也就是说短周期彗星在离太阳更近的地方产生。这与我们长期以来的看法不同，以前一般认为海王星外的柯伊伯带形成了短周期彗星，而在巨行星附近形成了长周期彗星。而新的看法与对哈雷2号彗星重水丰度的观测以及最新的行星动力学迁移理论是吻合的。

(5) 对于坦普尔1号的撞击使得以后的任务可以对彗星自转周期进行观测，

表面的撞击坑是一个非常好的观测目标。

5.1.4 彗星着陆任务:“罗塞塔”号探测器

“罗塞塔”号探测器(图 5-8)是 ESA 2004 年 3 月 2 日于圭亚那航天中心利用阿丽亚娜五号(Ariane 5)火箭发射升空的,携带“菲莱”着陆器,探测目标为彗星 67P/楚留莫夫-格拉西门科(67P/Churyumov-Gerasimenko),途中探测器将依次飞越火星、小行星司琴星(21 Lutetia)和小行星 2867(Šteins)[12]。经过十年的飞行,“罗塞塔”号探测器于 2014 年 8 月 6 日到达目标彗星 69P 附近,经过一系列复杂的轨道机动,环绕彗星轨道降低至 10 千米的高度。同年 11 月,其携带的“菲莱”着陆器成功降落于目标彗星表面,此后两天着陆器的电力耗尽。“菲莱”着陆器于 2015 年 6 月和 7 月短暂地恢复了通信,后来由于太阳能电池板产生的电力耗尽,“罗塞塔”号探测器于 2016 年 6 月 27 日关闭了与着陆器通信的模块。同年 9 月 30 日,“罗塞塔”号探测器撞击彗星表面,任务结束。“罗塞塔”号探测器是人类第一个成功登陆彗星的探测器。

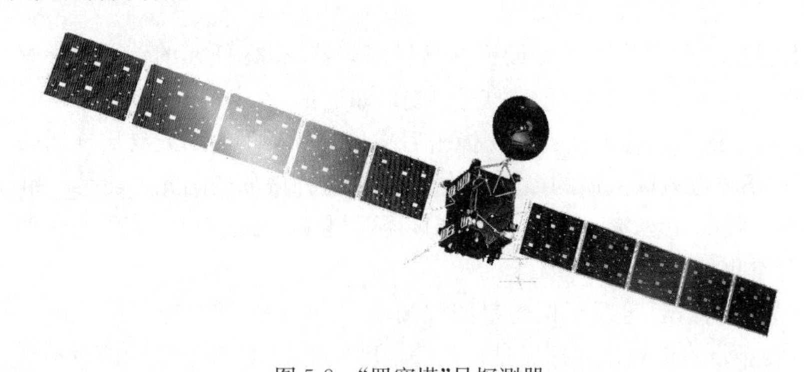

图 5-8　“罗塞塔”号探测器

“罗塞塔”号探测器以埃及一块名为罗塞塔的石碑命名,该石碑使用三种语言雕刻埃及法老的诏书,为考古学家解读古埃及象形文字起到重要作用。“菲莱”着陆器以埃及菲莱方尖碑命名,此方尖碑上用希腊语和古埃及文字的双语铭文。

“罗塞塔”号探测器原本计划于 2003 年 1 月 12 日发射,探测目标为彗星 46P/维尔塔宁(Wirtanen)。由于阿丽亚娜五号火箭在 2002 年 12 月 11 日发射热鸟七号(Hot Bird 7)时失败,该型号火箭在查清失败原因之前不能执行发射任务,而“罗塞塔”号首当其冲。2003 年 5 月,新计划出炉,任务目标改为彗星 67P/楚留莫夫-格拉西门科,发射日期初步定在 2004 年 2 月 26 日,计划于 2014 年与目标彗星交会。“罗塞塔”号探测器经过一系列的调整与修正,最终于 2004 年 3 月 2 日发射升空。

彗星 67P/楚留莫夫-格拉西门科发现于 1969 年,是一颗木星族彗星,该彗星及另外两颗小行星轨道参数如表 5-1 所示。

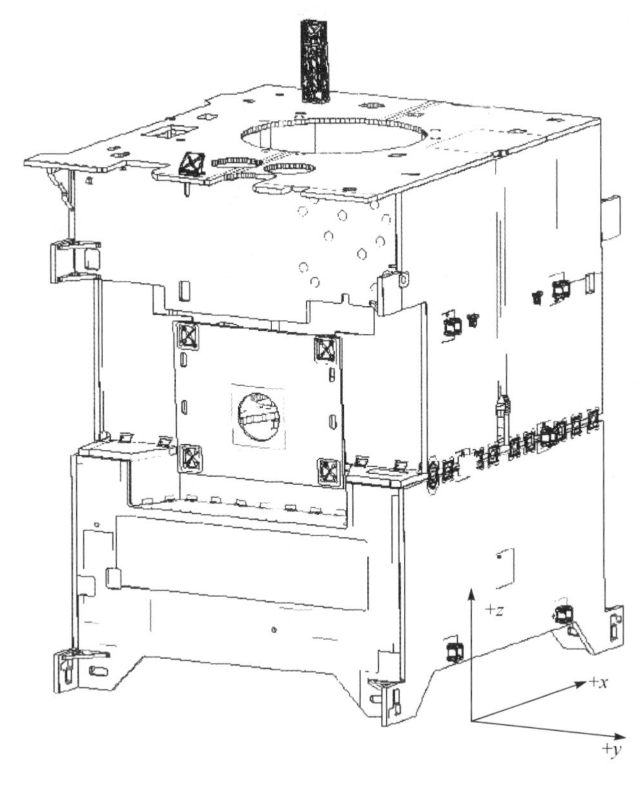

图 5-9　“罗塞塔”号探测器的轨道器结构

表 5-1　“罗塞塔”号探测器探测目标信息

轨道根数	67P	Šteins	Lutetia
远日点	5.68 天文单位	2.70797 天文单位	2.83206 天文单位
近日点	1.24 天文单位	2.01907 天文单位	2.03887 天文单位
半长轴	3.46 天文单位	2.36352 天文单位	2.43547 天文单位
偏心率	0.641	0.14574	0.16284
公转周期	6.45 年	3.63643 年	3.80372 年
轨道倾角	7.04 度	9.94309 度	3.06392 度
平近点角	303.71 度	123.80148 度	285.45624 度
升交点经度	50.147 度	55.49141 度	80.89570 度

探测器系统

“罗塞塔”号结构设计为 2.8 米×2.1 米×6.6 米的中心框架铝结构的蜂窝平

台，结构分系统由两部分组成：平台结构部分和载荷结构部分，如图 5-10 所示。轨道器总质量 2900 千克，其中干重 1230 千克，登陆器质量 100 千克。轨道器载荷 165 千克，着陆器载荷 27 千克。轨道器所搭载的科学仪器载荷模块安装在探测器顶部。加热器安装在探测器的四周用以维持系统的温度。

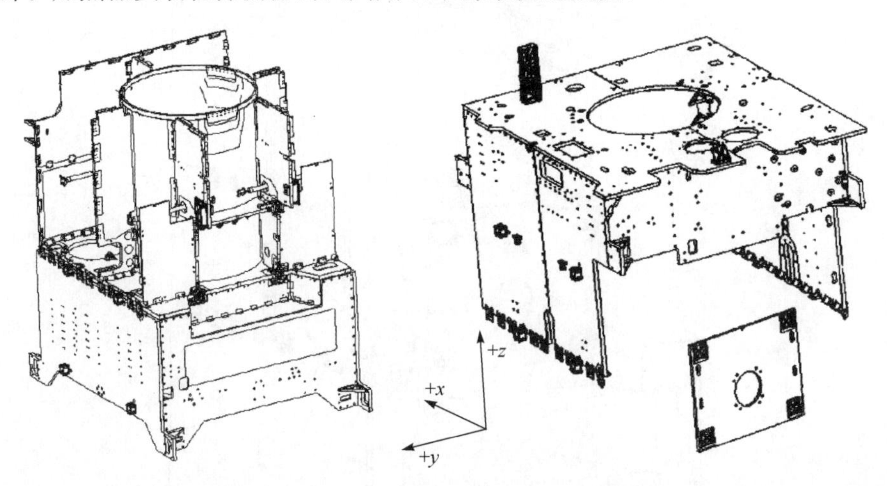

图 5-10　左图：平台结构部分的结构；右图：载荷结构部分的结构

“罗塞塔”号探测器的机构部分是由高增益天线指向驱动机构(APM)、高增益天线展开锁定机构和太阳翼等部分组成。“罗塞塔”通信模块包含一个 2.2 米的可转向高增益抛物面天线(驱动电机及高增益天线，如图 5-11 所示)、一个 0.8 米的固定中增益天线和两个全方位低增益天线。

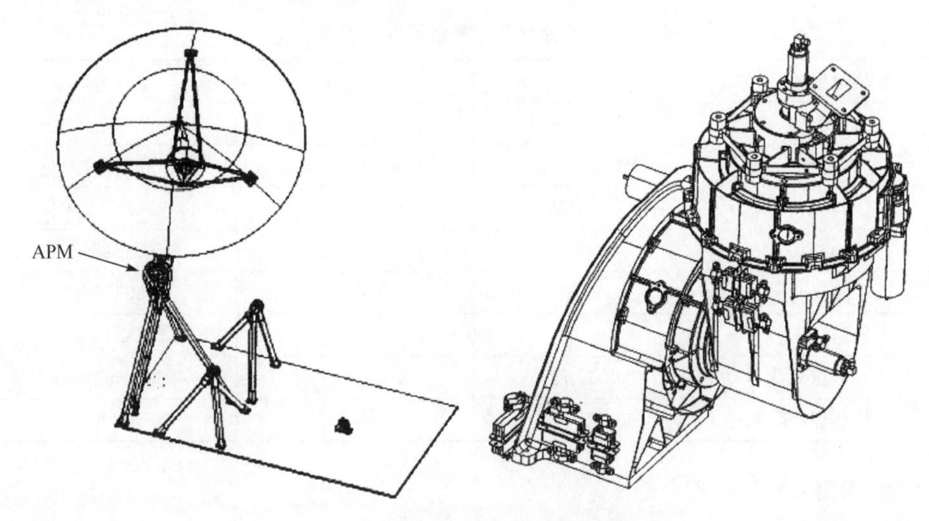

图 5-11　高增益天线指向驱动机构

"罗塞塔"号探测器的电力是由两个共计 64 平方米的太阳能电池阵列提供的。每个电池阵列由五块太阳能电池板(2.25 米×2.736 米)构成,如图 5-12 所示。每个独立的太阳能电池单元大小为 61.95 毫米×37.75 毫米,厚度为 200 微米[13]。太阳能供电系统在近日点可提供约 1500 瓦的电力,当探测器在距离太阳 5.2 天文单位处于休眠模式时可提供 400 瓦的电力,在目标彗星附近(3.4 天文单位)可以提供 850 瓦的电力。探测器的能源通过特曼公司提供的冗余能源模块控制,该模块也被用于"火星快车"探测器,可以通过容量为 10 安培时的镍铬电池向总线输出 28 伏特的电力[14]。在靠近目标彗星时,"罗塞塔"轨道器上的科学仪器指向彗星,通信系统和太阳能电池板则分别指向地球和太阳。

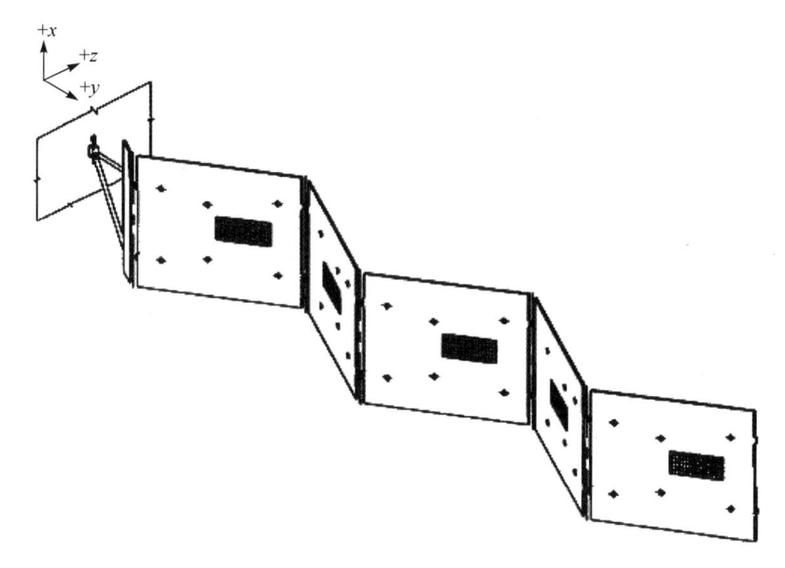

图 5-12　"罗塞塔"号的太阳翼

推进系统(图 5-13)可以为探测器提供力和力矩控制。"罗塞塔"号探测器的 24 个推进器用于轨道和姿态控制,每个推进器的推力为 10 牛。探测器发射时携带 1719.1 千克推进剂,包括 659.6 千克一甲基肼燃料和 1059.5 千克四氧化二氮,探测器推进剂输送部分由两个容量为 1108 升的钛合金燃料箱、四个常闭电爆阀、两个过滤器、四个测试口以及前述的发动机等元件构成。在任务过程中能提供至少 2.3 千米/秒的速度脉冲。

探测器增压气路由两个 68 升容积的高压氦气瓶,一个加排阀,四个压力传感器,四个过滤器,16 个常闭电爆阀,两个串联减压阀,八个单向阀,12 个测试口等组成[15]。推进系统主要工作方式为落压,通过常闭电爆阀的启动,增压气路部分能够使推进剂贮箱压力增加,推进系统以恒压方式工作,此后启动常开电爆阀,将增压气路与推进剂贮箱进行隔离。飞行过程中,增压气路部分可以进行两次增压与隔离,使得系统能够高效而稳定地工作。

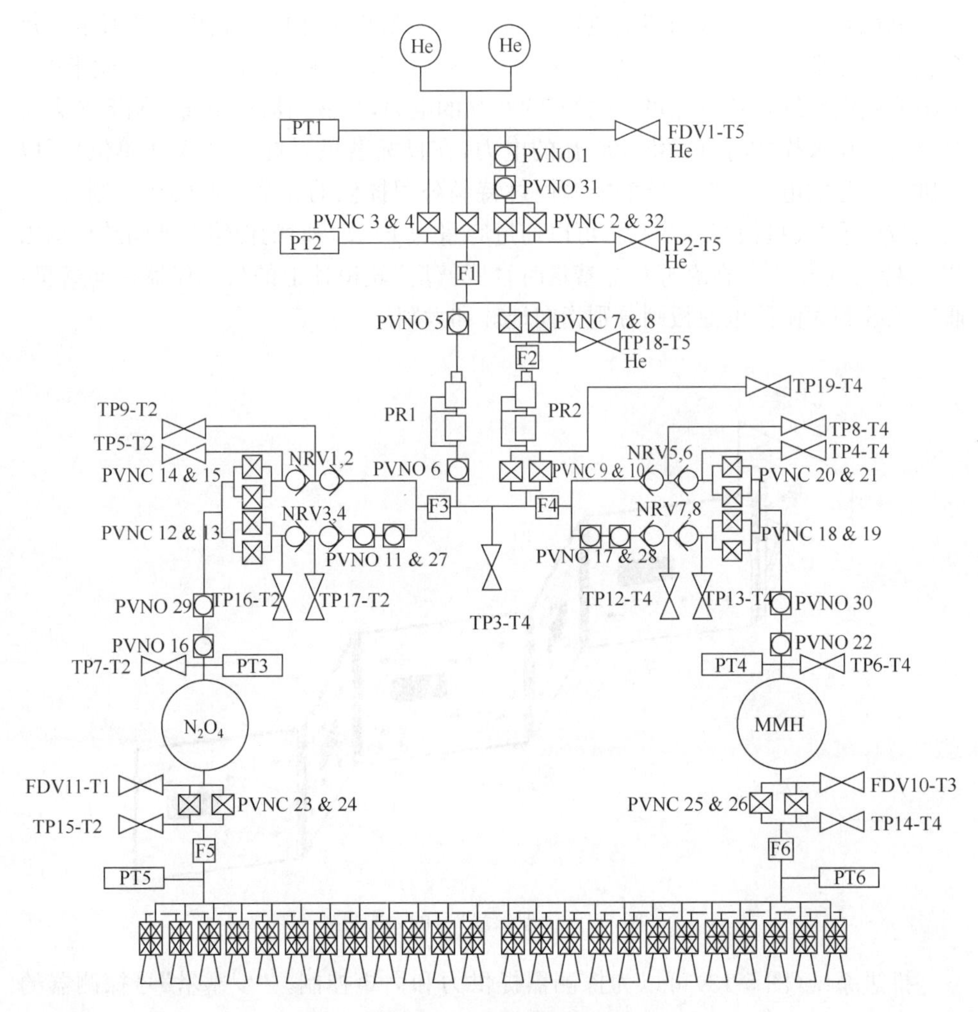

图 5-13　推进系统框图

探测器的综合电子系统由数据管理子系统和姿态轨道控制子系统组成。数据管理子系统负责遥控指令的分发和遥测数据的采集,并监测探测器自身的健康状况。该子系统采用标准 OBDH 总线和 IEEE 1355 高速串行数据链路进行设备之间的信息传输。姿态轨道控制系统负责探测器的姿态和轨道测量与控制,敏感器与执行机构的管理。“罗塞塔”号上装配有 2 台导航相机,2 台星敏感器,4 个太阳敏感器和 3 套惯性测量单元。每套惯性测量单元由 3 个陀螺仪和 3 个加速度计组成。探测器的执行机构包括 4 个反作用轮,一个高增益天线指向驱动机构,2 个太阳翼驱动机构以及推力器。系统框图如图 5-14 所示。

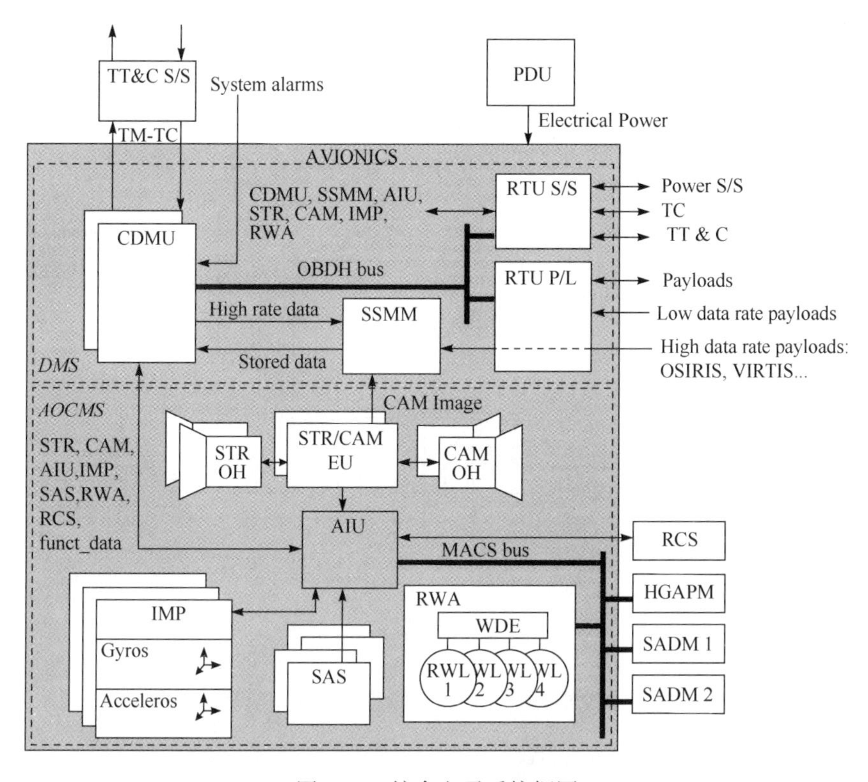

图 5-14 综合电子系统框图

“罗塞塔”号探测器的测控数传分系统负责探测器飞行过程中与地面建立通信。“罗塞塔”号使用了S频段和X频段与地面站进行通信,“罗塞塔”号上装配了一个双频中增益天线,一个S与X频段共用高增益天线,两个S频段低增益天线。系统框图如图5-15所示。

“菲莱”着陆器设计为在轨道高度2205千米处与探测器主体分离,沿弹道轨道下降。相对彗星表面的末端速度为1米/秒。登陆器底端的“腿”结构用于消除碰撞,避免着陆器在彗星表面发生弹跳达到彗星的逃逸速度(该彗星表面的逃逸速度仅约为1米/秒),设计之初本希望利用着陆时的冲击使得冰钻进入彗星表面,然后“菲莱”号着陆器向彗星表面发射70米/秒的鱼叉将自身锚定在彗星表面,同时一个位于登陆器顶端的推进器点火以抵消发射鱼叉产生的反冲作用。然而在着陆期间,鱼叉并没有发射而且推进器点火失败,导致“菲莱”着陆器在彗星表面发生了多次弹跳。

“菲莱”着陆器通过“罗塞塔”轨道器进行中继维持与地球的通信以减少其所需的电力。原计划彗星表面的任务时间为一星期,后考虑将任务扩展至一个月的时间。通信模块质量小于1千克,采用了商用的高度集成芯片,如图5-16所示。

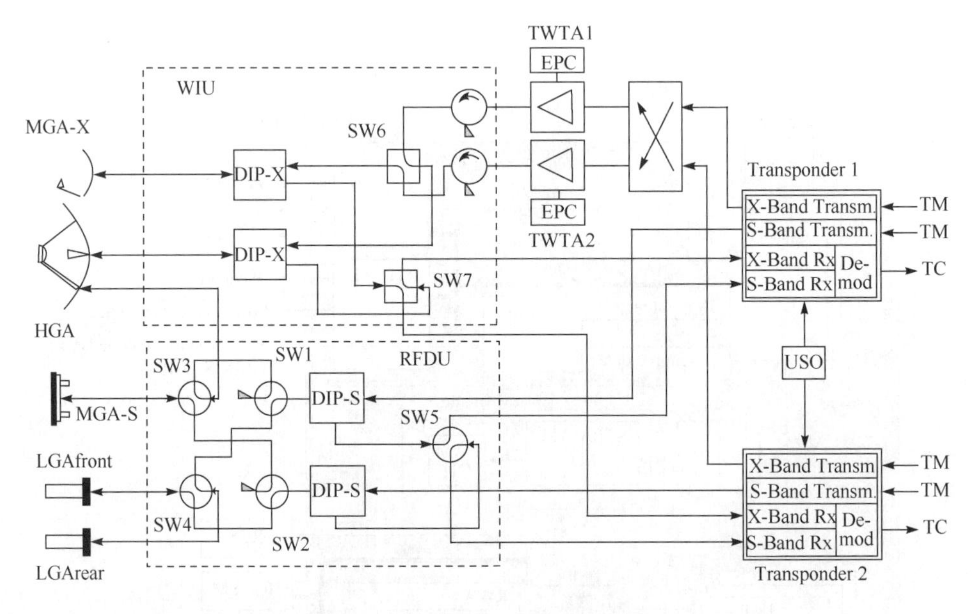

图 5-15　测控数传分系统框图

图 5-16　“菲莱”着陆器的通信模块

着陆器的主要结构由碳纤维制造，塑性成碟状以维持机械强度，中心六边形结构用来连接科学仪器。着陆器总重 100 千克。外部使用太阳能电池板覆盖用以产生电力[16]。如表 5-2 所示为“菲莱”着陆器各部分的质量。

表 5-2　“菲莱”着陆器组成及各部分的质量

航天器组件	质量	航天器组件	质量
结构体	18 千克	热控系统	3.9 千克
电源系统	12.2 千克	主动下降系统	4.1 千克
反作用轮	2.9 千克	起落架	10.0 千克
锚定系统	1.4 千克	中央数据管理系统	2.9 千克
远程通信系统	2.4 千克	常用电子盒	9.8 千克
机械支撑与配重	3.6 千克	科学载荷	26.7 千克
		总和	97.9 千克

“菲莱”着陆器的能源管理分为两个阶段，第一阶段着陆器单独使用电池供电，第二阶段开始使用太阳能为电池充电。能源子系统由两块电池构成，一块不能充电的 1 千瓦时电池，为最初的 60 小时提供电力。在其电能耗尽后，使用可以通过太阳能充电的容量为 140 瓦小时的电池。太阳能电池板的面积为 2.2 平方米，设计功率在距离太阳 3 天文单位处为 32 瓦，如图 5-17 所示。

图 5-17　“菲莱”登陆器的供电系统

轨道器与着陆器的科学仪器

“罗塞塔”号轨道器上搭载科学仪器 165 千克。主要包括以下三个部分：对彗星核的研究仪器、对彗星上气体和分子的分析仪器及对太阳风的测量仪器。

对彗星核的研究设备包括如下几个部分：

(1) 紫外成像光谱仪(ALICE)：紫外波段光谱仪将搜寻并量化彗核的惰性气

体。该测量通过阴极溴化钾和碘化铯阵列完成。仪器质量 3.1 千克，功率 2.9 瓦，是“新视野”号探测器上同类仪器的升级版本，工作波段为 70～205 纳米[17,18]。该仪器由 NASA 喷气推进实验室的西南研究院研制。

(2) 光学、光谱及红外遥感成像系统（optical，spectroscopic，and infrared remote imaging system，OSIRIS）：该成像系统由窄角镜头（700 毫米）、广角镜头（140 毫米）两部分以及分辨率为 2048×2048 像素的 CCD 构成。仪器由德国研制[19]。

(3) 可见光与红外热成像光谱仪（visible and infrared thermal imaging spectrometer，VIRTIS）：可见光与红外热成像光谱仪可以在红外波段拍摄彗核的照片，也可以通过红外波段搜寻彗发中的分子。测量在红外波段通过汞镉碲化物阵列并配合 CCD 芯片在可见光波段完成。仪器由意大利制造，后续的升级版本用于“黎明”号和“金星快车”号[20]。

(4) “罗塞塔”轨道器的微波仪器（microwave instrument for the Rosetta orbiter，MIRO）：主要用于检测诸如水、氨以及二氧化碳等易挥发物质的丰度和温度。该仪器的 30 厘米天线由德国研制，其余部分由 NASA 的喷气推进实验室研制[21]。

(5) 电波传输彗核探测仪器（comet nucleus sounding experiment by radiowave transmission，CONSERT）：该仪器通过测量“菲莱”着陆器和“罗塞塔”轨道器之间穿过彗核的无线电波实现对彗核的断层扫描，来获取彗核深处的信息。这一实验可以判断彗核的内部结构并由此推测彗核的组成信息。该仪器的电子元件部分由法国研制，两根天线由德国研制[22]。

(6) 射电科学仪器（radio science investigation，RSI）：利用探测器的通信系统无线电信号漂移获取彗核以及彗发内部的物理信息[23]。

对彗星上气体以及分子进行探测的设备如下：

(1) “罗塞塔”轨道器离子与中性粒子光谱仪（Rosetta orbiter spectrometer for ion and neutral analysis，ROSINA）：该仪器包含双焦距磁质谱仪和反射型飞行时间质谱仪。前者具有高分辨率（区分氮气和一氧化碳分子），后者对于中性分子和离子敏感度很高。该仪器由瑞士伯尔尼大学研制[24]。

(2) 显微成像尘埃分析系统（micro-imaging dust analysis system，MIDAS）：通过高分辨率的原子显微镜分析硅质盘中的尘埃粒子物理性质[25]。

(3) 彗星次级离子质量分析仪（cometary secondary ion mass analyser，COSIMA），该仪器可以使用铟离子分析尘埃中的粒子组成，确定其成分为有机物还是无机物[26]。

(4) 颗粒撞击分析仪和尘埃收集器（grain impact analyser and dust accumulator，GIADA）：该仪器可以通过测量进入仪器颗粒的光学截面、动量、速度和质量分析彗发的尘埃环境[27]。

“罗塞塔”号探测器上搭载的太阳风测量仪器为“罗塞塔”等离子体组合仪器(Rosetta plasma consortium,RPC),包含共用电力和数据的五个仪器[28]。

“菲莱”着陆器(图 5-18)共携带了 10 个科学仪器,总质量约为 27 千克,占到了着陆器总质量的约四分之一。所携带的 10 个科学仪器为:

(1) 阿尔法粒子与 X 射线光谱仪(Alpha particle X-ray spectrometer, APXS):可用来检测彗星表面的元素组成信息。该仪器是“火星探路者”号上同类仪器的升级版本。

(2) 彗核红外波段及可见光波段分析仪(comet nucleus infrared and visible analyser,CIVA):包含七个完全相同的微型相机(用来拍摄彗星表面全景图像),一个可见光显微镜和一个红外线光谱仪。全景相机安装在登陆器侧面,间隔 60 度,其中五个为平面,两个用来立体成像。每个照相机都含有一个分辨率为 1024×1024 像素的 CCD 元件。显微镜与光谱仪安装在着陆器的下面,从彗星表面采集的样品中分析彗星表面成分、纹理和反照率等物理性质。

(3) 电波传输彗核探测仪器(comet nucleus sounding experiment by radiowave transmission,CONSERT):使用无线电波测定彗星内部结构。包含一个应答器,用来转发“罗塞塔”号轨道器上发射穿过彗核的无线电信号[22]。

(4) 彗星采样与成分分析仪器(cometary sampling and composition,COSAC):由气相色谱仪和飞行时间质谱仪组成,可以分析土壤样本并测定挥发物质[29]。

(5) 多功能表面及次表面多用途传感器(multi-purpose sensors for surface and sub-surface science,MUPUS):该仪器可用来测定彗星表面密度、热性能及机械属性。

(6) 托勒密实验仪器(Ptolemy):可以用来测定彗核关键挥发物质的稳定同位素[30]。

(7) 着陆器成像系统(Rosetta lander imaging system,ROLIS):用于在下降段获取高分辨率图像的 CCD 照相机,可对其他仪器采样区域进行立体全景成像。CCD 分辨率为 1024×1024 像素。

(8) 着陆器磁力计与等离子体监测仪(Rosetta lander magnetometer and plasma monitor,ROMAP):用来研究彗核磁场以及彗核与太阳风相互作用。

(9) 钻孔、取样及分发系统(sampling,drilling and distribution system,SD2):获取彗星表面的土壤样本,并将其分发传输到 Ptolemy、COSAC 和 CIVA 仪器进行分析。该系统包括钻孔、烘烤、旋转平台和体积测量四个子系统[31]。钻孔系统由钢与钛合金制成,钻孔深度可达 230 毫米,并释放探针收集样品,最后将样品传送到烘烤系统。烘烤系统中包含了 1 个用来清理钻头的烤箱和 26 个用来加热样品的铂金烤箱，其中 10 个为中等温度(180 摄氏度)加热，16 个为高温加热(800 摄氏度)。烘烤系统安装在旋转平台上，并将样品分配到适当的仪器中去。机电体积检测仪用来决断分发多少样本到烘烤系统中以及是否将样本均匀地放入光学显微镜的视窗中。

(10) 电振动与监测实验系统(surface electric sounding and acoustic monitoring experiments，SESAME)：由以下三个实验仪器构成，用来测量彗星表面物理性质。彗星表面声学实验仪器可以测量声音在彗星表面的传播特性，介电常数探针可以测量彗星表面电性质，灰尘撞击监视器可以检测尘埃落回彗星表面的状况[32]。

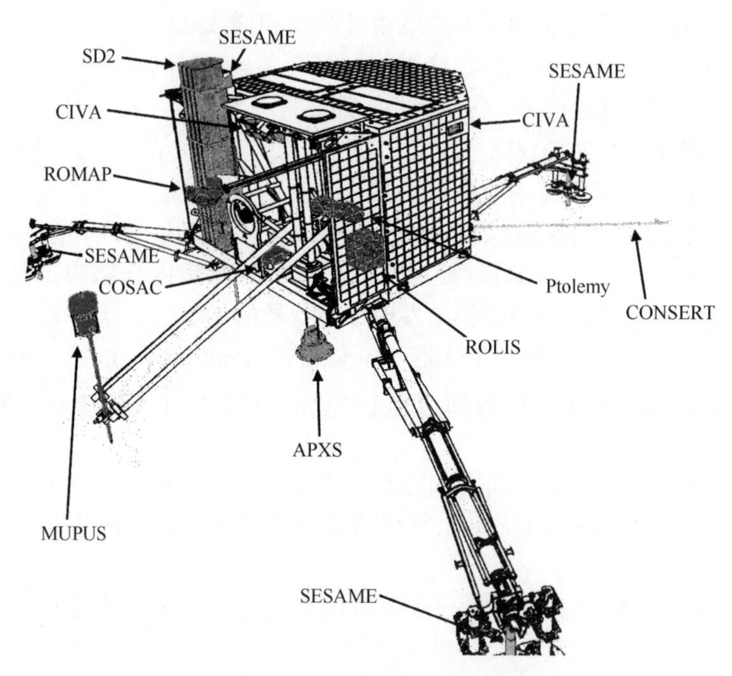

图 5-18 “菲莱”着陆器结构图

任务飞行过程

“罗塞塔”号探测器目标彗星为 67P，这需要在太阳系内通过引力辅助进行加速。彗星轨道在任务发射前由地基测得，精度约为 100 千米。通过“罗塞塔”号探测器上的传感器，在距离彗星 2400 万千米处再次对彗星定轨，精度达到千米量级。

“罗塞塔”号探测器在 2005 年 3 月 4 日第一次利用地球进行引力加速。2006 年“罗塞塔”号的反作用控制系统(即 24 个负责轨道和姿态控制的推进器)发生泄漏。这次泄漏导致推进器中燃料与氧化剂无法充分混合，燃烧不够充分，推进器效率降低。但是欧空局的工程师认为探测器仍有足够的燃料完成整个任务。

2007 年 2 月 25 日，“罗塞塔”号探测器在距离火星 250 千米时进行了轨道修正。实际上，此次飞越火星是有风险的，因为飞越期间有 15 分钟处于火星的阴影中，这可能会引起电力短缺。因此，探测器进入待机模式，无法通信，依靠电池的电力完成飞越。最终“罗塞塔”号成功飞越火星，完成了轨道修正并拍摄了火星表面和火星大气的照片。此次轨道修正被戏称为“10 亿欧元的豪赌”。

“罗塞塔”号探测器于 2007 年 11 月 13 日在距离地球 5700 千米处第二次飞越地球进行加速。2008 年 9 月 5 日，“罗塞塔”号探测器在不足 800 千米处飞掠小行星 2867(Šteins)，探测器设备在 8 月 4 日到 9 月 10 日期间对该小行星进行了观测，这时二者最大相对速度为 8.6 千米/秒。

图 5-19　“罗塞塔”号拍摄的小行星 2867

2009 年 11 月 12 日，“罗塞塔”号探测器最后一次飞越地球进行引力加速。2010 年 3 月 16 日，探测器观察到小行星 P/2010A2(图 5-20)的尘埃尾巴，结合“哈勃”望远镜的观测结果，可以确认其不是一颗彗星，而是一个小行星。其尾状结构可能是与另一个小行星碰撞产生的尘埃形成的。

2010 年 7 月 10 日，“罗塞塔”号探测器飞掠主带小行星司琴星(约 121 千米×101 千米×75 千米)，两者的最小距离为(3168±7.5)千米，相对速度 15 千米/秒。飞掠期间拍摄了分辨率为 60 米的图像(图 5-21)，主要覆盖小行星的北半球。

图 5-20　小行星 P/2010A2

图 5-21　“罗塞塔”号拍摄的小行星司琴星

2011 年 6 月 8 日,“罗塞塔”号探测器进入自旋稳定模式,除星载计算机及休眠加热器外,其余电子设备关闭,进入休眠状态。

2014 年 1 月 20 日,“罗塞塔”号探测器从休眠中唤醒,与地面恢复通信。同年 5 月,“罗塞塔”号飞行至距离目标彗星 200 万千米处,并向地球传回首批彗星图像。

2014 年 5 月 7 日,“罗塞塔”号探测器开始进行轨道机动,进入环绕彗星轨道。第一次减速时距离彗星 200 万千米,相对速度 775 米/秒;7 月 23 日进行最后一次减速,此时距离彗星 4000 千米,相对速度 7.9 米/秒。“罗塞塔”号先后共进行了 8 次机动,其中燃料消耗较大的有 3 次,分别为 291 米/秒,271 米/秒和 91 米/秒。

在“罗塞塔”号探测器到达之前,并没有目标彗星表面状况的资料。2014 年 7 月 14 日,“罗塞塔”号探测器开始传回彗星 67P 的图像,确认了彗星的不规则形状。8 月 6 日,“罗塞塔”号探测器下降到距离彗星表面 100 千米处,减速至相对速度 1 米/秒,并开始对彗星引力、质量、形状和大气等物理参数进行测定,以确定稳定的环绕轨道和可行的着陆位置。8 月 25 日确定了 5 个可选的着陆地点。9 月 10 日,进入 29 千米高度轨道并开始对彗星全球成像。9 月 15 日确定了“菲莱”着陆器的着陆地点为位于彗星头部的 J 号地点。

图 5-22　“罗塞塔”号拍摄的彗星 67P

2014 年 11 月 12 日 8:35(UTC),“菲莱”号着陆器(图 5-23)与“罗塞塔”号轨道器分离。以 1 米/秒的相对速度接近彗星 67P。于 15:33(UTC)与彗星接触,并发生了两次弹跳，最终于 17:33(UTC)着陆彗星。

图 5-23　“菲莱”着陆器及着陆机构效果图

本来为了防止着陆器弹跳并逃逸彗星(逃逸速度约为 1 米/秒)，“菲莱”将会发射两个鱼叉结构用来锚定。但是，根据遥测信息得知着陆地点相对松软，颗粒状结构厚度约为 0.25 米。鱼叉没有成功。

着陆彗星之后，“菲莱”的三个主要科学任务是：①测定彗核的特性；②测定彗星表面的化合物，包括氨基酸的对映异构体；③研究彗星的活动与演化。

但是“菲莱”在彗星上的着陆地点并不理想，处于悬崖边的阴影中，且有 30 度的倾斜角度，使得太阳能电池板无法提供足够的电力。2014 年 11 月 14 日，地面人员预计剩余电量只够使用 1 天，于是操控“菲莱”上升 4 厘米，并旋转 35 度以获得更好的阳光照射。此后不久，“菲莱”着陆器的电能迅速下降，所有仪器被迫关闭，于 11 月 15 日 00:36(UTC)失去联系。

2015 年 6 月 13 日，地面控制人员接收到“菲莱”传回的信号，显示其电量已经充满，“菲莱”着陆器重新开始工作。到 7 月 9 日，“菲莱”着陆器难以与“罗塞塔”号轨道器建立稳定通信，控制器无法指探“菲莱”开展新的科学任务。2015 年 7 月 9 日，菲莱再次失去联系[33]。

2016 年，“罗塞塔”号跟随彗星 67P 远离太阳，没有足够的电力进行监控，科研人员引导其撞击彗星 67P。2016 年 9 月 29 日 20:50(UTC)“罗塞塔”号探测器在 19 千米高度点火 208 秒，撞向彗星表面，撞击前 10 秒向地球传回最后的图像，撞击速度为 3.2 千米/秒[34]。

“罗塞塔”号探测器的科学成果

“罗塞塔”号探测器任务产生了丰富的科学成果，收集了彗星不同活跃程度的彗核及环境数据，研究人员认为“罗塞塔”号探测器传回的数据集中处理将持续数十年。其中一个重大发现就是彗星 67P 的磁场以 40～50 毫赫兹的频率振荡。研究人员将其加快 10000 倍，以便人耳可以听到。虽然这只是一个自然现象，但被形象地形容成歌曲。然而，“菲莱”着陆器着陆之后的数据显示彗核并没有磁场，此前由"罗塞塔"号轨道器发现的磁场是由太阳风引起的。

"罗塞塔"号探测器发现了彗星 67P 的水蒸气,其同位素特征与地球上的水大相径庭。彗星水中氢元素氘核的比例是地球的三倍。这意味着地球上的水不大可能来自像 67P 这样的彗星[35]。

2015 年 6 月 2 日,NASA 报告中称 ALICE 光谱仪在彗核上方 1 千米处发现了太阳辐射引起水分子光致电离产生的电子,这与彗核释放水分子和二氧化碳分子到彗发中发生降解有关[36]。

"罗塞塔"号轨道器上搭载的可见光与红外线热成像光谱仪在没有水冰的彗星 67P 表面发现了非挥发性有机大分子化合物存在的证据[37]。初步的分析结果显示 67P 表面存在芳香烃有机物、硫化物以及铁镍合金。彗星释放的尘埃中发现了固体有机化合物,在该有机物质中发现了非常巨大的含碳大分子化合物,与地球上发现的碳质球粒陨石类似[38]。然而,由于并未发现含水的矿物质,证明其与碳质球粒陨石没有直接的联系。

"菲莱"着陆器上搭载的彗星采样与成分分析仪器在着陆器着陆后发现了彗星大气中存在有机分子[39]。来自 SESAME 的数据显示,"菲莱"着陆点 25 厘米深的颗粒材料下有大量的水冰,而并非如预期般柔软和蓬松。水冰的机械强度较高,且该区域彗星活动性很低,尽管增加功率,"菲莱"着陆器并不能在该处钻探很深。COSAC 检测了包含碳和氢的分子。SD2 仪器钻探得到了表面样本,但是未能进入 COSAC 的反应炉中。登陆器上 Ptolemy 检测发现了 16 种有机物,其中四种是第一次在彗星上发现,包括乙酰胺、丙酮、异氰酸甲酯和丙醛等[40]。目前发现的唯一一种氨基酸为甘氨酸及其前体甲胺和氨基乙酸[41]。探测器最重大的发现之一是在彗星周围发现了大量的自由氧分子[42]。

5.1.5　彗星采样返回任务:"星尘"号探测器

"星尘"号探测器于 1999 年 2 月 7 日在美国佛罗里达州卡纳维拉尔角空军基地 17 号发射场由德尔塔Ⅱ型运载火箭发射升空,主要目标为近距离飞越彗星 81P/威尔特二号(Wild 2)收集彗发和彗星尘埃样本并返回地球进行分析。这是人类历史上第一个彗星采样返回探测器任务。在飞抵彗星威尔特二号的途中,"星尘"号探测器飞越了小行星 5535。2006 年 1 月 15 日,"星尘"号探测器的样本返回舱成功返回地球,这标志着"星尘"号探测器的主要目标圆满完成。

此后 NASA 为"星尘"号探测器制定了代号为"NExT"(New Exploration of Tempel 1)的扩展任务,2011 年 2 月"星尘"号探测器飞掠了彗星坦普尔 1 号,该彗星为 2005 年"深度撞击"任务的目标彗星。同年 3 月"星尘"号探测器停止工作。

科学目标

1995 年秋季,"星尘"号探测器由于低成本、高度专注于科学目标等优势成功竞标 NASA 探索计划任务。主要探测目标被确定为彗星 81P/威尔特二号，该彗星 1974 年在距离木星 100 万千米处经过，受到木星引力摄动发生轨道内迁。此前彗星 81P 的轨道半长径为 13 天文单位，近日点为 4.95 天文单位，远日点为 21 天文单位，轨道周期 43 年。受到木星影响后，彗星进入内太阳系，轨道半长径减小到 3.45 天文单位，近日点为 1.592 天文单位，远日点为 5.308 天文单位，轨道周期减小至 6.408 年，轨道偏心率为 0.5384，轨道倾角是 3.2394 度。由于受到木星摄动以前的彗星 81P 距离太阳很远，所以此次任务期待可以获取该彗星形成之初的材料样本。该任务的主要科学目标如下：

（1）以较低的速度（小于 6.5 千米/秒）飞越目标彗星以便使用气凝胶电极无损地捕获彗星尘埃，并使用返回舱（图 5-24）将采集到的样本送回地球；

（2）使用相同收集介质，同样以尽可能低的速度捕获一定数量的星际尘埃颗粒；

（3）在任务预算有限的情况下，拍摄彗核与彗发尽可能的高分辨率图像并传回地面。

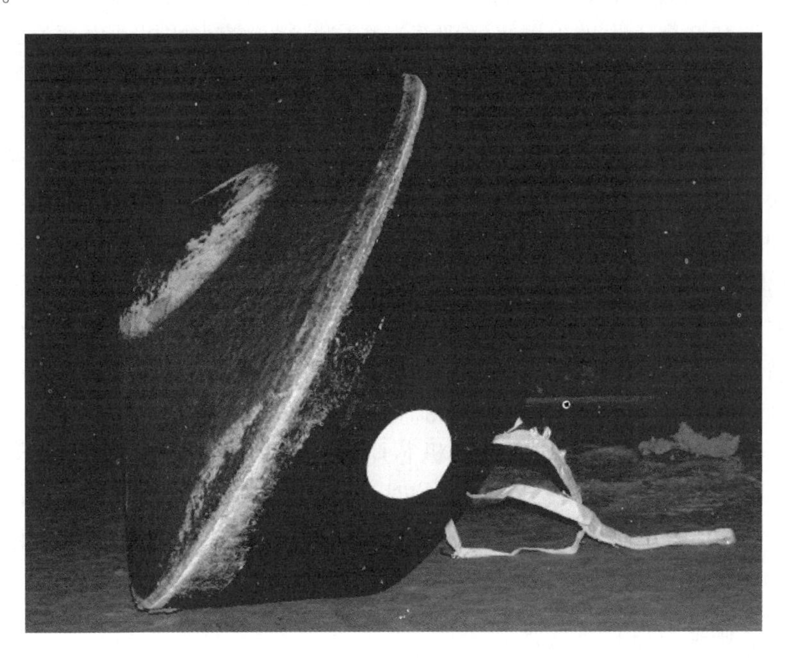

图 5-24 “星尘”号返回舱

“星尘”号探测器系统

“星尘”号探测器总重 300 千克，探测器长 1.7 米，宽 0.66 米，由美国洛克希德·马丁公司设计建造。探测器主要结构为石墨纤维，在底部加装蜂窝铝结构。整个探测器由多氰酸酯覆盖，防护板材料为聚酰亚胺。为了降低成本，“星尘”号探测器使用了多种过去任务中使用过的设计与技术。如图 5-25 所示[43]。

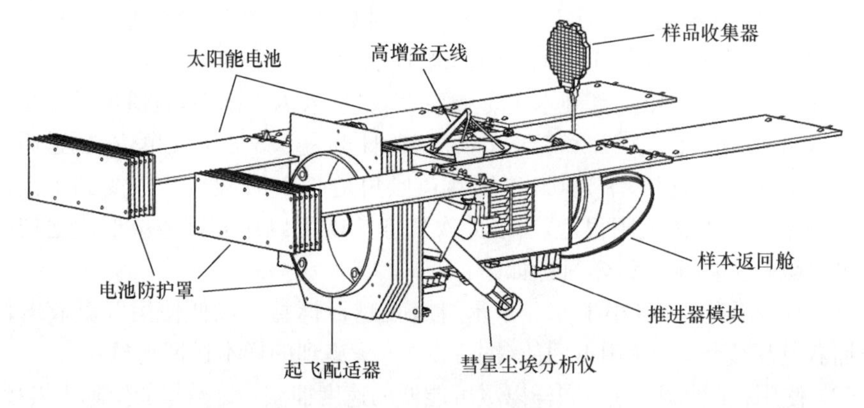

图 5-25　“星尘”号结构

“星尘”号探测器的姿态控制与推进系统采用三轴稳定，利用 8 个 4.41 牛单元联氨推进器和 8 个 1 牛推进器来实现姿态指向控制。较小的机动也通过以上推进器来实现。探测器携带 80 千克推进剂。而姿态测量是通过探测器携带的星敏感器、惯性测量单元和两个太阳敏感器来实现的[44]。

“星尘”号探测器的通信系统由 0.6 米抛物面高增益天线、中增益天线和低增益天线构成，使用 X 波段通过深空网络进行通信。在不同的任务阶段使用不同的天线，同时探测器上装有原本为“卡西尼”号探测器研制的 15 瓦异频雷达接收机。

“星尘”号探测器的能源系统有两个太阳能电池板阵列，可以提供约 330 瓦的输出功率。每个太阳能电池阵列上都覆盖有惠普尔防护罩，在探测器穿过威尔特二号的彗发时起到保护作用。探测器的能源系统还包括一组镍氢电池，在太阳能电池阵列接收阳光较少时，可以为探测器提供能源。

计算机系统：探测器搭载的计算机芯片为一块增强抗辐射的 32 位 RAD6000 处理器。用于当探测器无法与地球通信时进行数据的存储。计算机的存储空间为 128 兆字节。其中 20%的存储空间用于存储飞行系统软件。操作系统为嵌入式系统 VxWorks。

探测器所携带的科学仪器

“星尘”号探测器携带的科学仪器有五个：

(1) 导航相机(navigation camera，NC)：该相机用于在探测器飞越威尔特二号时拍摄该彗星的彗核。相机本身只能拍摄黑白图像，通过滤镜实现拍摄彗星的伪彩色图片。通过不同相位角的拍摄可以对目标彗星进行三维建模以便更好地了解彗星的起源、形态以及彗核表面的物质分布。导航相机沿用了“旅行者”号的广角镜头，通过角度变化来避免被粒子撞击受到破坏[45]。相机如图 5-26 所示。

图 5-26 “星尘”号探测器搭载的导航相机

(2) 彗星及星际尘埃分析仪(cometary and interstellar dust analyzer,CIDA):尘埃分析仪是一个可以实时观测分析样本成分和元素组成的质谱仪。粒子进入仪器后撞击银质圆盘,通过管道进入测量装置。测量装置通过测量每种离子进入仪器穿过管道的时间来检测大多数的单个离子。该仪器与织女星任务的仪器相同,如图 5-27 所示。

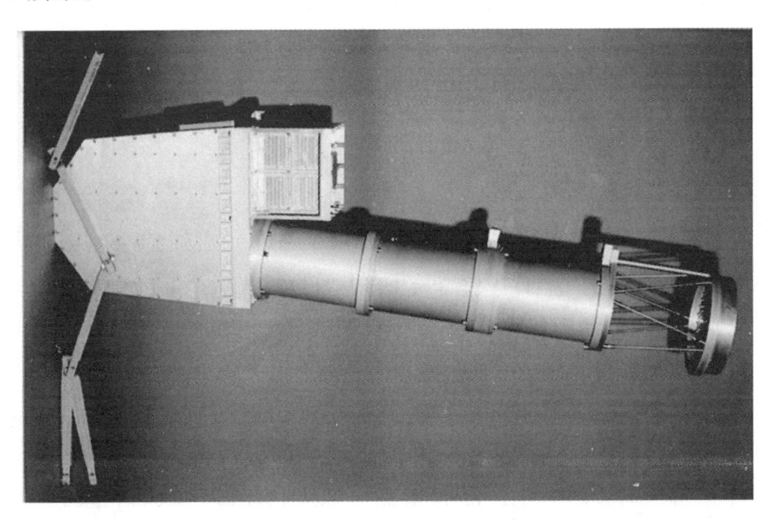

图 5-27 彗星及星际尘埃分析仪

(3) 尘埃通量检测仪(dust flux monitor instrument,DFMI):安装在探测器前部的惠普尔防护罩上,其传感器可以提供威尔特二号彗星附近环境微粒的流量和大小分布。该仪器是通过小到几微米的高能粒子撞击特殊极化塑料产生的电脉冲来记录数据。总重 1.761 千克,功率 1.8 瓦,如图 5-28 所示。

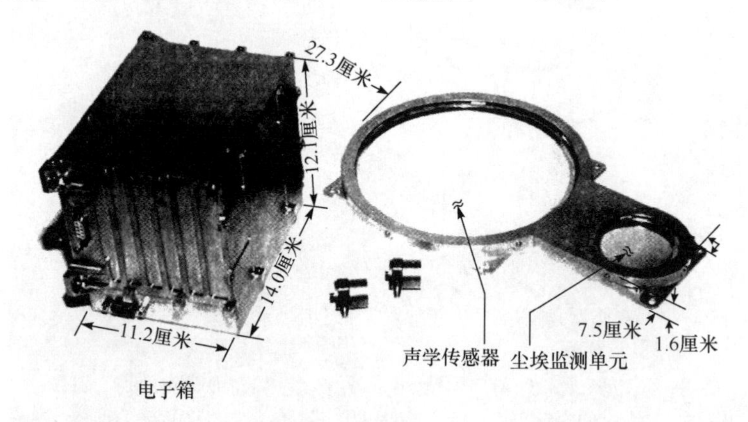

图 5-28　尘埃通量检测仪

(4) 星尘样品收集器(stardust sample collection,SSC):收集器采用了低密度、惰性、多孔的硅基气凝胶材料在探测器穿过威尔特二号的彗发时收集尘埃样本。在收集样本完成后,收集器进入样本返回舱等待再入地球大气。样本返回舱会返回地球表面供科学研究。该仪器如图 5-29 所示。网球拍大小的收集器包含了 90 个气凝胶分区,提供超过 1000 平方厘米的表面区域用以收集尘埃样本。为了避免损坏样本,使用了疏松多孔类似海绵结构的硅基固体,其内部 99.8%的体积是空的。当一个粒子撞击到气凝胶上时,会被埋入气凝胶材料,产生一个长度约是粒子本身长度 200 倍的空腔。气凝胶安装在样本返回舱的铝制格子中。

(5) 动态科学实验装置(dynamic science experiment,DSE):该仪器利用 X 波段远程通信系统对威尔特二号进行实验,测定该彗星的质量。也可利用该仪器中的惯性测量单元估计较大粒子对探测器的碰撞效果[46]。

任务飞行过程

1999 年 2 月 7 日 21 时 4 分 15 秒,“星尘”号探测器在美国佛罗里达州卡纳维拉尔角空军基地 17 号发射场由 Delta-Ⅱ火箭发射升空。火箭持续工作 27 分钟,直接将探测器送入绕日轨道。

2000 年 3 月～5 月,星尘样品收集器测试,部分气凝胶进行星际尘埃收集。

2000 年 11 月 15 日,“星尘”号探测器飞越地球进行引力加速。

2002 年 7 月～12 月,星尘样品收集器再次进行星际尘埃的收集。

2002 年 11 月 2 日,“星尘”号从 3079 千米处飞越小行星 5535,并拍摄了照片,

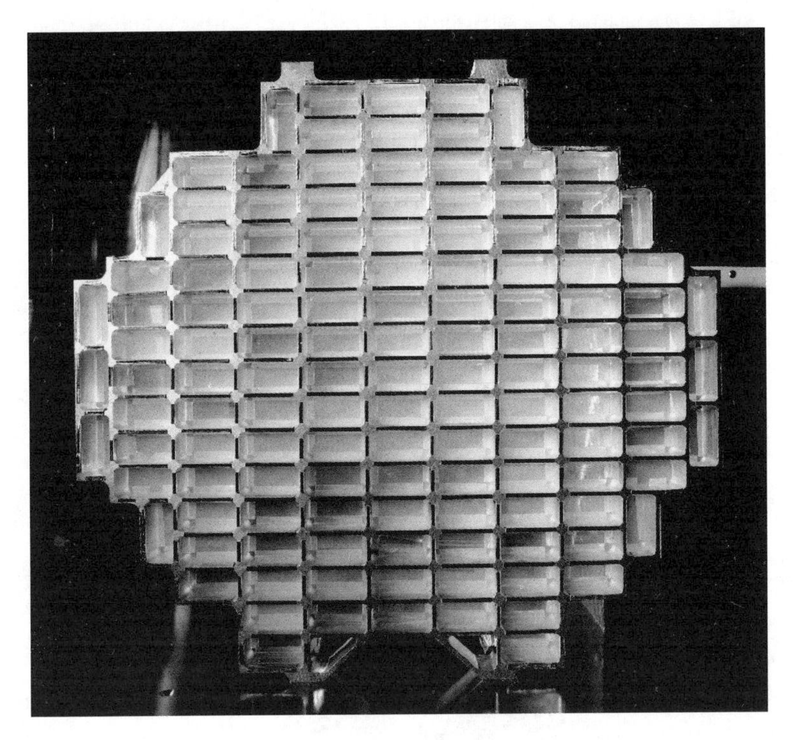

图 5-29 星尘样品收集器

如图 5-30 所示。此次飞越也是一次为与彗星威尔特二号交会进行的工程测试。

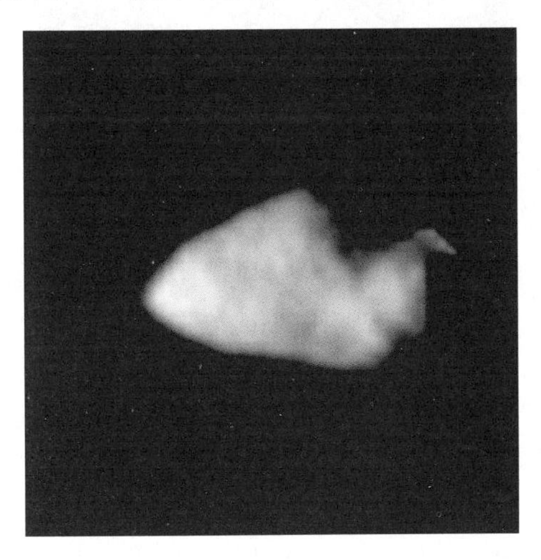

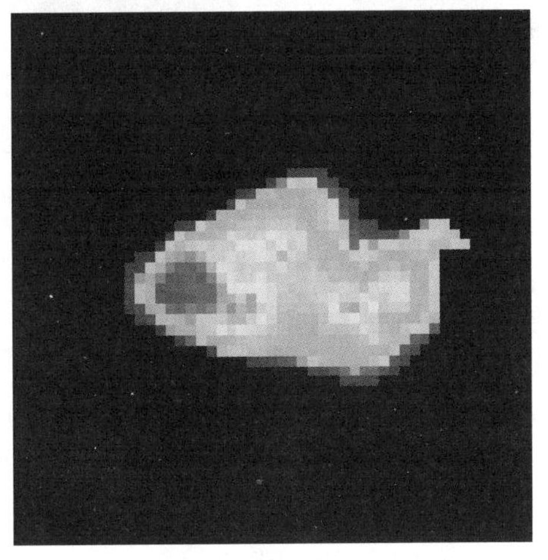

图 5-30 “星尘”号探测器拍摄的小行星 5535 图片,右侧为伪彩色图(后附彩图)

2004 年 1 月 2 日,“星尘”号在 237 千米处,以 6.1 千米/秒的相对速度飞越目标彗星威尔特二号。“星尘”号成功地收集了彗星尘埃,并拍摄了彗星的图片,如图 5-31 所示。原计划将飞掠距离设定为 150 千米，考虑到该距离上的飞掠可能与较大的彗星尘埃碰撞损坏探测器，所以增加了飞掠距离。

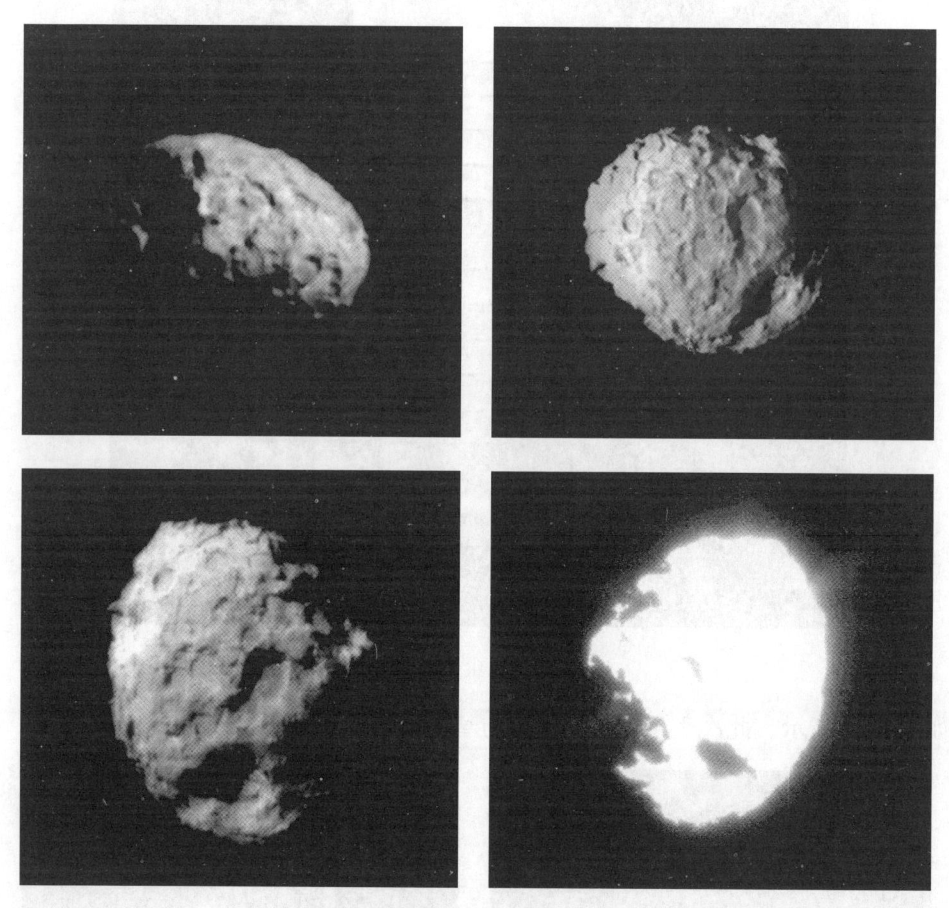

图 5-31　“星尘”号探测器拍摄的威尔特二号彗星图片(后附彩图)

2006 年 1 月 15 日，“星尘”号探测器再次飞越地球，样本返回舱成功与探测器主体分离并再入地球大气。返回舱以 12.9 千米/秒的速度进入大气层，这是当时人造物再入大气的最高速度。最后返回舱落入美国犹他州实验与训练靶场。样本返回舱速度由马赫数为 26 降至亚音速历时 110 秒，最大加速度达到了 34 倍地球重力加速度，热防护罩在再入过程中达到了 2900 摄氏度的高温。最后时刻返回舱打开降落伞，降落在美国陆军犹他州训练基地，然后返回舱搭载军用飞机从犹他州转移到了位于得克萨斯州休斯敦的埃林顿空军基地。随后通过公路运送到了休斯敦约翰逊空间中心行星物质馆进行分析。

图 5-32 为“星尘”号探测器在任务过程中的飞行轨迹。

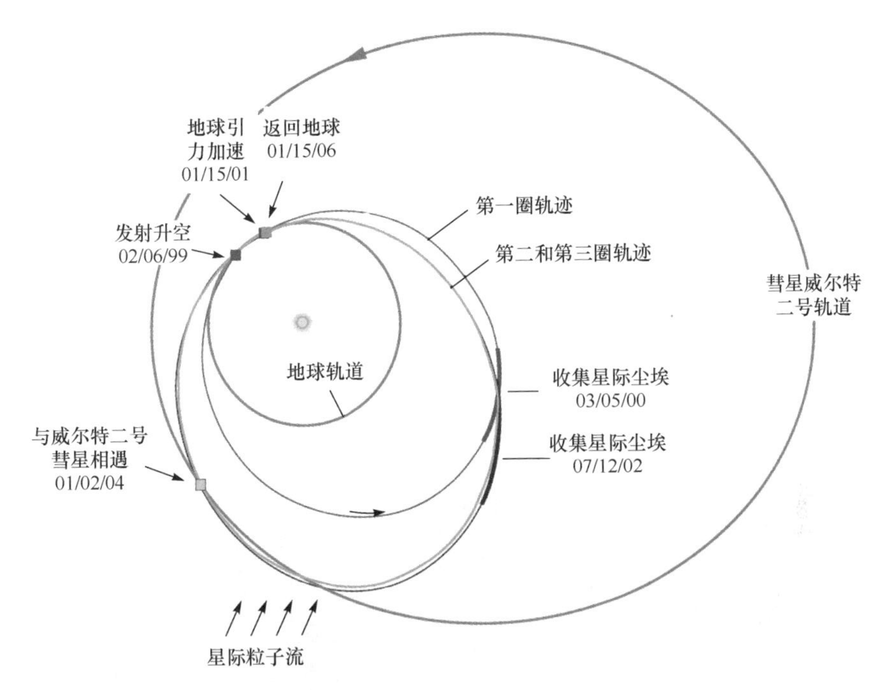

图 5-32　“星尘”号探测器的飞行轨迹

“星尘”号探测器的拓展任务

2006 年 3 月 19 日，“星尘”号探测器科学团队宣布他们在考虑让探测器执行拓展任务——拍摄彗星坦普尔 1 号。该彗星是 2005 年“深度撞击”任务的目标彗星。由于“深度撞击”在彗星表面激起大量尘埃，该任务没有在后期成功拍摄目标彗星的照片，因此“星尘”号探测器拓展任务对其拍摄图像非常重要。2007 年 6 月 3 日，“星尘”号探测器拓展任务正式确定，命名为“NExT”。该拓展任务将提供彗星近距离接触太阳后的第一手观测资料，也会提供坦普尔 1 号彗星的表面测绘地图，为彗星表面地质学的研究提供资料。该拓展任务将耗尽“星尘”号探测器的剩余燃料，这意味着星尘号探测器的生命将在拓展任务结束后走到尽头。

这次拓展任务的主要科学目标如下：

(1) 研究目标彗星坦普尔 1 号两次经过近日点时，其表面和轨道的变化。增加人们对彗星表面演化的了解。

(2) 拓展坦普尔 1 号彗核的几何图像，更多地了解目标彗星彗核的自然分层，完善坦普尔 1 号彗核的结构模型，加深了解其彗核的结构与形成过程。

(3) 加深了解彗星表面沉积物、活动区域和暴露在外的水冰。

次要科学目标包括：

(1) 拍摄2005年6月“深度撞击”任务在彗星表面形成的撞击坑，更好地了解坦普尔彗星彗核的结构和机械属性，并试图解释坦普尔1号表面其他陨石坑的形成。

(2) 通过尘埃通量检测仪测量坦普尔1号的彗发尘埃颗粒密度和质量分布。

(3) 使用彗星及星际尘埃分析仪分析彗发尘埃颗粒的成分。

2011年2月15日，“星尘”号探测器在距离坦普尔1号181千米处经过，其间拍摄了坦普尔1号彗星照片72张。图5-33为“星尘”号拍摄的坦普尔1号彗星图片。“星尘”号探测器发现了彗星表面发生的地质变化，拍摄了一部分“深度撞击”没能拍摄到的部分。观测了“深度撞击”任务撞击地点，虽然该探测器仰面朝天地躺在撞击坑中很难被发现。

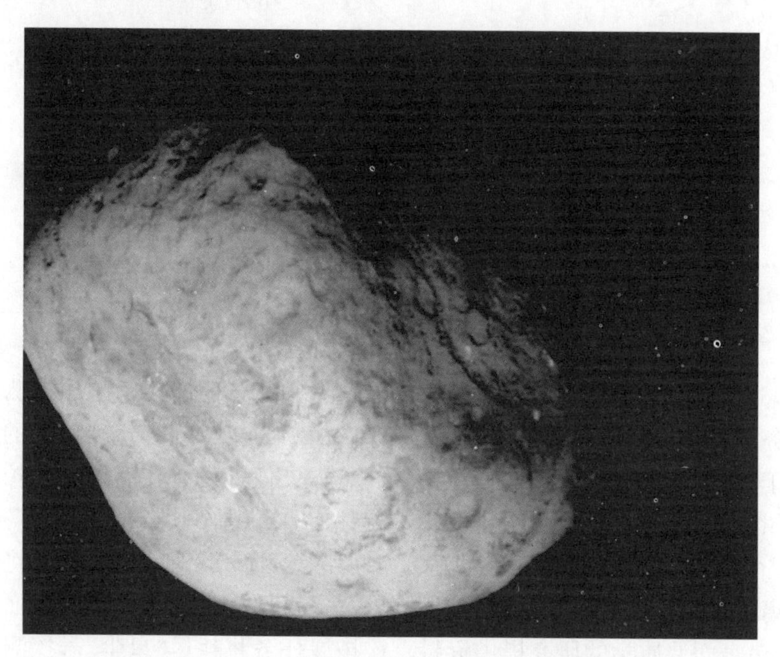

图5-33　“星尘”号拍摄的坦普尔1号彗星

2011年3月24日，观测坦普尔1号后不久，“星尘”号探测器耗尽了燃料。“星尘”号探测器的天线失去目标指向，通信装置关闭。“星尘”号消失在了3.12亿千米外的茫茫太空中。

“星尘”号的科学成果

初步估计“星尘”号探测器送回的样本返回舱中包含了一百万个尘埃微粒，10个0.1毫米以上的样本颗粒，最大的颗粒约1毫米。在收集器内估计发生了45次星际尘埃的撞击。

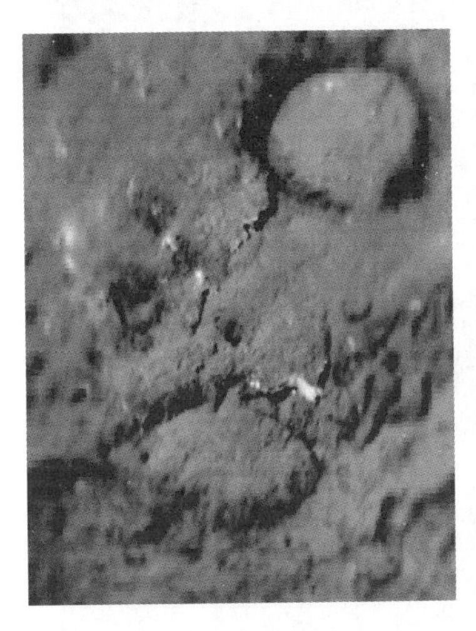
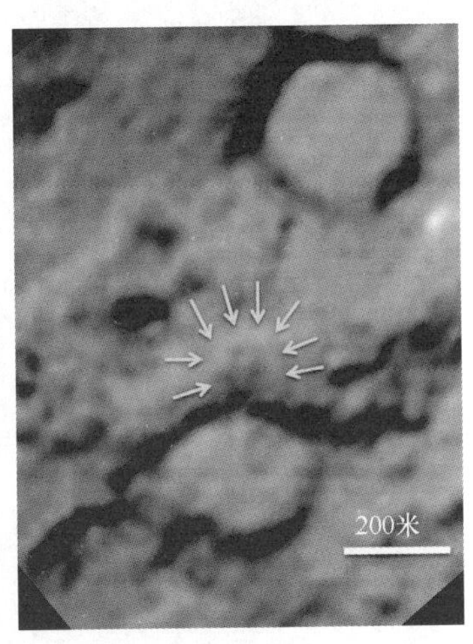

图 5-34　坦普尔1号彗星在撞击前(左)与撞击后(右)

2006年七篇讨论“星尘”号探测器所采集样品的学术论文发表在了《科学》杂志上。科学家在“星尘”号采集到的样本中发现了若干种有机化合物,其中甚至包括两种生物可用的氮化合物;在彗星上发现的脂肪烃的链要比在星际介质中所发现的更长,另外发现了除透明硅酸盐之外的大量无定形硅酸盐,包括橄榄石和辉石等,这证明了太阳系与星际尘埃的组分一致性。未发现含水硅酸盐和碳酸盐矿物则意味着彗星尘埃中缺少水合过程,送回的样品中还发现了极少的碳氢氧氮单质。

2009年,NASA的科学家宣布星尘号探测器返回的样品中发现威尔特二号彗星上存在构筑生命大厦的基本化学物质——甘氨酸。此前,科学家已经在陨石中发现了甘氨酸,并在星云中观测到了甘氨酸的存在。这是第一次在彗星中发现甘氨酸,同位素分析显示晚期重轰炸期以及彗星碰撞发生在地球形成后生命演化开始前。NASA天体生物研究所的科学家认为彗星上发现甘氨酸是构筑生命的基本元素普遍存在于宇宙中这一想法的重要支撑[47]。

2011年4月,亚利桑那大学的科学家发现了威尔特二号彗星存在液态水的证据。他们发现了铁、硫化铜等无机化合物,这些化合物的形成必须有液态水的参与。该发现打破了人们认为彗星不可能具备存在液态水的温度的传统思维。

5.1.6　小行星采样返回任务:“隼鸟”一号探测器

“隼鸟”一号(图5-35)原名Muses-C,是日本宇宙航空研究开发机构的小行星探测计划。这项计划的主要目的是将“隼鸟”一号探测器送往小行星25143(又名“糸川”,Itokawa),并将采集到的样品送回地球[4]。

“隼鸟”一号于2003年5月升空,并于2005年9月12日抵达“糸川”的附近。

图 5-35 “隼鸟”一号

“隼鸟”一号在 11 月 20 日花了 30 分钟尝试操作设备着陆并采集样品，但没有成功。在 11 月 25 日做了第二次着陆和采集样品的尝试。“隼鸟”一号在 2007 年 4 月离开小行星后，于 2010 年 6 月 13 日深夜返回地球，且将样品的返回舱降落在澳大利亚南澳大利亚州的乌美拉(Woomera)[4]。

“隼鸟”一号在宇宙中旅行了七年，飞行了约 60 亿千米的路程。这是人类第一次对对地球有威胁性的小行星进行物质收集的研究，也是第一个把小行星上的样品带回地球的任务。

飞行任务

“隼鸟”一号于 2003 年 5 月 9 日发射升空。原计划于 2007 年 6 月返回地球，但由于怀疑探测器的燃料泄漏，延后三年于 2010 年 6 月 13 日 22 时 51 分(日本时间)，完成任务的“隼鸟”一号在 3 小时前与返回舱分离，跟随返回舱一同冲入大气层，结束了七年的任务。其实直到最后一刻，“隼鸟”一号的工作人员都还在试图按照原定计划，分离样品返回舱之后即调整轨道让“隼鸟”一号脱离地球引力到特定轨道待机，不过最终为了确保样品返回舱不会因为姿势问题偏离目标地点太远，还是只能忍痛让“隼鸟”一号飞进大气层烧毁[4]。

“隼鸟”一号虽数次遭遇故障，导致返回时间比原计划推迟了三年，但它完成了包括在小行星近距离探测、着陆、采样和返回地球在内的多项既定任务，成为人类深空探测史上的一座丰碑。

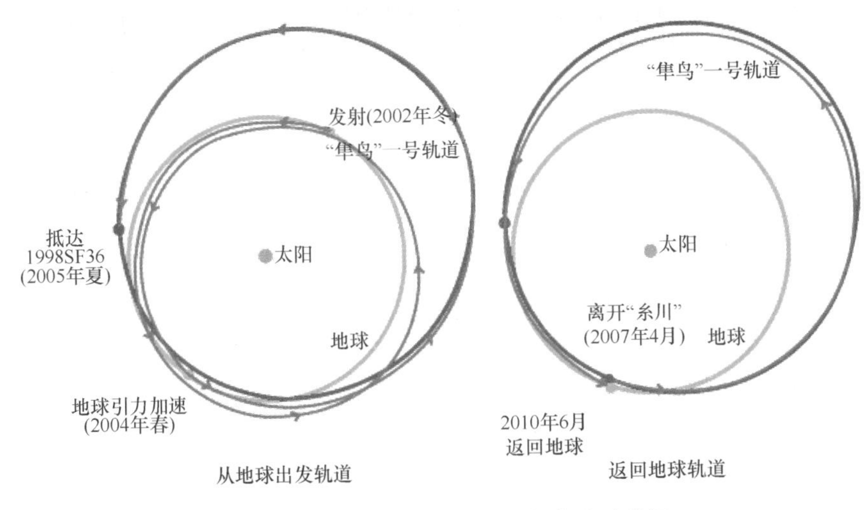

图 5-36　“隼鸟”一号探测器飞行轨迹示意图

“隼鸟”一号的工程任务，是实现在小行星“糸川”上着陆、采样并返回地球的过程，并对这一过程中所用到的各项技术进行验证，主要包括四项关键技术：

(1) 用于星际巡航的离子电推进技术；

(2) 基于光学测量的自主制导和导航技术；

(3) 极微重力环境下的样品采集技术；

(4) 沿星际轨道直接返回的返回舱回收技术。

其他应用的新技术还包括：双组元推进系统的小推力反作用控制系统、X 波段上/下行链路通信、CCSDS 遥测装置、仪器/电源保护热控电子装置、锂离子电池以及多功能太阳能电池等。

“隼鸟”一号的科学任务是在与小行星“糸川”交会期间，利用可见光摄像头、轻型无线电探测与定位设备(LIDAR)、X 射线及近红外光谱仪等仪器及微型跳跃机器人(NINERVA，密涅瓦)对其进行近距离观测、现场物质分析和样品采集。

“隼鸟”一号在执行探测任务时碰到种种问题，探测器故障不断，但最终都在全体工作人员的努力下一一克服[4]。

(1) 2003 年 10 月末到 11 月初：遇到太阳风暴，虽然防护能力足够，但这场太阳风暴还是对任务造成了一点影响，发生了太阳能电池输出减弱以及内存单粒子翻转事件(single event upset)，所幸不影响任务进行[48]。

(2) 2005 年 7 月 31 日：X 轴姿态控制装置发生故障无法使用，改由化学辅助推进器与两轴姿态控制装置勉强控制。由于“隼鸟”一号的姿态控制系统是从美国某公司买的，故日本科学家认为美国公司给的是瑕疵品。事后查明是姿态控制系统因为经受不住 M-V 火箭发射时的强烈振动而损坏[48]。

(3) 2005 年 11 月 12 日：放出探测器 MINERVA 失败，18 小时后通信中断。MINERVA 探测器是搭载于“隼鸟”一号上的超小型探测器。跟大部分系统是自动操作不同，MINERVA 的释放系统是手动操作的，因此当地球方收到数据认为可以放出的时候，“隼鸟”一号却刚好发现有障碍而上升，所以 MINERVA 是在“隼鸟”一号上升途中被放出来的，导致释放任务失败。但是在失去信号的 18 小时期间，MINERVA 的系统确实处于正常运作的状态[48]。

(4) 2005 年 11 月 20 日：“隼鸟”一号探测器软着陆后与地面失去通信约 30 分钟。第一次降落，因为侦测到障碍物而自动停止，之后以 10 厘米/秒的速度再降落，其间因失去通信 30 分钟，地面站无法确定是否降落在“糸川”小行星上。由于降落时着陆终止模式无法解除，用来撞击岩石的子弹无法发射。因此，无法按照原计划采样，但样品舱可能采集到着陆时地面扬起的灰尘[48]。

(5) 2005 年 11 月 26 日：“隼鸟”一号第二次降落后燃料外泄，导致姿态失去控制，采取了排放氙气燃料的措施恢复探测器姿态控制。“隼鸟”一号计划需要 40 千克氙气燃料，实际携带了 66 千克，因此才有多余的燃料直接排出，进行探测器的姿势控制。“隼鸟”一号在探测器姿态控制方面使用了大约 9 千克的氙气燃料。

(6) 2005 年 12 月 9 日：“隼鸟”一号探测器由于姿态问题，通信天线无法指向地球，导致探测器通信中断。同样的，通过直接排放离子推进器燃料控制探测器姿态的方法，“隼鸟”一号恢复了与地面的通信，但由于通信中断期间错过了返回地球的窗口，探测器返回地球的日期只能向后推迟三年[48]。

(7) 重新取得联系时 11 个电池中 4 个无法使用、化学燃料无法使用。“隼鸟”一号使用防护回路进行充电，并利用太阳光压与离子发动机进行姿态控制。“隼鸟”一号的系统在这么多问题下，不仅用来辅助控制姿态的化学燃料已经几乎外泄完毕，电池也已经几乎不能使用，而且维持姿态稳定的 X 与 Y 两轴的姿态控制装置也已经无法使用。

(8) 进入返回地球轨道时剩下的离子发动机失效，推力不足无法在原定期限内回到地球，在这种情况下，科研人员将其中两部失效发动机中能利用的部分重新组合[48]。这是因为离子发动机分为两个部分：离子源与中和器，其中离子源会放出带正电荷的离子，中和器会放出带负电荷的离子，两者被排出并中和为正常的原子时，产生反作用力。所以一旦其中一个部分发生故障，发动机也就等于失效了，2009 年，“隼鸟”一号遇到四个发动机都超过启动极限的情况。本来发动机无法单独启动某一部分，但正是因为“隼鸟”一号发动机负责人国中均教授的坚持，加上可以启用的备份回路，成为突破困境的关键。因为由两个离子发动机零件组合成单个发动机在地面上无法测试，所以工作人员只能从氙气燃料减少量与“隼鸟”一号自身的速度来确定这项修改是否成功。而且这样两个离子发动机同时启用的状况下，虽然实际产生的推力接近一个离子发动机，但“隼鸟”一号的系统并没有设定单独启动部分装置的功能，因此同时启动两个发动机，虽然因为接近地球而不需要考虑电力不够的问题（不过“隼鸟”一号还是为此关闭了许多装置），但也要针对同时启动两个故障发动机可能造成探测器温度上升的问题采取措施。

探测器系统

“隼鸟”一号为盒状（1.6 米×1.0 米×1.1 米）三轴稳定探测器，发射时重 485.9 千克，包括 67 千克 NTO/N_2H_4 和离子发动机的 64.5 千克氙。两块面积各为 5.5 平方米的太阳能电池阵在距太阳 1 天文单位处能产生 2.6 千瓦的电力。如图 5-37 所示。

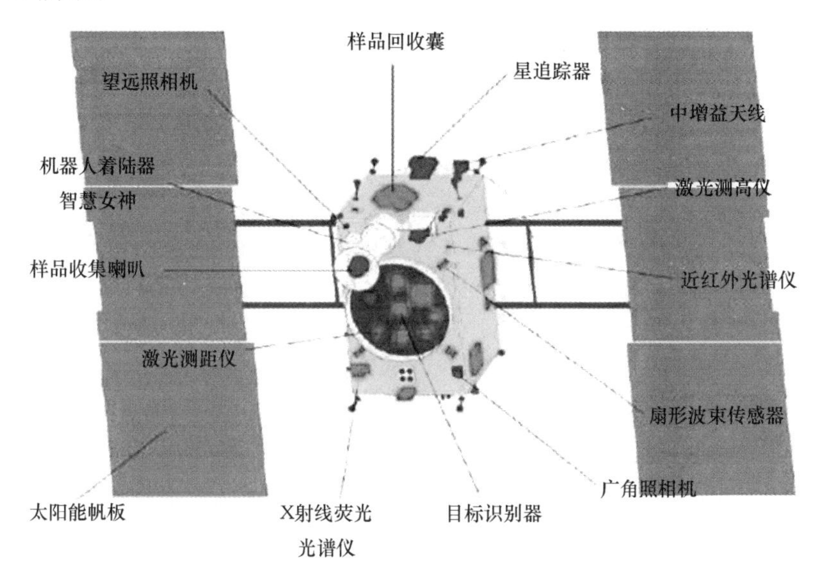

图 5-37　“隼鸟”一号探测器部件组成

“隼鸟”一号探测器包括结构、热控、通信、电源、数据处理、姿态轨道控制、小型火箭推进器、电推进离子发动机、飞行任务、采样器等分系统，并携带了多种科学载荷仪器以及微型机器人着陆器和样品返回舱。

“隼鸟”一号上的科学载荷包括可见光相机、激光高度计（optional laser altimeter）和测距仪、X 射线荧光光谱仪和近红外光谱仪等，在与小行星交会期间，主要负责探测小行星的物理性质（如大小、质量、密度、形状、旋转状态及可能存在的磁场），以及表面成分和结构（如化学元素及矿物质成分、地质构造、地形地貌及表面的撞击坑密度等）。部分系统介绍如下。

1. 姿态轨道控制系统

“隼鸟”一号的姿态轨道控制系统包括姿态控制传感器、导航传感器、轨道控制装置和导航装置，采用三轴稳定方式，以确保“隼鸟”一号在轨运行过程中的姿态稳定，太阳能帆板能准确指向太阳，高增益天线和科学仪器指向小行星，同时，“隼鸟”一号上还备有冗余备份系统，具有自适应、自诊断、故障隔离及结构重建功能，以确保控制精度。“隼鸟”一号上专门研制的锂离子电池内采用双重电容器，可确保在飞往小行星的两年时间内，承受极低温而不会引起性能恶化。

2. 通信和电源系统

探测器通信系统采用X波段和S波段，拥有一个固定的高增益天线，直径1.5米，功率20瓦；另外还装有中增益和低增益天线。砷化镓太阳能电池帆板面积约为12平方米，可产生700千瓦电力。蓄电池容量为15安培时。

3. 推进系统

“隼鸟”一号的主推进系统采用目前最先进的电推进离子发动机技术，它不同于通常使用化学燃料的火箭发动机，而是通过太阳能电池发电产生微波，将作为推进剂的惰性气体原子氙经过电离室被分解为正、负离子，带正电的离子流在静电场力作用下加速形成射束。离子射束与中和器发出的电子耦合形成中性的高速束流，喷射而出产生反作用推力。

“隼鸟”一号共配4台8毫牛电推进离子发动机，比冲约为2900秒，均安装在装有万向架的台面上。通常使用三个，余下那个作为备用发动机待命。

“隼鸟”一号的实际工作寿命长达7年，任务期间发动机工作超过40000小时，共提供了约4.3千米/秒的速度增量。“隼鸟”一号的巡航轨道如图5-38左图所

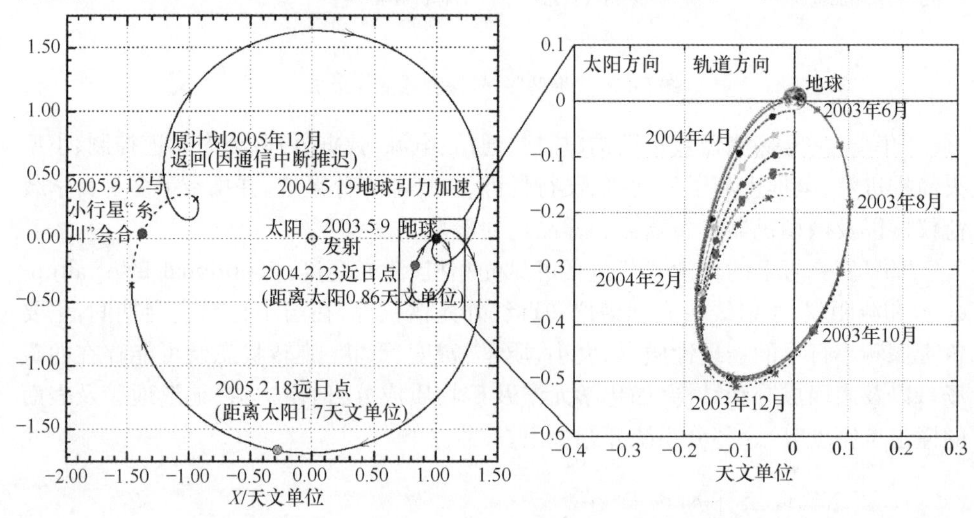

图5-38　由离子发动机推进形成的轨迹演变

示。图 5-38 右图显示了在离子发动机作用下的轨道改变情况。探测器沿发射后的最初轨道并不能准时返回地球，在飞行过程中多次利用离子发动机进行调整，一方面使得探测器进入借力轨道追上地球，另一方面提高探测器与地球的相对速度。

4. 取样装置

如图 5-39 所示有三种取样方式。"隼鸟"一号采用第三种方式，当"隼鸟"一号降临"糸川"小行星表面时，探测器腹部下突出的取样装置(如图 5-39(c)所示，对准选定的取样点)内有一个发射枪。将一枚质量为几克的金属"子弹"以 300 米/秒的速度射向小行星表面，使遭撞击的小行星表面破碎，碎片飞溅起来。这些飞溅的碎片被吸入取样装置中的一个喇叭口形状的容器内，然后转移到样品返回舱内。

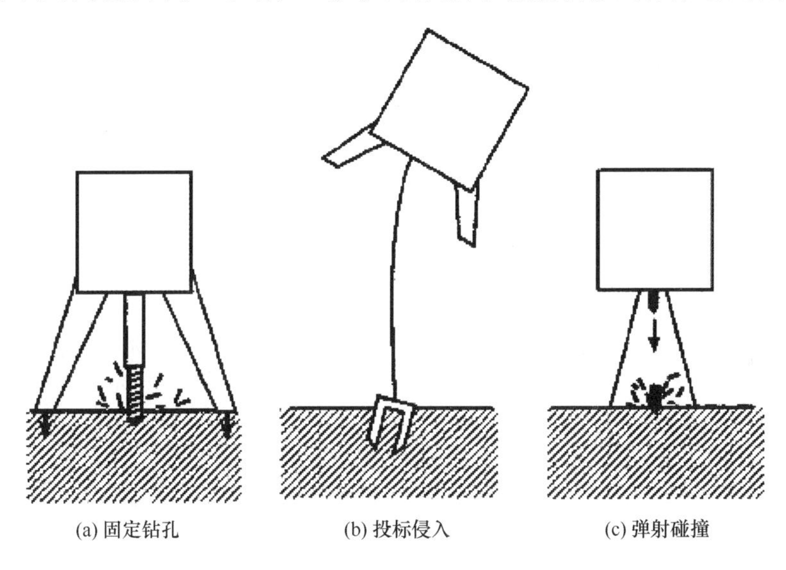

图 5-39　三种取样方式

技术成果

(1) 实现微波放电式离子发动机作为主推力，通过自主导航完成在地球—小行星—地球(地球借力)的飞行，掌握了探测器往返地球和小行星的飞行技术。

(2) 掌握了利用光学敏感器进行自主导航的技术。

(3) 掌握了在微重力环境下对小行星进行样品采集的技术。

(4) 掌握了探测器从小行星上采集样品并将其装入密封舱内，在地面回收的技术。

(5) 掌握了利用微波放电式离子发动机的微小推力与借力飞行相组合的方式，进行小行星探测的轨道控制技术。

科学成果

(1) 通过观测、采样和分析,了解在地球轨道附近的微小(其大小不超过几百米)的S型小行星所具有的主要特征。

(2) 进一步了解小行星和陨石之间的关系。

(3) 利用所搭载的科学仪器进行了观测,了解了小行星“糸川”的形状、结构。通过对采样的分析,得出小行星“糸川”的物质组成,可进一步加深对小行星形成和演化的理解[49]。

5.1.7 小天体飞越任务汇总

自1991年至今,人类共进行了12次小行星飞越任务,其中9次成功,1次部分成功,2次失败。具体情况见表5-3[50]。

表5-3 小行星飞越任务汇总

目标	航天器	国家或地区	时间	类型	状态	备注
951 Gaspra	“伽利略”号	美国	1991/10/29	飞越	成功	飞往木星,最小距离1900千米
243艾女星	“伽利略”号	美国	1993/8/28	飞越	成功	飞往木星,最小距离2400千米,发现首颗小行星卫星Dactyl
1620地理星	“克莱门汀”号	美国	1994	飞越	失败	设备故障,任务取消
253梅西尔德星	“会合-舒梅克”号	美国	1997/6/27	飞越	成功	飞往433 Eros,最小距离1200千米
9969 Braille	“深空”1号	美国	1999/7/29	飞越	部分成功	由于指向误差没有拍摄到图像
2685 Masursky	“卡西尼”号	美国 欧洲 意大利	2000/1/23	远距离飞越	成功	飞往土星
5535 Annefrank	“星尘”号	美国	2002/11/2	远距离飞越	成功	飞往彗星81P/Wild
132524 APL	“新视野”号	美国	2006/6/13	远距离飞越	成功	成功飞越冥王星
2867 Šteins	“罗塞塔”号	欧洲	2008/9/5	飞越	成功	飞往彗星67P/Churyumov-Gerasimenko
21司琴星	“罗塞塔”号	欧洲	2010/7/11	飞越	成功	飞往彗星67P/Churyumov-Gerasimenko

续表

目标	航天器	国家或地区	时间	类型	状态	备注
4179 图塔蒂斯	“嫦娥”2 号	中国	2012/12/13	飞越	成功	
2000 DP107	PROCYON	日本	2016/5/12	飞越	失败	2014 年从哈雷 2 号彗星上发射,因离子推进器故障取消

1985 年至今,人类共进行了 20 次彗星飞越任务,其中 12 次成功,1 次部分成功,7 次失败。具体情况见表 5-4[51]。

表 5-4　彗星飞越任务汇总

<table>
<tr><th>目标</th><th>航天器</th><th>国家或地区</th><th>时间</th><th>类型</th><th>状态</th><th>备注</th></tr>
<tr><td>21P/贾可比尼-秦诺彗星</td><td>ICE(formerly ISEE3)</td><td>美国</td><td>1985/9/11</td><td>飞越</td><td>成功</td><td>继续观测哈雷彗星</td></tr>
<tr><td>1P/哈雷彗星</td><td>“织女星”1 号</td><td>苏联</td><td>1986/3/6</td><td>飞越</td><td>成功</td><td>最小距离 8890 千米,此前到访金星</td></tr>
<tr><td>1P/哈雷彗星</td><td>“彗星”号</td><td>日本</td><td>1986/3/8</td><td>飞越</td><td>成功</td><td>距离 151000 千米</td></tr>
<tr><td>1P/哈雷彗星</td><td>“织女星”2 号</td><td>苏联</td><td>1986/3/9</td><td>飞越</td><td>成功</td><td>最小距离 8890 千米,此前到访金星</td></tr>
<tr><td>1P/哈雷彗星</td><td>“先锋”号</td><td>日本</td><td>1986/3/11</td><td>远距离飞越</td><td>部分成功</td><td>最小距离 699 万千米</td></tr>
<tr><td>1P/哈雷彗星</td><td>“乔托”号</td><td>欧洲</td><td>1986/3/14</td><td>飞越</td><td>成功</td><td>最小距离 596 千米,继续观测彗星 26P/Grigg-Skjellerup</td></tr>
<tr><td>1P/哈雷彗星</td><td>ICE(formerly ISEE3)</td><td>美国</td><td>1986/3/28</td><td>远距离观察</td><td>成功</td><td>最小距离 3200 万千米,此前到访 21P/贾可比尼-秦诺彗星</td></tr>
<tr><td>26P/Grigg-Skjellerup</td><td>“乔托”号</td><td>欧洲</td><td>1992/7/10</td><td>飞越</td><td>成功</td><td>此前到访哈雷彗星</td></tr>
<tr><td>45P/本田-姆尔科斯-帕伊杜莎科娃彗星</td><td>“先锋”号</td><td>日本</td><td>1996</td><td>飞越</td><td>失败</td><td rowspan="2">失去联系,此前到访哈雷彗星</td></tr>
<tr><td>21P/贾可比尼-秦诺彗星</td><td>“先锋”号</td><td>日本</td><td>1998</td><td>飞越</td><td>失败</td></tr>
</table>

续表

目标	航天器	国家或地区	时间	类型	状态	备注
55P/坦普尔-塔特尔彗星	“彗星”号	日本	1998	飞越	失败	缺少燃料放弃任务，此前到访哈雷彗星
21P/贾可比尼-秦诺彗星	“彗星”号	日本	1998	飞越	失败	
19P/包瑞利彗星	“深空”1号	美国	2001/9/22	飞越	成功	此前到访 9969 Braille 小行星
2P/恩克彗星	CONTOUR	美国	2003	飞越	失败	发射后很快失去联系
81P/威尔特二号彗星	“星尘”号	美国	2004/1/2	近距离飞越，采样返回	成功	样本在 2006 年 1 月返回，到访 5535 Annefrank 小行星
9P/坦普尔 1 号彗星	“深度撞击”	美国	2005/7/3	飞越	成功	
73P/施瓦斯曼-瓦赫曼 3 号彗星	CONTOUR	美国	2006/6/18	飞越	失败	发射后很快失去联系
6P/德亚瑞司特彗星	CONTOUR	美国	2008/8/16	飞越	失败	发射后很快失去联系
103P/哈特雷二号彗星	“深度撞击”	美国	2010/11/4	飞越	成功	扩展任务
9P/坦普尔 1 号彗星	“星尘”号	美国	2011/2/14	飞越	成功	扩展任务

5.2 进行中的小天体探测任务

5.2.1 小行星采样返回任务：“隼鸟”二号探测器

按照日本政府确定的航天发展计划，小行星探测被确定为深空探测的重点，日本已提出小行星系列探测任务，包括“隼鸟”一号探测任务（探测“糸川”S 型小行星，已经完成任务）和“隼鸟”二号任务（探测 C 型小行星）。“隼鸟”二号（图 5-40）为“隼鸟”一号后续探测器，该探测器将于 2018 年飞抵 1999JU3 小行星，该小行星上可能有含有机物质和水的岩石[5]。该项目由日本航空宇宙研究开发机构(JAXA)负责，日本 NEC 公司负责探测器的研制。

2014 年 12 月 3 日 12 时 22 分，JAXA 和三菱重工在位于鹿儿岛县的种子岛宇宙中心用 H2A 火箭把小行星探测器“隼鸟”二号送上太空[5]，并计划于 2018 年中期到达 1999JU3 小行星，2020 年底完成探测任务并携带采集的样品返回地球。

图 5-40 “隼鸟”二号

“隼鸟”二号探测的 1999JU3 小行星属于 C 型小行星，该小行星被认为含有有机物和水，光谱与碳质球粒陨石的光谱相似，除了不含氢、氦和挥发物之外，其化学组成与原始的太阳星云几乎一样。JAXA 为“隼鸟”二号设定的科学目标是探索太阳系的起源和演化，以及有机物、水是如何生成的。

“隼鸟”二号探测器系统

“隼鸟”二号探测器，长 1 米、宽 1.6 米、高约 1.25 米，重约 600 千克，开发时间约两年半。探测器平台技术和设备大部分继承了日本 2005 年发射的“隼鸟”一号小行星探测器，但进行了改进。它将花费三年半时间，前往 1999JU3 号小行星，预定 2020 年底返回地球[8]。表 5-5 即为“隼鸟”二号的有效载荷汇总表。

表 5-5 “隼鸟”二号探测器有效载荷参数

有效载荷	参数	备注
多波段相机（ONC）	波长：0.4 微米 视场（FOV）：5.7 度×5.7 度 像素：1024×1024 滤波器	继承自“隼鸟”一号，并加以改进
近红外光谱仪（NIRS3）	波长：1.8～3.2 微米 视场（FOV）：0.1 度×0.1 度	继承自“隼鸟”一号，但波长范围提高到 3 微米
热红外成像器（TIR）	波长：82 微米 视场（FOV）：12 度×16 度 分辨率：320×240 像素	继承自日本发射的“破晓”号金星探测器

续表

有效载荷	参数	备注
激光高度计(LIDAR)	测量范围:50～50000 米	继承自“隼鸟”一号,并加以改进
采样器	在“隼鸟”一号采样器的基础上进行了小幅改进	继承自“隼鸟”一号,并加以改进
小型携带撞击器(SCI)	从“隼鸟”二号探测器上释放的小型系统,将在小行星表面形成撞击坑	新研
独立照相机(DCAM3)	视场(FOV):74 度×74 度 观测波长:450～750 纳米	继承自日本的“伊卡洛斯(IKAROS)”试验性太空探测器,并加以改进
微/纳小行星试验机器人(MINERVA)	与“隼鸟”一号类似,其上可能携带相机和温度计	继承自“隼鸟”一号,但进行了大幅改进
移动小行星表面勘察着陆器(MASCOT)	由德国和法国研制	新研

相对于“隼鸟”一号,“隼鸟”二号的改进具体如下:

(1) 天线改为 2 个平面天线,可以确保有更多的带宽传递信息。

(2) 由于预计进行多次样品采集,所以用来指引着陆地点的目标标记球(target marker)从“隼鸟”一号的三个增加为五个。

(3) 搭载的 MINERVA 探测器增加两个,另外也搭载了德国研制的小型表面探测器[48]。

(4) 因为“隼鸟”一号所发生的问题大都是由姿态控制装置发生故障引起的,所以“隼鸟”二号多搭载了一个姿态控制装置备用[48]。

(5) 与“隼鸟”一号定位为测试平台的探测器不同,“隼鸟”二号的定位是纯粹的小行星探测器,所以几乎都是将已经用过的技术稍加改良后使用。

(6) “隼鸟”二号根据“隼鸟”一号在实际使用中的情况,改进了多台离子发动机联合工作的功能[5]。

(7) 离子发动机增加了抗辐射能力,发动机推力由 8 毫牛增至 10 毫牛。

(8) 姿控系统采用的处理器从 20 兆赫兹增至 50 兆赫兹,增加了备用系统。

“隼鸟”二号探测过程

“隼鸟”二号任务将对小行星进行遥感探测,然后先后投入 3 个着陆机器人(着陆器),进行 1 次撞击探测,并在 3 个地点进行样品采集并带回地球,其探测任务过程如图 5-41 所示，主要分为如下步骤：

(1) 飞往 1999JU3 小行星。“隼鸟”二号于 2014 年 12 月发射，探测器与火箭分离后，主要利用离子发动机提供推进动力，通过天体的借力飞行，预计于 2018 年 6 月到达 1999JU3 小行星附近。

(2) 小行星遥感探测。“隼鸟”二号将利用携带的科学有效载荷，包括多波段相机(ONC)、近红外光谱仪(NIRS3)和热红外成像器(TIR)等对 1999JU3 小行星进行遥感探测，并为采样任务做准备。

(3) 着陆探测。“隼鸟”二号将于 2019 年 1 月左右，在距 1999JU3 小行星 100 米处投放着陆机器人 MASCOT，MINERVA Ⅱ-1 和 MINERVA Ⅱ-2。

(4) 撞击探测。JAXA 为“隼鸟”二号采样设计了新方式，即利用小型携带撞击器(SCI)撞击小行星。

(5) 样品采集。“隼鸟”二号将在 1999JU3 小行星的 3 个不同地点进行 3 次采样，比“隼鸟”一号多 1 次。采样过程中以较低的速度接近小行星，直至其上携带的长 3 英尺(0.9144 米)的角状采样器直接与小行星表面接触。采样时，采样器内部气枪以 300 米/秒的速度向小行星表面发射一枚直径 5 毫米、重 5 克的“弹丸”击穿小行星岩石，将溅起的岩石搜集到与存储容器相连的漏斗状装置中。

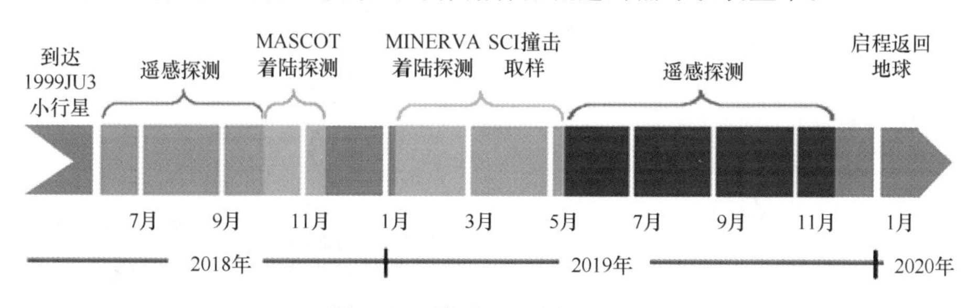

图 5-41　“隼鸟”二号探测过程

5.2.2　小行星采样返回任务：OSIRIS-REx 探测器

OSIRIS-REx 小行星采样返回探测器是美国太阳系“新疆界”系列任务(New Frontiers Program)中的第三个。“新疆界”系列任务发射频率适中，约 36 个月一次。此前同属于“新疆界”系列的探测器有“新视野”号(New Horizons)冥王星探测器和“朱诺”号木星探测器。

OSIRIS-REx 的全称是“源光谱释义资源安全风化层辨认探测器”(Origins, Spectral Interpretation, Resource Identi-fication, Security, and Regolith Explorer)，该项目 2010 年启动。“Osiris”同时也是埃及神话中的丰收之神，意指 OSIRIS-REx 探测器能够顺利采回丰富的样本。首席研究员是美国亚利桑那大学的但丁 · 劳雷塔(Dante Lauretta)。

图 5-42　OSIRIS-REx 任务徽章

OSIRIS-REx 小行星采样返回任务的科学目标主要包括：

(1) 对原始碳质小行星的表面(风化层)样品进行分析，研究小行星的矿物和有机物质的特性、分布以及演化历史。

(2) 对原始碳质小行星进行成像，获取其物理、化学和矿物分布，研究其地质的演变历史，分析所采集到样本的大环境。

(3) 获取采样点风化层的纹理、形态、化学和光谱参数，精度达到毫米级。

(4) 测量近地小行星的轨道演化(雅可夫斯基效应)，研究影响小行星轨道的主要因素。

(5) 归纳总结原始碳质小行星的特点，与地基观测的结果相比较。

截止到 2011 年底，人类已发现小行星超过 55 万颗，其中约有 8000 颗属于近地小行星(NEA)，约 2000 颗与地球存在较大的碰撞可能性(PHA)。按照目前航天器的能力可能完成采样返回任务的约有 300 颗，其中直径大于 200 米的有 27 颗，仅 5 颗属于 C 型小行星(C 型小行星指碳质小行星)。1999RQ36(即贝努小行星)就是其中之一。

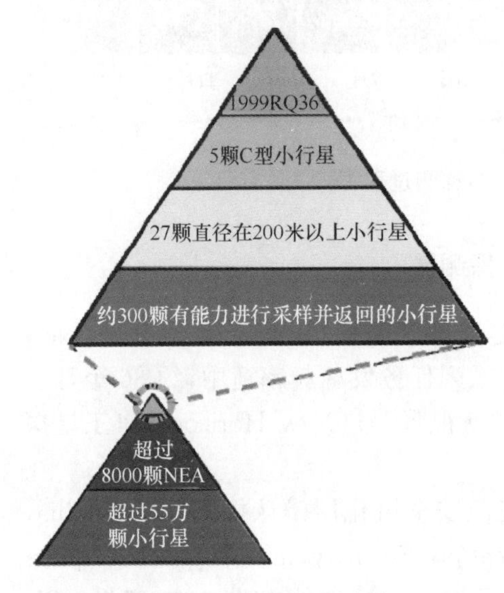

图 5-43　目标选取原则

图 5-44　地面重建的 1999RQ36 外形

1999RQ36 是 1999 年由林肯近地小天体研究小组(LINEAR)发现的阿波罗

型轨道小行星，直径约 550 米，相当于 5 个足球场。小行星反照率 0.03～0.06，表面温度最高 371 开，密度应该大于 0.7 克/厘米^3。1999RQ36 轨道参数见表 5-6。

表 5-6　1999RQ36 轨道参数

名称	参数
远日点	1.356 天文单位
近日点	0.897 天文单位
半长轴	1.126 天文单位
偏心率	0.204
公转周期	436.604 天
轨道倾角	6.035 度

2060 年之前 RQ36 碰撞地球的概率非常低，但它在 2080 年、2162 年和 2182 年与地球碰撞概率显著增高，该小行星是一颗 C 型小行星，公转周期 436.604 天，公转速度 27.6 千米/秒，每 6 年左右接近地球一次。经科学家计算，该小行星在 2182 年与地球相撞的概率为 1/1800。

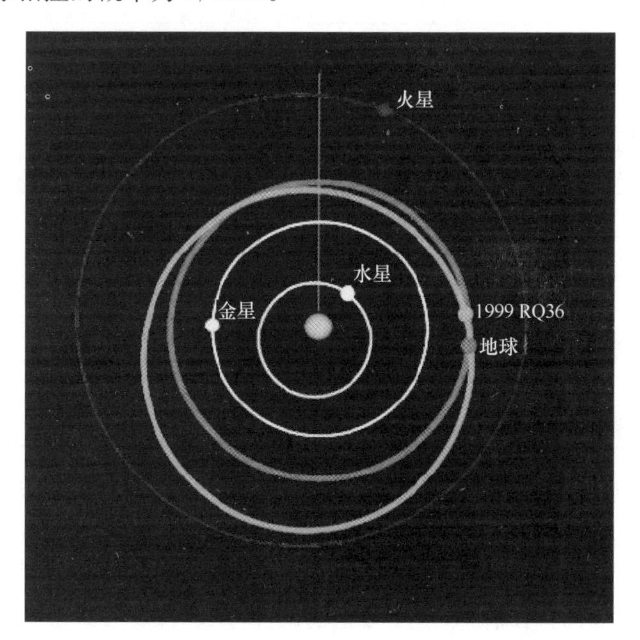

图 5-45　1999RQ36 在太阳系中的运行轨道

OSIRIS-REx 任务从 2010 年规划开始到 2025 年进行样品研究结束，时间跨度超过 15 年。主要时间节点如下：

2010 年 2 月开始立项可行性论证，2013 年 3 月开始初步方案设计，2014 年 4

月开始详细方案设计，2015 年 3 月开始探测器集成与测试，2016 年 9 月 8 日 19 时 05 分发射，2017 年 1 月进行一次深空机动，2017 年 9 月地球借力，2019 年 10 月到达 1999RQ36，2021 年 3 月从 1999RQ36 返回，2023 年 9 月抵达地球，2025 年 6 月样品研究结束。

表 5-7　OSIRIS-REx 任务总体情况

序号	名称	参数	备注
1	探测目标	101955 号小行星 1999RQ36	近地 C 型小行星，PHA
2	探测形式	采样返回	
3	发射时间	2016 年 9 月	
4	到达时间	2019 年 10 月	
5	伴飞时间	505 天	伴飞高度 5 千米 成像精度 0.7 千米
6	返回地球	2023 年 9 月	
7	发射场	肯尼迪航天中心	
8	运载火箭	Atlas V 401	
9	发射质量	1529 千克	
10	本体尺寸	近立方体，边长约 2 米	
11	太阳翼	8.5 平方米	
12	GNC	三轴稳定	四个反作用飞轮、惯导、太敏、星敏
13	采样机械臂	展开长度 3.2 米	
14	返回地点	犹他测试与训练基地	位于美国西部沙漠，隶属美国空军， 曾作为“星尘”号返回地点
15	采样质量	不少于 60 克	
16	返回舱	继承自“星尘”号返回舱	
17	任务经费	10.8 亿美元	含运载火箭约 2 亿美元

OSIRIS-REx 探测器的发射地点是美国卡纳维拉尔角，运载火箭为 Atlas V（宇宙神 5 号）运载火箭。值得一提的是，该型火箭除一次第二节半人马座火箭发动机受到异常信号干扰而提前 4 秒关闭，使得卫星未到达预定高度之外（美国相关部门认为此次发射仍属成功），该型号火箭的 50 余次发射均获得圆满成功。

计划经过 4 年飞行之后，探测器于 2020 年接近近地小行星 1999RQ36。随后探测器将进入距离小行星表面约 4.8 千米的轨道并开始为期 6 个月的详细地表成像。随后，根据获取的详细地表图像，科学家将选择一个附着点，控制探测器靠近小行星表面。经过 1～3 次附着演练后，探测器将采集超过 60 克样本，送入返回舱。返回舱将于 2023 年在美国犹他州着陆。这种返回舱和之前的“星尘”号彗星取样计划中的返回舱相似。

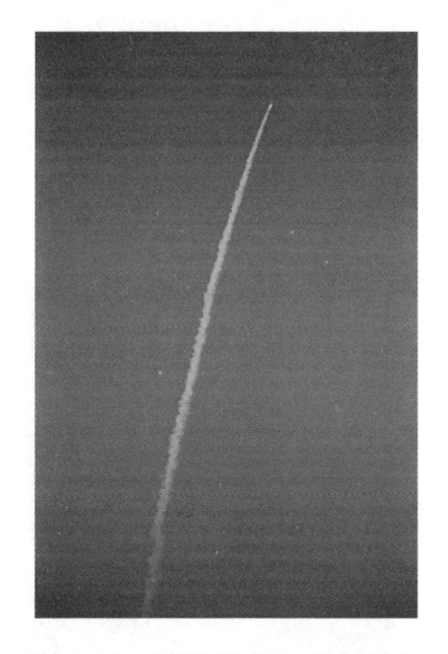

图 5-46　OSIRIS-REx 发射升空

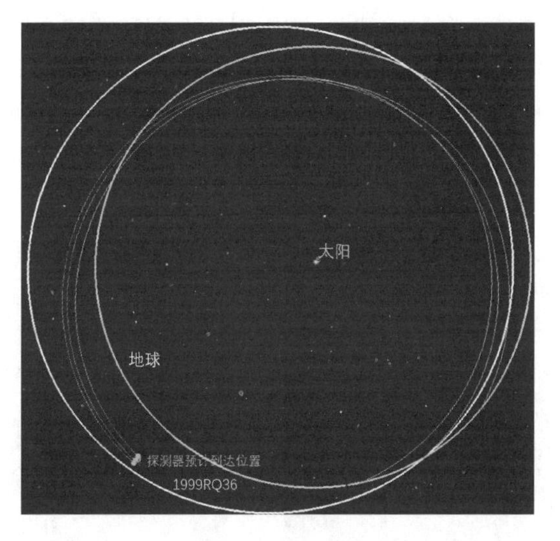

图 5-47　探测器在巡航段飞行轨道

OSIRIS-REx 送回的小行星土壤样本将被运往休斯敦的约翰逊航天中心。在那里将在严格的保护程序下打开并分发给各科学研究机构。

OSIRIS-REx 的总体结构示意图如图 5-48 所示。探测器采用承力筒作为主结构(源自火星勘测轨道飞行器,Mars reconnaissance orbiter),顶板上布置了返回舱和科学载荷。共配置两块 8.5 平方米的太阳帆板,具有二维驱动功能。侧面装有直径 2 米的高增益天线和中增益天线。底面布置了 2 个 200 牛的主发动机。

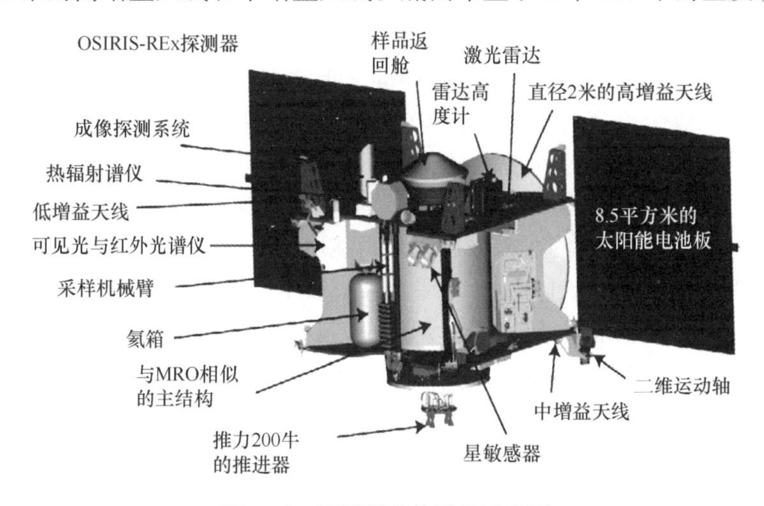

图 5-48　探测器总体结构示意图

为了在附着采样前充分获取 1999RQ36 的物理特性，OSIRIS-REx 探测器共携带了 5 台科学载荷，用于对 1999RQ36 进行遥感探测。主要包括：成像探测系统（OCAMS）、雷达高度计（OLA）、可见与红外光谱仪（OVIRS）、热辐射谱仪（OTES）和风化层 X 射线谱仪（REXIS）。其中成像探测系统包括三个部分：多光谱成像仪（PolyCam）、地表成像仪（MapCam）和采样监视器（SamCam），如图 5-49 所示。

图 5-49　左图：多光谱成像仪；中图：地表成像仪；右图：采样监视器

多光谱成像仪的作用是在远距离对小行星进行首次成像，在距离较近时可以拍摄分辨率为 1 米的小行星表面图像，可用于估算探测器和小行星的相对速度。地表成像仪用来对采样点的地形进行高精度成像，该设备长时间曝光后会增加成像分辨率。采样监视器负责采样过程中的全程监视，分辨率达到了毫米级，采样频率为 1 赫兹。成像探测系统的研制单位是美国亚利桑那大学。

雷达高度计（图 5-50）的功能是获取小行星整体及采样点的地形拓扑图辅助导航与重力场分析。高能模式覆盖 1～7.5 千米高度。低能模式覆盖 500 米～1 千米高度。无防尘功能，因此采样后无法再使用。研制单位是加拿大航天局。

可见光与红外光谱仪（图 5-51）是为了获取小行星矿物和有机物的分布而设计的，在 0.4～4.3 微米的波段对小行星全貌进行成像，在采样点附近的成像精度可达 0.08 米，与热辐射谱仪结合，可用于选择采样点。其研制单位为 NASA。

热辐射谱仪（图 5-52）用来获取小行星矿物和热量分布，观测波段为 4～50 微米，采样频率 0.5 赫兹，精度为 0.25 开，研制单位是亚利桑那大学。

风化层 X 射线谱仪用来获取小行星整体的 X 射线影像，谱段为 0.3～0.5 千电子伏特，分辨率为 4.3～700 米，研制单位是麻省理工学院和哈佛大学。

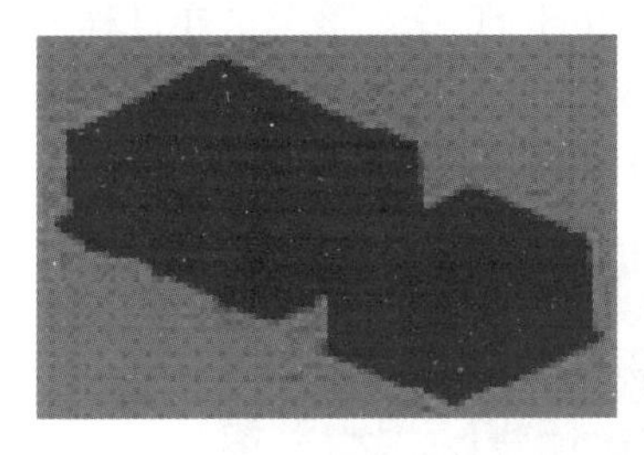

图5-50　雷达高度计

图5-51　可见光与红外光谱仪

图5-52　热辐射谱仪

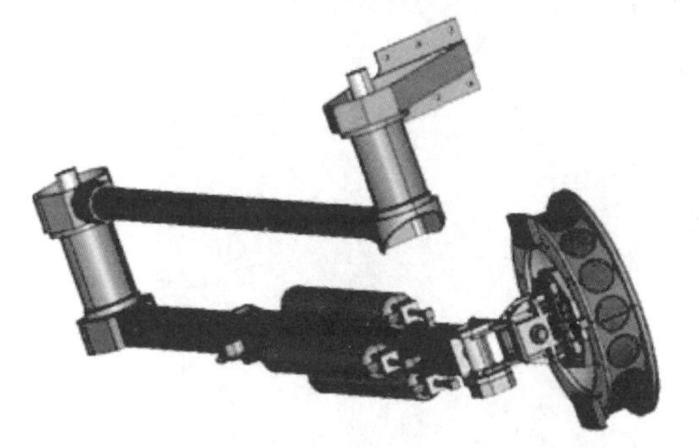

图5-53　采样机械臂示意图

OSIRIS-REx采用了与“隼鸟”号探测器相似的“接触-分离”式采样方式。接

图5-54　采样机械臂头部实验照片

触速度约 0.1 米/秒,采样时间约 5 秒,样品采集量不小于 60 克。整个采样过程都通过相机进行全程监视(每秒 1 帧图像)。OSIRIS-REx 的采样机械臂(Touch-and-Go Sample Acquisition Mechanism,TAGSAM)源自"星尘"号探测器。

图 5-55 探测器采集样品示意图[52]

探测器通过充填氮气来控制机械臂的展开,携带的氮气量共可以支持 3 次采样充填。采样机械臂的头部具有研磨功能,可以采集细微的颗粒。整个采样机械臂的头部将与返回舱一同送回地球。

除了送回 60 克以上的小行星样品以外,探测器在伴飞 1999RQ36 的过程中将传回大量科学数据。其中在环绕段结束后,80%的科学数据已经传回地面。剩余的 20%数据量为着陆点相关数据[52]。

5.3 可能实施的小天体探测任务

探测小天体是一项庞大的系统工程,复杂性很高,其中涉及小天体探测任务的规划、任务流程的设计、探测目标的选定、探测器的设计与研制、科学目标的实现和项目预算的统筹规划等诸多方面的问题。为了实现一次小天体探测,往往需要多个科研机构甚至多个国家联合研制、协同合作。因此,一个小天体探测任务通常要经历多次提出,多次否决,反复论证等一系列复杂流程之后才会上马。本节中详细阐述了“AIDA 计划”“小行星重定向任务”“‘露西’号探测器与‘灵神’号探测器”和“马可波罗计划”四个小天体探测任务，它们或处于论证阶段、或刚刚被否决、或已整装待发，未来都可能付诸实施，在人类的小天体探测史上留下浓墨重彩的一笔。

5.3.1　AIDA 计划

若小行星与地球发生碰撞，将对人类构成致命灾难。为了能够阻止小行星撞击地球，科学家们必须要在正确的时间和地点采取正确的措施才能成功阻止这样的悲剧发生。负责此项计划的欧空局首席科学家帕特里克-米歇尔（Patrick Michel）博士说：“为了保护地球，避免潜在威胁小行星的碰撞，我们必须更多地理解小行星——它们的构成成分、起源，以及受到探测器撞击之后的情况。”

为了研究小行星防御问题，NASA 和欧空局联合提出了 AIDA 计划（the Asteroid Impact and Deflection Assessment Mission）。AIDA 计划包括两个部分：小行星碰撞任务（the Asteroid Impact Mission，AIM）和双小行星偏转试验任务（Double Asteroid Redirection Test Mission，DART）。

任务目标

AIDA 任务的目标星是一个双星系统，对其的雷达和光学观测已经比较充分。其主小行星是 65803 Didymos，直径约 800 米。它有一颗卫星（Didymoon），直径约 170 米，绕飞的轨道半径约 1.1 千米，轨道周期约 11.9 小时，偏心率很小，是一个

图 5-56　Didymos 双小行星的粗略模型

近圆轨道。轨道计算表明，Didymos 不会与地球相撞，此次小行星偏转试验没有撞击地球的风险。

AIDA 计划是由两个"次任务"构成，NASA 负责"双小行星偏转试验任务(DART)"。撞击器(DART)对小行星的卫星进行撞击，并观察这一过程是否导致小行星偏离轨道。欧空局负责"小行星碰撞任务(AIM)"，进入围绕小行星运行的轨道，并观测撞击对于双星系统的动力学影响。进一步研究小行星 Didymoon 的轨道和双小行星的旋转周期，得出该小行星的轨道、自转、尺寸、质量、表面形状等数据，从而提供这颗小行星起源和进化的重要线索[53]。

表 5-8　AIM 的探测目标及相关载荷

参数	相关载荷
大小，形状，质量和密度	光学成像系统激光测高仪
动力学状态(周期，倾角，自转速度，自转轴)	光学成像系统
表面地理特征，浅层内部结构	光学成像系统高频雷达
内部深层结构	低频雷达

AIDA 计划将是研究双小行星系统的第一个太空任务，属于空间态势感知(SSA)项目的一部分。AIDA 计划将首次测试我们是否可以通过探测器碰撞来偏转小行星的轨道。因此，AIDA 计划的主要目标可以归纳为：①验证对威胁地球的小行星实施撞击的能力；②观测撞击产生的效果，确定撞击之后的双小行星系统的周期变化；③确定被撞击地点的地形和地质环境[53]。

探测器系统

AIM 任务将获取双小行星的光学图像，以及双小行星的质量和表面温度、物质成分等特性。此外，AIM 任务将测试一系列新技术，包括深空光学通信，验证立方星和着陆器之间的星间网络[54]。

AIM 任务将携带一系列科学仪器，包括：

(1) 视觉成像相机(VIS)，用于对双小行星的表面成像。VIS 系统是导航、制导与控制(GNC)分系统的一部分，但可以获取双小行星更细致的图像信息，因此也可以被用作遥感仪器。

(2) 单个高频雷达(HFR)，两个低频雷达(LFR)，用于探测小行星的内部结构。使用两个不同频率的雷达，将第一次直接获取小行星的表面信息和内部结构信息。

(3) 立方星(CubeSat，结构形状呈立方体的微小卫星)，通过分布式观测任务，提高返回的观测数据的精度。

(4) 激光通信终端，同时作为激光测距仪，精密确定轨道，另外可以更精确地测定双小行星的质量。

(5) 还包括红外热成像仪、近红外光谱仪及地震波探测器。

图 5-57 AIM 探测器示意图

DART 任务将对目标小行星实施超高速撞击,然后观测撞击对小行星轨道产生的偏转效果。DART 任务将有助于掌握通过撞击来消除小行星威胁的技术[55]。

DART 任务搭载了高分辨率的成像仪,使得撞击能通过目标小行星的中心。同时,还可以用于接近段光学导航和最终段的自主导航。此成像仪由"新视野"号衍生而来。

任务过程

AIDA 任务仍在初步设计阶段,预计 AIM 任务探测器将于 2020 年 10 月发射,之后,DART 任务探测器将于 2021 年 7 月发射。它们将于 2022 年 5 月抵达目标近地小行星 Didymoon。

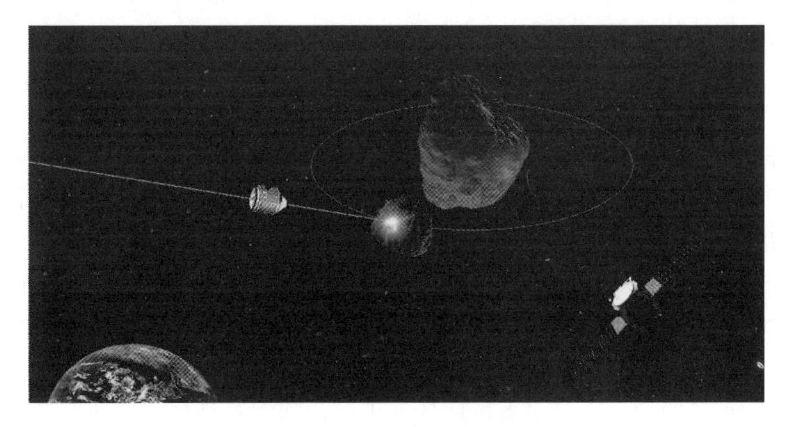

图 5-58 AIDA 任务示意图

抵达小行星后,AIM 任务探测器将绕小行星 Didymos 运行。2022 年 10 月,DART 任务探测器将执行撞击任务。AIM 任务探测器在轨道上观察探测器撞击过程,并记录小行星卫星的轨道发生的变化。同时,该任务还将释放 3 个小型“立方星”测试新技术[56]。

预计撞击器(DART 任务探测器)的质量大于 300 千克,相对撞击速度为 6.25 千米/秒,将会对目标产生 0.4 毫米/秒量级的速度改变。不会对双星系统整体的质心轨道运动产生影响,但是对它们之间的相对运动轨道会产生较大的影响。

DRAT 任务将使用地基观测站对小行星的轨道周期进行观测,以此来得出小行星的轨道数据。根据计算,撞击将对目标星周期改变 0.5%~1%,预计通过数月的观测,误差可以控制在 10%以内[57]。

AIDA 任务是欧空局和 NASA 合作的任务,包含两个相对独立的航天器。如果能顺利进行,将提供大量关于近地小天体防御的信息,有望掌握改变威胁小行星的运行轨道的方法,这有助于避免发生小天体与地球碰撞的灾难[58]。

5.3.2 小行星重定向任务

小行星重定向任务(Asteroid Redirect Mission,ARM)也被称作小行星的取回与利用(Asteroid Retrieval and Utilization,ARU),是 NASA 提出的未来空间任务。目前该任务仍处于早期的计划和开发阶段,小行星重定向任务的探测器(Asteroid Redirect Vehicle,ARV)将会与一个较大的近地小行星交会。利用机械臂从小行星表面夹持一个 4 米左右的鹅卵石并将其取走,运送到稳定的绕月轨道上,以便日后的无人探测器或小行星重定向载人任务(Asteroid Redirect Crowed Mission,ARCM)进行探测分析。如果资金筹集顺利,该任务将在 2021 年 12 月发射升空,在该任务中还会试验行星防御技术和离子发动机等一系列用于未来人类探索太空所需的新技术。

任务目标

小行星重定向计划的主要目标是开发并验证一系列用于人类探索火星或太阳系其他目标的新技术以及实现方案。小行星重定向任务是一个以技术为驱动的任务,而不是以科学为主的任务。

小行星重定向任务作为火星任务的先导任务,可以验证太空拖船项目,该项目在使用太阳能离子发动机技术的情况下,预计可以将火星任务的成本降低 60%。除此之外,在该项目中使用的小行星重定向任务所涉及的探测器将放置在稳定的轨道上等待重复使用。小行星重定向任务中的探测器要具有重新加注燃料多次重复使用的能力,其中为小行星任务特殊设计的载荷要可拆除并可替换为未来任务所需的载荷,在本次任务结束后安置在地月空间轨道以便未来任务使用。

小行星重定向任务还将验证在离开地球引力范围后,由于突发原因探测器返回地球的能力。绕月大幅值逆行轨道连同地月系 $L1$ 点和 $L2$ 点在内,是进出地月系统的重要节点。载人登陆火星任务返航过程中，通过捕获进入绕月大幅值逆行轨道(lunar distant retrograde orbit，LDRO)再转移至“猎户座”飞船，最终返回地球并再入大气层，可以节省数吨质量。

小行星重定向任务将发展把较小的近地小行星送入稳定环月轨道的技术，以便未来“猎户座”载人任务可以进行取样分析。小行星重定向任务还将验证一些行星防御技术，如利用无人探测器改变对地球有潜在威胁的小行星轨道以保护地球。使小行星轨道发生改变的方案有两种：一是抓取小行星直接改变；二是采用引力拖车方案，探测器从小行星表面抓取较大的石块来提高自身质量，然后探测器在小行星的某个方向上运行，通过引力摄动的方法对小行星的位置和速度施加影响，以改变其轨道，如图 5-59 所示，这是小行星重定向项目中验证引力拖车的模拟图，图中小行星即为目标小行星，绿色线是抓取了小行星表面石块后，探测器的运行轨迹，以对小行星施加微弱的引力作用。

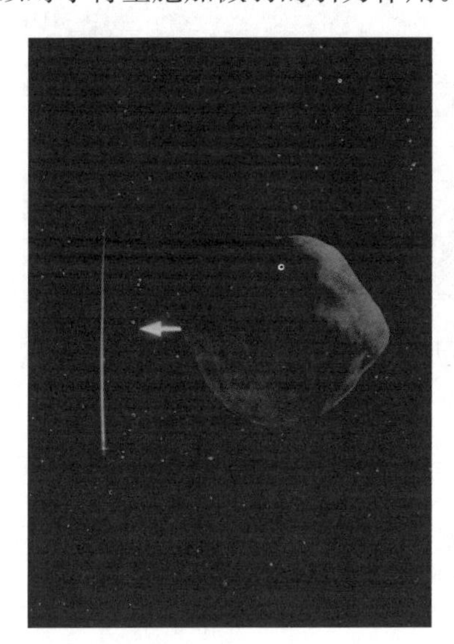

图 5-59　引力拖车示意图(后附彩图)

小行星重定向任务还将测试太阳能离子发动机和高带宽的空间激光通信。这些新技术将有助于实现登陆火星过程中运送货物、居住舱、推进剂和探测器等过程。

目标小行星的选取还在进行之中，原计划目标会在 2019 年公布。目前候选名单中已经有三颗小行星：小行星 25143“糸川”(Itokawa)、小行星 1999RQ36“贝努”(101955 Bennu)和小行星 2008EV5(341843)[59]。日本的“隼鸟”一号探测器已经近距离地对小行星“糸川”进行了观测，其表面有 3 米大小的石块，是较为理想的候选体。小行星“贝努”和小行星 2008EV5 已经利用雷达进行了成像，推测其表面有大小合适的石块样本可以抓取。除此之外，NASA 于 2016 年发射的 OSIRIS-REx 任务目标即为小行星“贝努”，该任务将绘制小行星“贝努”表面的详细地图，并且在其表面取样返回地球以供研究。小行星 2008EV5 是一颗直径 400 米左右的扁球形小行星，自转周期 3.725 小时，几何反照率为 0.137。小行星 2008EV5 的雷达图像如图 5-60 所示。

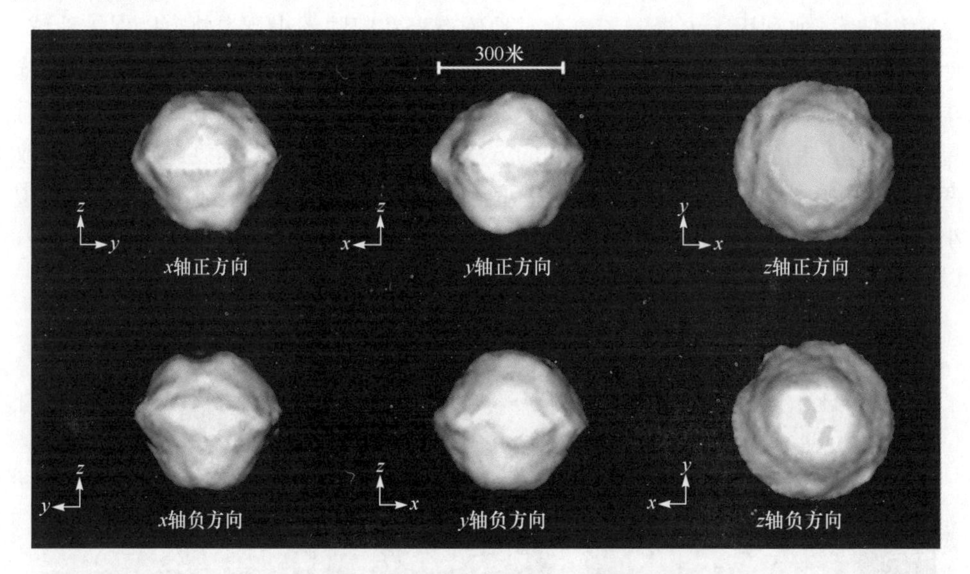

图 5-60　小行星 2008EV5 的雷达图像

也有说法认为“隼鸟”二号探测器的目标小行星 1999JU3 也是小行星重定位任务的备选目标，小行星 2008EV5 和小行星 1999JU3 的轨道根数如表 5-9 所示[60,61]。

表 5-9　小行星 2008EV5 和小行星 1999JU3 的轨道根数

轨道根数	2008EV5	1999JU3
近日点	0.87825 天文单位	0.96328 天文单位
远日点	1.0384 天文单位	1.4158 天文单位
轨道半长径	0.95832 天文单位	1.1895 天文单位
轨道偏心率	0.083561	0.19021
轨道倾角	7.4366 度	5.8836 度
平近点角	303.16 度	58.18147 度
升交点经度	93.396 度	251.6034 度
近点角距	234.82 度	211.4547 度
轨道周期	0.94 年	1.30 年

有机构针对这四颗目标小行星取样返回的过程进行了评估，如果使用“猎鹰”重型运载火箭，可取回的小行星质量如图 5-61 所示，四张图分别为四颗目标小行星的情况，纵轴为出发年份，横轴为返回年份，数字表示能取回的小行星石块质量，单位为吨，返回目标为进入绕月球大幅值逆行轨道。

“糸川”

	2024	2025	2026	2027	2028	2029
2019	0.2	5	19	20	20	
2020			10	14	12	
2021				0	8	34

1999JU3

	2024	2025	2026	2027	2028	2029
2019	1	13	29	45		
2020			23	43	47	
2021				11	14	14

“贝努”

	2024	2025	2026	2027	2028	2029
2019	6	12	23	27	28	
2020			12	16	16	
2021				8	12	17

2008EV5

	2024	2025	2026	2027	2028	2029
2019	11	32	40	51		
2020			43	44	57	
2021				27	41	43

图 5-61　“猎鹰”重型火箭取回小行星石块质量与任务时间的关系

如果小行星重定向任务于 2019 年 6 月发射，载人取样任务于 2025 年 2 月至 5 月间发射，各种型号运载火箭从各个目标小行星取回的石块的质量及直径关系如图 5-62 所示。左纵轴为取样石块直径（单位为米），右纵轴为取样石块对应质量（单位为吨），横轴为各个目标小行星及其密度。左边对应“德尔塔”四号火箭的情况，中间对应“猎鹰”重型运载火箭的情况，右边对应空间发射系统的情况[62]。

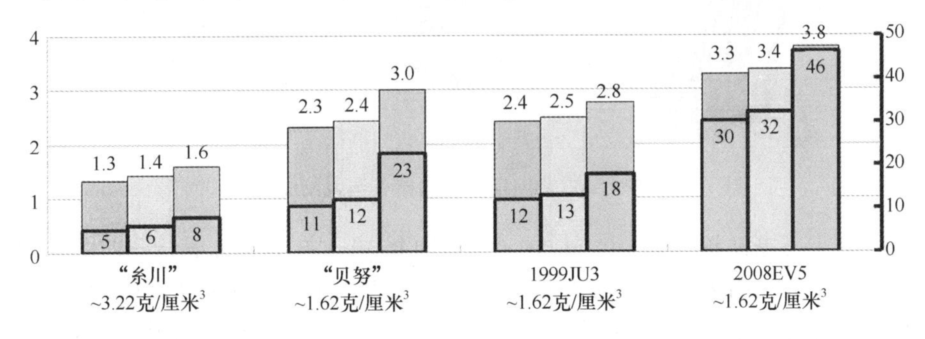

图 5-62　各种型号运载火箭从各个目标小行星取样的质量及直径关系

小行星重定向任务探测器设计

小行星重定向任务探测器 ARV 计划采用模块化设计，这样既能减少在集成和测试方面花费的时间，又能在未来的任务中再次使用。该探测器主要由以下三个模块构成：太阳能离子发动机模块、任务模块和样本抓取模块，如图 5-63 所示。

太阳能离子发动机模块包括一对太阳能电池阵列，可以在距离太阳 1 天文单位处产生 51 千瓦的电力。可能采用的两种太阳能电池阵列如图 5-64 所示。图中上面一组太阳能电池阵列为空间可展开系统（deployable space system，DSS）开发

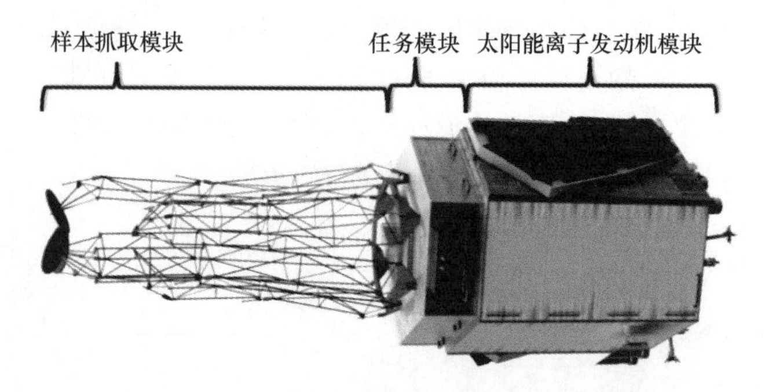

图 5-63　小行星重定向任务探测器模块示意图

图 5-64　小行星重定向任务探测器备选太阳能电池阵列

的滚转太阳能电池板(roll-out solar array,ROSA)。每个电池板长 14 米,宽 4.5 米。图中下面一组太阳能电池板是由 ATK 公司制造的超级柔性太阳能电池,该圆形电池板直径 9.6 米,为柔性材料制造,图 5-65 为该电池板的展开过程,该电池组现已完成第一阶段的研制,设计功率达到了 30～50 千瓦,第二阶段的研制预计将功率提高到 200 千瓦[63]。太阳能离子发动机模块设计输入功率为 40 千瓦,并装配有 300 伏特的能源处理单元以及 4～6 个磁力屏蔽通道能够使离子发动机的比冲达到 1800～3000 秒,以及拟采用百叶窗式加热管道实现热控。太阳能离子发动机模块包括 12 个氙燃料罐,共计 11.1 吨燃料氙,以及连接每个推进器的供给系统。该模块中还包括由 400 千克单组员燃料的推进剂燃料罐和 4 个推进器构成的反作用控制系统。如果任务中抓取的石块很大(70 吨以上),反作用控制系统将协助探测器从小行星表面起飞。另外,该模块末端的设计可与“猎户”座多功能载人舱实现对接。

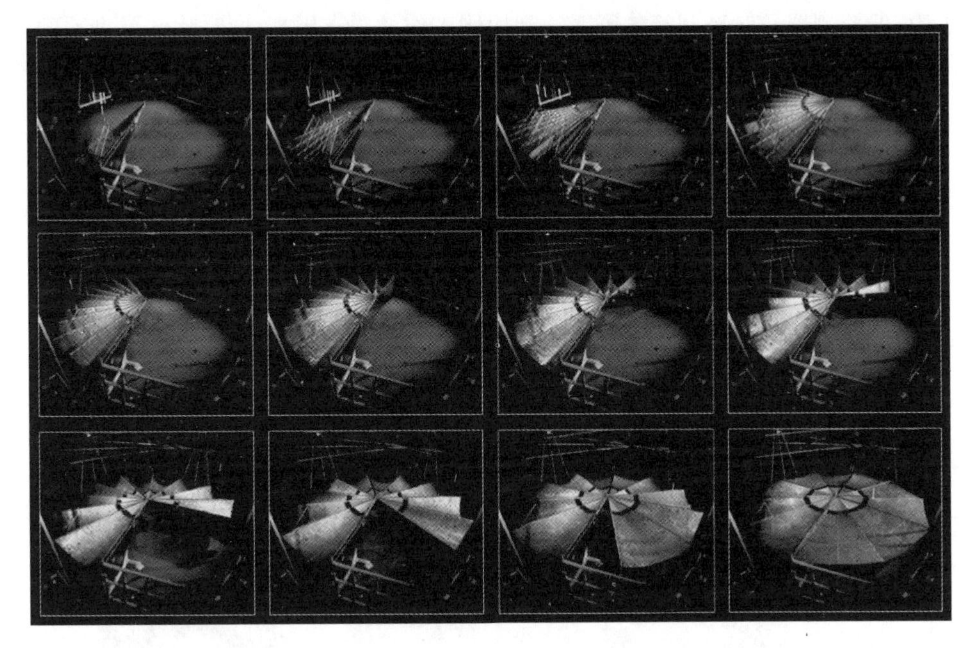

图 5-65　ATK 公司研发的柔性太阳能电池展开过程

太阳能离子发动机模块由任务模块进行控制，任务模块负责向探测器发送指令和处理数据、与地面通信和测距以及探测器的控制。在接近小行星过程中，任务模块从抓取模块接收导航信息，自主完成下降至表面、抓取样本以及返回等一系列任务。任务模块同时配备工具组，用以协助宇航员从“猎户”座飞船运动至抓取模块。太阳能离子发动机模块与任务模块构成了一个可用于未来多种航天任务的多功能探测器。

抓取模块集成了小行星及表面石块的特征描述、登陆小行星及选定石块附近的导航、小行星表面接触、石块抓取、返航途中的石块固定、协助宇航员进行舱外活动等任务的全部功能。同时抓取模块也集成了协助宇航员进行舱外活动的硬件设施，包括在宇航员进行舱外活动前确定执行任务的地点、提前扫描所采集石块的表面及表面下信息[64]。

如图 5-66 所示为几种与目标小行星表面接触及石块采集的方案。探测器采用着陆和悬停两种方式。对于着陆方案，抓取模块需要为任务模块提供小行星表面的相对位置导航，任务模块发送指令给太阳能离子发动机模块中的化学推进器实现探测器的着陆，抓取模块释放机械臂跨在选定的石块上方，化学推进器保持探测器与小行星表面的持续接触。机械臂开始抓取选定的石块。在悬停方案中，同样抓取模块为任务模块提供导航信息，任务模块控制化学推进器工作使探测器悬停在选定的石块上方，同时抓取模块释放机械臂抓取石块。这种方案去掉了着陆机构,但探测器导航控制等各子系统间协同工作的要求更高,同时化学推进器的工作功率要比着陆方案更大,可能会激起小行星表面大量的尘埃。

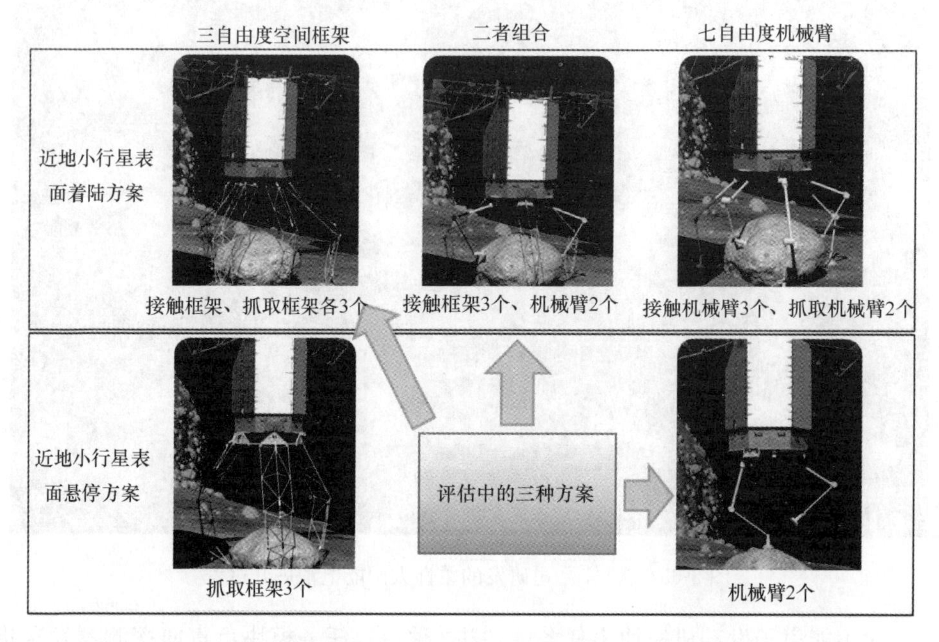

图 5-66　几种与目标小行星表面接触及石块采集的方案

抓取石块的机械臂有三种类型:三自由度空间框架、七自由度机械臂和两者的组合。空间框架方案配备两种线性制动器控制的三到四个自由度的铰连接框架结构,分别执行小行星表面接触和石块抓取的功能。七自由度机械臂方案配备七个自由度的机械臂进行小行星表面接触和石块抓取。混合方案使用三个空间框架实现小行星表面接触,两个七自由度机械臂进行石块抓取。混合方案更受到研究人员的关注,该方案中集成了相对导航系统、机械臂系统、接触与约束系统、电子设备子系统和机械子系统。以下将进行详细说明。

相对导航系统(relative navigation subsystem,RNS)利用基于高精度传感器和数据处理算法的机器视觉,实现着陆过程中的相对地形导航。不同视场的高分辨率相机和一个三维激光雷达组成了传感器组件。一个窄视场的相机与一个中等视场的相机协同工作在绕飞小行星时绘制高分辨率地图,用于下降段导航。宽视场照相机与激光雷达在下降段和抓取石块过程中提供高清晰度图像。

机械臂子系统由 NASA 卫星维修能力办公室下开发的两个七自由度机械臂组成,可用于卫星维修任务。该机械臂(如图 5-67 所示)的前身是高级工具驱动系统,可驱动不同的工具,机械臂上的两个照相机可以观测目标石块。机械臂末端的效应器是由喷气推进实验室开发的微脊骨钳效应器,这种微脊骨钳效应器上有数百个鱼钩状的脊骨，如图 5-68 所示[65]。机械臂系统会在转移到地月轨道空间的过程中对抓取的石块进行扫描和样本收集的准备工作。在收集石块后和表面上升阶段，机械臂负责将石块固定在接触与约束子系统中，然后将微脊骨钳效应器替换成其他工具对石块进行特征化和采样工作。

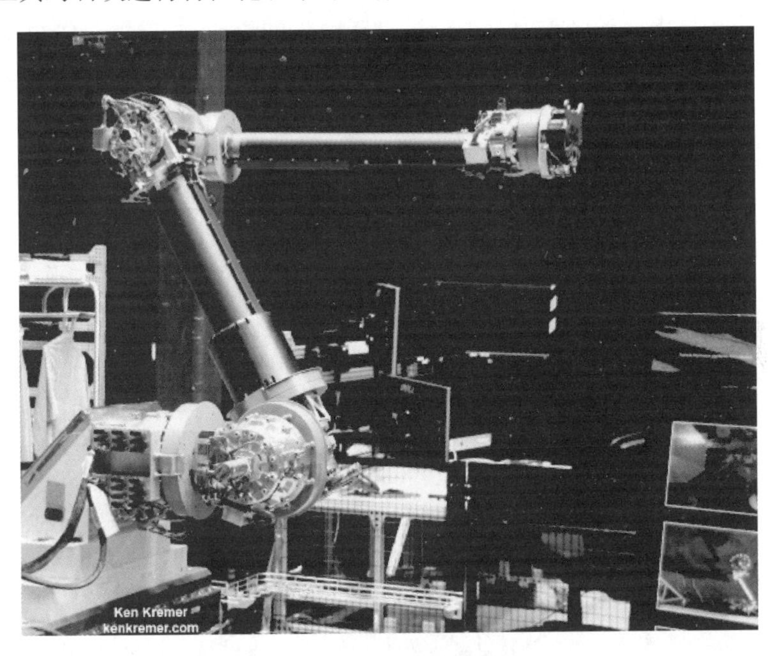

图 5-67　七自由度机械臂

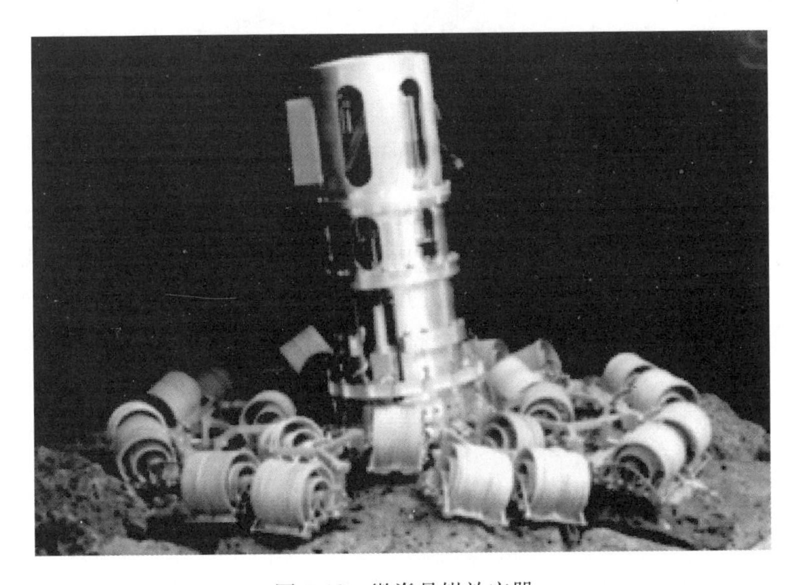

图 5-68　微脊骨钳效应器

接触与约束子系统负责探测器在小行星表面下降段将探测器约束在小行星表面，并在抓取石块完成后通过机械作用将探测器推离小行星表面。接触与约束子系统的设计如图 5-69 所示，由三个支架组成，每个支架有三个自由度，且在末端装有接触垫，接触垫可起到增大接触面积的作用，增加探测器在小行星表面的稳定性。由于小行星表面的微重力及小行星自转产生的离心力，接触与约束子系统采用线性制动器吸收着陆过程中的动量，防止探测器在小行星表面发生跳跃。支架采用铝合金阶梯结构，也在后续的宇航员舱外活动中提供帮助。

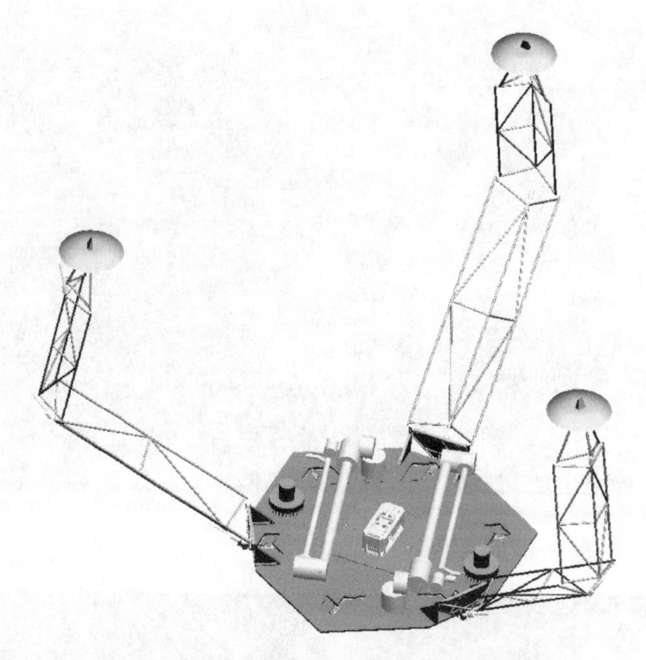

图 5-69　展开状态下的接触与约束子系统

电子设备系统由空间立方 2.0 数据处理器、一个视觉分布与存储单元和一个远程接口单元组成。空间立方 2.0 数据处理器负责相对导航和机械臂的控制。视觉分布与存储单元负责图像的存储和解析，它作为一个图像路由器接收相关传感器实时传输的图像并传输给空间立方处理器进行实时处理或存储，以及传输给任务模块的通信系统以传输给地面。远程接口单元负责功率切换功能激活等其他功能的实现。

机械系统由抓取模块结构、加热器和其他多种硬件组成，负责执行抓取模块所分配的任务。

任务过程

由于小行星重定向任务的目标小行星尚未确定下来，所以探测器的轨道尚未确定，已经规划好的任务过程只针对在小行星附近执行任务这一过程。探测器靠近目标小行星的过程分为四个阶段：接近并对小行星进行特征识别、任务演练、收集石块和通过引力拖车验证行星防御技术[66]。这一过程大约需要 400 天的时间，50 天用于目标小行星及表面石块的扫描，20 天用于采集石块的首次尝试，50 天用于首次采集失败后的应急操作，260 天用于实验并验证引力拖车技术，另有 20 天备份的时间。其他的无人小行星探测任务(如 OSIRIS-REx 和“隼鸟”一号)主要操作时间远短于接近小行星飞行过程所用的时间，而小行星重定向任务的实现严重依赖前期的探测工作中得到的经验以及各种信息。从先前工作中获得的经验和信息可以极大地减小该任务执行过程中的不确定性，降低任务的风险。另外，重定向任务中还要验证通过缓慢的推或拉对小行星产生可测量的偏移这一技术，这个过程要花费相当多的时间。除此之外，任务也需要取回尽量大的石块，而在小行星附近停留的时间越长，留给返回的飞行时间就越短，那么能携带的石块质量就越小。

接近并对小行星成像这一过程(如图 5-70 所示)从与小行星距离 1000 千米处开始，太阳、小行星与探测器三者夹角保持在 45 度，探测器不断接近小行星，直到两者间的距离为 100 千米，这个过程将持续 14 天。这段时间的光照条件非常适合探测器上搭载的窄视场相机(narrow angle camera，NAC)对小行星进行成像，以便对小行星的轨道和模型进行修正，同时还可以更新小行星自转轴指向和旋转的信息。如果目标小行星是“隼鸟”一号访问过的“糸川”小行星，这一过程只需要进行非常微小的修正；但如果目标小行星是一颗未访问过的小行星，那么则需要大量更新依靠地面测量获得的数据。

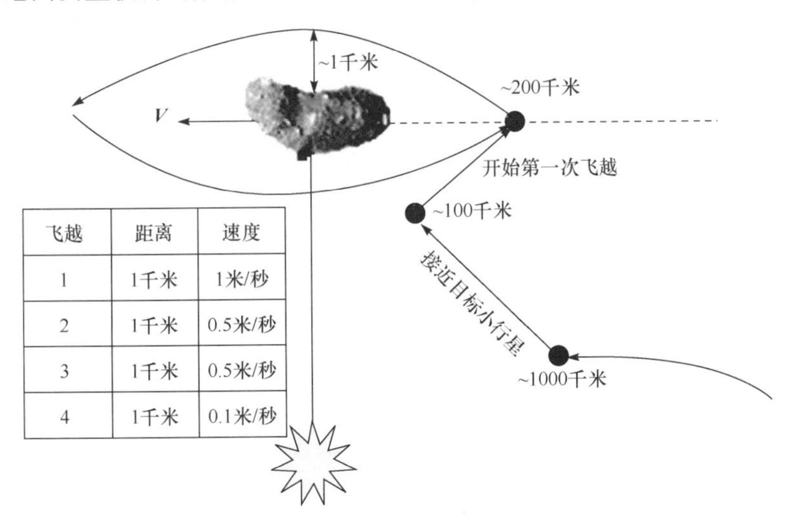

飞越	距离	速度
1	1千米	1米/秒
2	1千米	0.5米/秒
3	1千米	0.5米/秒
4	1千米	0.1米/秒

图 5-70　接近与成像阶段

在完成对小行星整体的观测后，接下来通过一系列近距离飞越来绘制小行星表面详细地图,寻找潜在的目标石块,并测定小行星的重力场。这个过程中探测器与小行星的最近距离在1千米左右,相对速度从1米/秒降低至0.1米/秒。在此过程中,窄视场相机和中等视场相机对小行星表面进行详细的测量,相对地形导航系统标记小行星表面的地标并进一步筛选可能的目标石块。进一步,相机可以在潜在目标及附近地区拍摄厘米级分辨率的图像。探测器在此期间持续与地面通信,发回目标石块的信息,并为下次飞越更新信息。

降低飞越速度可以给拍摄任务留出更多的时间,图像分辨率也更高,还能更精确地测定小行星重力场的分布。对于"糸川"小行星或其他已经探测过的小行星,四次近距离飞越足够用于进行拍照。对于未探测过的小行星,还需增加近距离飞越次数来建立小行星形状模型、旋转模型的修正,测量更精确的重力场模型和目标石块的选定。

近距离飞越阶段结束后,根据所收集的图像和数据,可以确定采集石块的主要目标,此时开始进行任务演练,如图5-71所示。在与太阳夹角45度,距离小行星表面5千米处设定起始点,设定起始点不是为了位置保持,而是为了使每次演练和开始下降段沿相同路径运行。每次演练开始,探测器都机动通过空间中的这个起始点,然后开始沿着被动安全路径向"路径点1"运行,"路径点1"位于小行星包络球的外部,并且探测器通过这个路径点就将对准目标的表面,如图5-71所示。实际上,对于"糸川"这类高度非球形的小行星,出于慎重考虑,路径规划中还要增加中间路径点(IWP)。一旦探测器到达"路径点1"就完成了第一次演练,然后执行一次事先确定的返回机动——探测器缓慢地离开目标小行星。在接下来的7天时间里,探测器将向地面传输目标石块及周边地形亚厘米级的数据和图像,并更新目标石块附近的重力场。

然后探测器将重新抵达起始点,经过同样的路径到达"路径点1",并开始第二次演练,这一次探测器到达"路径点1"之后将向"路径点2"进发,这一点位于目标石块上方50米。为了验证导航和控制闭环算法,探测器将短暂地与小行星自转速度相同,保持在"路径点2"位置,即悬停于目标石块上方50米的位置。同时,探测器将继续拍摄当前条件下目标附近区域的高分辨率图像,并为下降段验证重力场模型。悬停结束后,再次执行返回机动。探测器进行数据更新,并回到起始点准备开始采集石块的操作。

石块采集操作从起始点到"路径点2"后,探测器在保持处于目标石块正上方的情况下垂直下降至目标石块上方20米处,这个位置就是"路径点3",从"路径点3"到目标小行星表面通过宽视场相机(wide angle camera,WAC)和激光雷达追踪目标石块进行相对地形导航,同时窄视场相机和中等视场相机会追踪小行星表面的其他地标。从"路径点3"到小行星表面,探测器的主推进器不再工作,探测器的垂直速度接近于零,在微重力的作用下落向小行星表面,以防止着陆速度过快发生

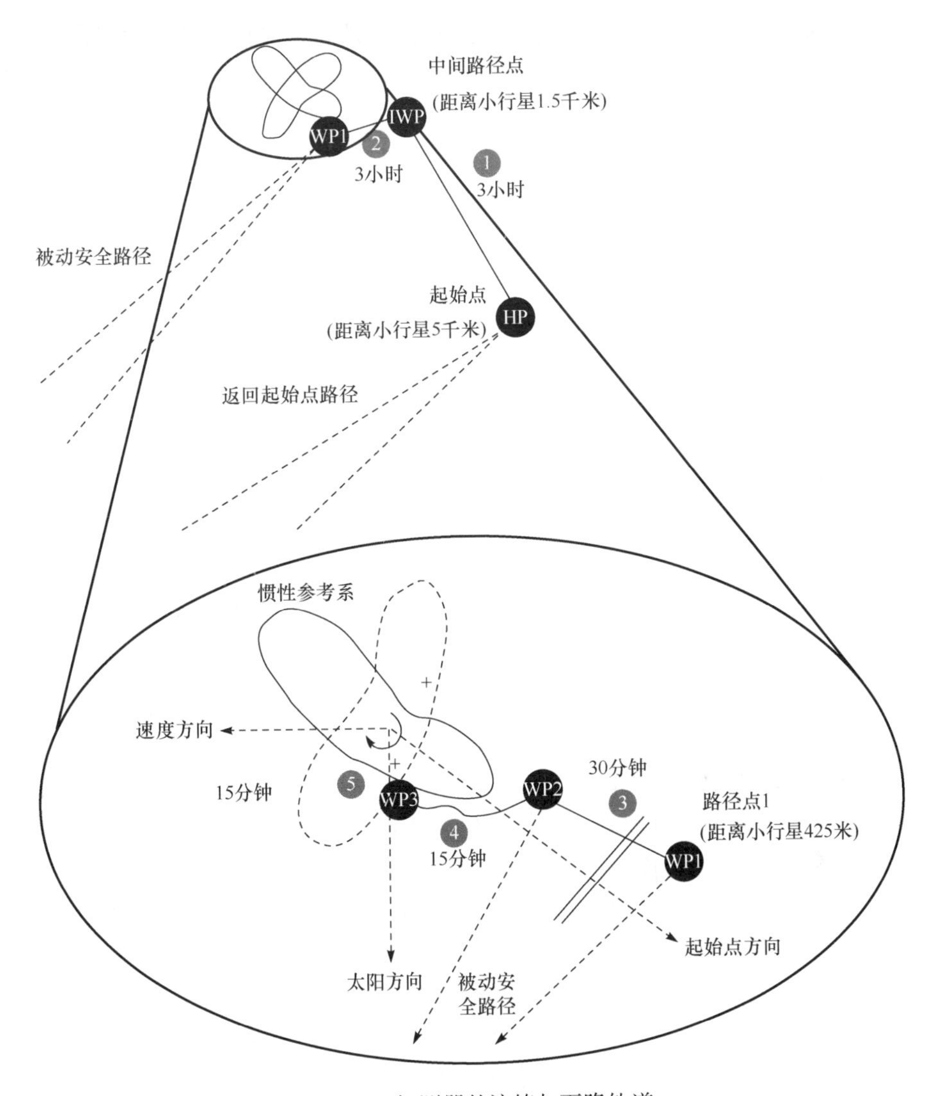

图 5-71　探测器的演练与下降轨道

弹跳、产生碎片以及推进器排出物污染小行星表面样本等状况发生。对于自转较慢的目标小行星，重力足够克服离心力使探测器下落；对于自转较快的小行星，将通过反作用控制系统喷气，克服离心力使探测器保持从目标石块正上方下降至小行星表面。

在接触小行星表面的瞬间，接触与约束子系统将消除探测器的剩余速度，并使探测器静止在小行星表面。对于自转较慢的小天体，剩余速度可能不足 5 厘米/秒，而对于自转较快——需要靠反作用控制系统喷气才能下降的小行星，剩余速度可以控制在更低的水平。在采集石块的过程中，反作用控制系统的推进器将保持输出一定的推力，这既是为了保持探测器稳定，也是为了保持推进器的工作温度。

在石块完全抓获之后，反作用控制系统将向小行星表面喷气，使得采集的石块和探测器一起与小行星表面分离，并给予探测器和石块这个整体系统一个初速度。这个初速度要大于小行星表面的逃逸速度，使得探测器系统可以缓慢漂移远离小行星，如果速度未达到逃逸速度，反作用控制系统的推进器将持续工作。在上升段的前 50 米，探测器将非常谨慎地利用反作用控制系统的燃料，确保太阳能电池板不与小行星表面发生接触，50 米之后将调整太阳能电池板指向太阳方向。

在此之后，石块已经成功抓取，太阳能电力恢复，与地面建立起高速下行通信，探测器通过被动安全路径远离小行星。在进行大角度机动之前，推进器将进行若干次小的机动，以重新确定系统质量。

在固定好石块的情况下，探测器将进行为期三周的轨道确定，在验证行星防御技术之前精确确定小行星的轨道。行星防御技术的基础是引力拖车技术，如图 5-72 所示，其基本原理是探测器在环绕小行星速度向量方向($\boldsymbol{v}$)上通过离子推进器维持一条晕轨道。探测器对小行星产生一个 $\boldsymbol{r}$ 方向的引力，合外力方向沿小行星速度向量方向。晕轨道的半径为 y，维持与目标小行星的最小安全距离，对于“糸川”小行星来说，这个距离为 325 米。以“糸川”小行星为例，探测器抓取一个质量为 7 吨的石块后，在晕轨道上持续运行 90 天可以对小行星产生一个可测量的偏移量。届时探测器会携带 180 天所需的燃料，有研究估计在未抓取任何石块的情况下，探测器在晕轨道上运行 180 天也能保证小行星的状态量发生可测量的变化。使用就地采集质量和利用多个探测器在轨运行能够大大提升引力拖车技术的效果，在预警时间充足的情况下，引力拖车技术完全可用于消除近地小天体的威胁。对于一个通过引力拖车来偏移小行星轨道，以保护地球的实际任务，探测器可以收集一个或多个小行星表面石块，甚至是小行星的风化层，而且探测器不必返回地球。以现有的推进技术，要对“糸川”小行星实现 0.5 厘米/秒的速度改变量，单个探测器将收集 275 吨小行星物质，在晕轨道上运行 3.4 年，消耗 6 吨左右的推进剂。如果使用两个探测器协同工作，每个探测器需要 1.7 年和 3 吨推进剂。如果不收集小行星物质，则需要单个探测器运行 120 年和 15 吨燃料才能使小行星发生以上的速度改变。

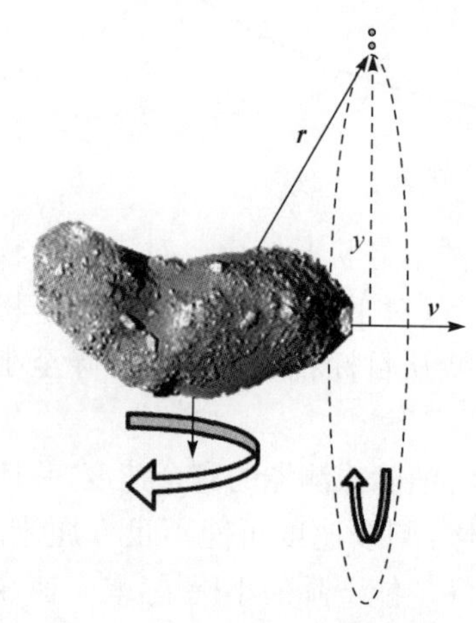

图 5-72 引力拖车技术图解

小行星重定向任务是 NASA“小行星主动权计划”中的重要组成部分。小行星备选名单上的目标都是非常重要的近地小天体，实际任务会根据目标的选择调整发射和返回的日期。任务过程中将实现对整个近地小天体表面厘米级的观测和局部地区亚厘米级的观测。小行星重定向任务将为未来的微重力天体任务提供丰富的经验，包括表面作业和验证引力拖车等科学技术。

5.3.3 “发现计划”——“露西”号探测器与“灵神”号探测器

NASA 的“发现计划”(Discovery Program)相比其他任务而言成本较低，是一个系列的太阳系空间探索任务。自 1992 年其开始实施，负责人 Daniel S. Goldin 将“更快，更好，更省钱”(faster，better，cheaper)的理念注入这个系列任务之中。任务的探测目标均为人类探测器尚未到达的太阳系内天体，这也是“发现”二字的意义所在。

图 5-73　NASA 宣传和介绍新规划的两个任务

该系列任务的 13 号和 14 号任务的选拔工作在 2014 年 1 月就开始了，NASA 对这两个任务进行了征集，共收到了 28 份任务建议。最终被采纳的任务建议将获得 4 亿 5 千万美元的资金支持，用以实施任务的初期设计和研发，如果有其他方面的需求，资金还会进一步追加。在收到的 28 份建议书中，有 16 个是围绕小天体进行的探测任务。最终“露西”号(Lucy)和“灵神”号(Psyche)被 NASA 采纳[67]，成为了发现系列任务的下两个任务[68]。

“露西”号任务是一个对木星的特洛伊小天体的多目标飞越任务，而“灵神”号的探测目标是灵神星，这是一颗巨大的金属质小天体，这两个探测器将分别于 2021 年 10 月和 2023 年 10 月发射[69]。

“露西”号探测器

“露西”号探测器是美国正在计划的小行星探测计划，该计划的目标是连续探测六颗木星的特洛伊小天体。所谓木星的特洛伊小天体就是和木星共用一条轨道，共同围绕太阳旋转的小天体，这些小天体位于太阳和木星的 $L4$ 和 $L5$ 点，在木星和太阳的旋转坐标系下保持不动，其形成过程一直是天体力学研究中的前沿课题。

木星轨道前方和后方的特洛伊小天体都是“露西”号的探测区域，2017 年 1 月 4 日，“露西”号和“灵神”号一起被确定为 NASA 的下一个发现系列任务的探测器，如图 5-74 所示。

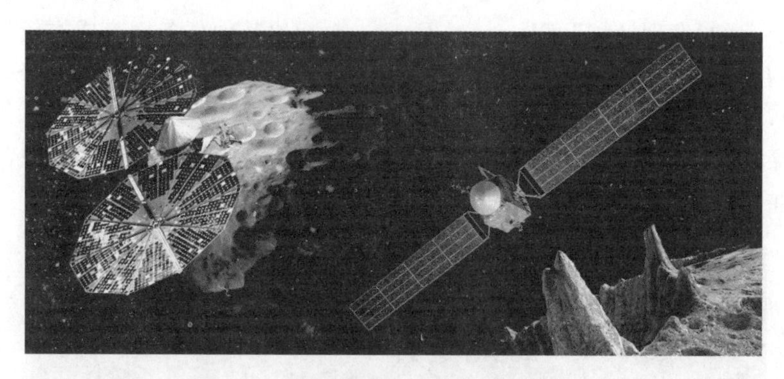

图 5-74 左为“露西”号，右为“灵神”号

南方古猿“露西”(图 5-75)的发现使得人类的进化史大大提前，这具南方古猿化石被誉为人类的老祖奶奶，发现这具化石以后，人类学家在现场举办了一个聚会来庆祝这次发现，当时现场反复播放了名为《露西在缀满钻石的天空》的歌，所以人类学家就将这具人类化石起名为“露西”。由于这次发现任务的探测目标可能会在行星起源和太阳系早期演化的研究中起到重要的作用，所以科学家使用了“露西”这个名字来命名，以期能够在这次任务中探索太阳系早期的历史。

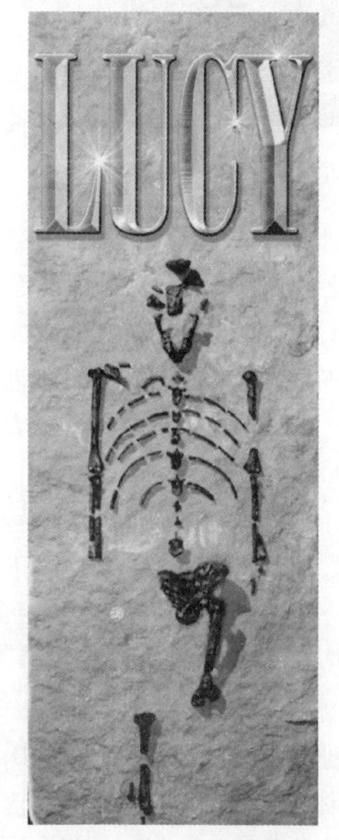

图 5-75 南方古猿“露西”

根据计划，“露西”号将于 2021 年发射，而后借助一次地球的引力加速向太阳和木星的拉格朗日 $L4$ 点飞去。在穿越主小行星带的时候，顺路探测小行星 52246 (Donaldjohanson)，这颗小行星的名字是以南方古猿“露西”的发现者命名的，编号为 1981EQ5，属于 Erigone 族小天体。随后抵达太阳和木星的拉格朗日 $L4$ 点，在这里“露西”号将会依次探测 3548(Eurybates)，15094(Polymele)，11351(Leucus)，以及 21900 (Orus)这四颗小行星。

3548 Eurybates 属于目前唯一确认的被撞击所形成的小行星族，它是该小行星族中最大的一颗小行星。

在探测这些小行星之后，“露西”号即将返回地球附近，第二次借助地球的引力场加速飞向太阳和木星

的拉格朗日 $L5$ 点，对小行星 617 Patroclus 进行探测。

表 5-10 “露西”号将飞越的小行星

小行星	类型和直径	位置	飞越时间
52246 Donaldjohanson	C，4 千米	主小行星带	2025 年 4 月
3548 Eurybates	C，64 千米	$L4$ 希腊群	2027 年 8 月
15094 Polymele	P，21 千米	$L4$ 希腊群	2027 年 9 月
11351 Leucus	D，34 千米	$L4$ 希腊群	2028 年 4 月
21900 Orus	D，51 千米	$L4$ 希腊群	2028 年 10 月
617 Patroclus	P，113 千米	$L5$ 特洛伊群	2033 年 3 月

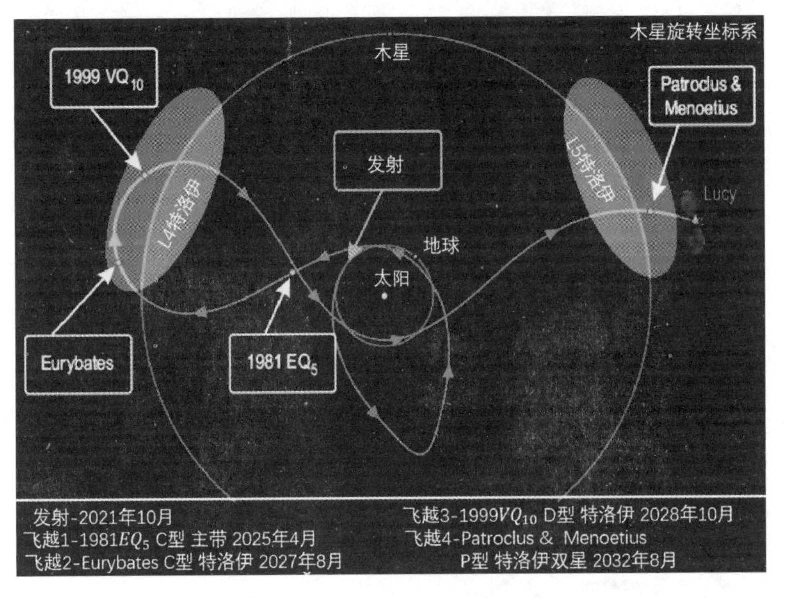

图 5-76 “露西”探测器飞行轨迹示意图

617 Patroclus 是木星特洛伊群的一个双星系统，由两个尺寸相近的小行星组成。1906 年被德国天文学家奥古斯特·科普夫发现，这也是人类发现的第二颗特洛伊小天体。Patroclus 的伴星发现于 2001 年，目前 Patroclus 所指为该双星系统中较大的小天体，较小的小天体被命名为 Menoetius。最近的观测显示，这个双星系统的密度为 0.8 克/厘米^3，这个密度比水的密度还要小，所以该系统可能更像一个冰质的彗星，而不是石质的小行星。

2006 年，天文学家进行了更准确的轨道测量并在《自然》杂志上发表了研究成果[70]。研究结果显示，双星系统在相距(680±20)千米的近圆轨道上运行，轨道周期为(4.283±0.004)天。结合以前的观测，科学家估算，较大的成员 Patroclus 直径为 141 千米，较小的成员 Menoetius 直径为 112 千米。

“露西”号探测器携带了一套精密的遥感设备，主要功能是研究小行星的地质形态，表面结构，反照率和温度情况，以及目标小行星的其他物理性质和参数[71]。科学载荷主要包括三个部分[72]：高分辨率可见光相机，光学和近红外成像光谱仪，以及热红外光谱仪。此外“露西”还将使用其携带的远程通信系统对小行星进行无线电波段的探测，用来确定这些特洛伊小行星的质量和密度。

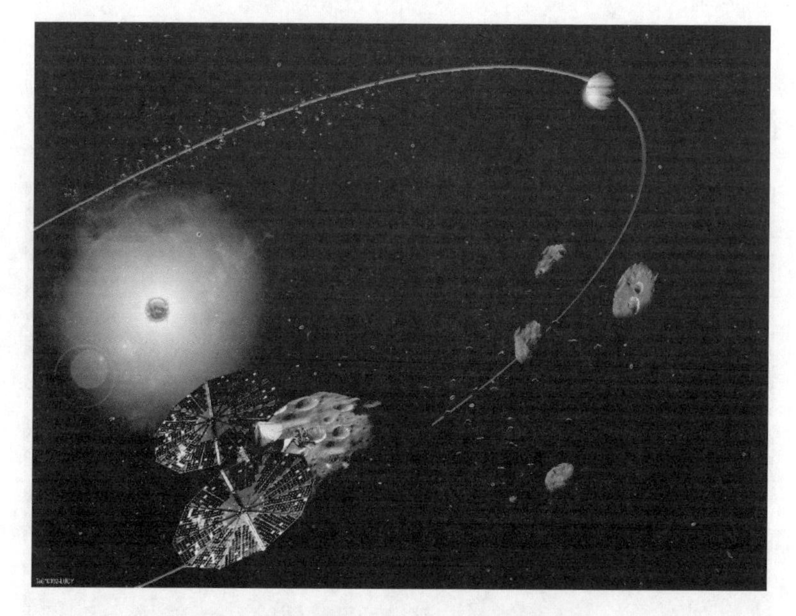

图 5-77　“露西”号探测器任务示意图

“灵神”号探测器

灵神星是人类已知最大的 M 型小行星，质量占主带小行星的 0.6%，是一颗比较巨大的小行星，直径 252 千米。1852 年 3 月 17 日，意大利天文学家安尼巴莱·德·加斯帕里斯发现了灵神星，这也是这位天文学家发现的第五颗小行星，后来以希腊神话中灵魂的化身“普赛克”命名。

图 5-78　“灵神”号探测器任务徽章

雷达的观测显示，灵神星几乎完全由铁和镍构成，比较像一个更大的天体的金属核心。灵神星表面没有水存在的迹象,目前发现有少量辉石存在于灵神星上。该小行星被认为是一个铁质核心的原行星,似乎是一次剧烈的碰撞使得这颗行星脱去了外壳,只剩下核心部分的残留。如果没有这次碰撞,灵神星的体积应该和火星差不多。

如图 5-79 所示,是小行星受到撞击外层剥离后内核裸露这一过程的数值模拟,撞击速度为两倍的逃逸速度,撞击目标是一个与爱神星相似的小行星,撞击体的质量为小行星的十分之一。灵神星可能就属于这种情况,在撞击后外壳全部脱离母星。

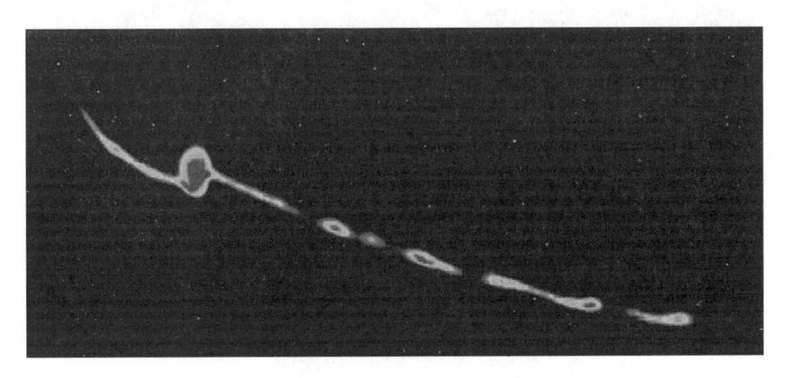

图 5-79　经过撞击后的残留情况数值模拟(后附彩图)

"灵神"号探测器将飞向这颗被认为是原始的行星核的金属质小行星。亚利桑那大学的科学家是这次探测任务的提议者,NASA 的喷气动力实验室将负责这次任务。考虑到发现计划的低成本要求,灵神星是一个很好的交会对象。2017 年 1 月 4 日,"灵神"号和"露西"号一起入选了 NASA 发现系列计划。

"灵神"号探测器将使用太阳能电推进发动机。科学载荷包括一个成像仪,一个磁强计和一台伽马能谱仪,以及一个无线电波段的重力实验装置。任务计划于 2023 年发射,2024 年借助一次地球引力加速,2025 年飞越火星,再经过五年的飞行,于 2030 年抵达目标,然后将进行为期两年的科学探测活动。

在小行星和行星,尤其是类地行星的初期演化中,地壳的结构分化是一个比较普遍和基本的过程,所以能够直接探测裸露的核心,可以大大提升对这个过程的了解,对于行星形成和内部结构的研究都具有极大的意义。"灵神"号将对灵神星的地表结构,外形和元素组成,磁场以及质量分布进行探测。

通过对陨石内部晶体生长的方向来看,一个液态小天体凝固的过程有两种:一种为从内向外,另一种为从外向内[73]。灵神星这样的情况似乎是被脱去外壳的小行星,科学家认为更有可能是由外层首先开始冷却,而后逐步向内凝固。

总体而言,"灵神"号任务的科学问题如下:

(1) 灵神星到底是行星脱去外壳形成的还是仅仅是一个本身富含铁元素的物体?它的原行星结构是什么?灵神星或其原行星是否在太阳附近形成?

图 5-80　灵神星想象图

(2) 如果灵神星是一个剥离的金属质小天体,那么它是如何形成的?

(3) 如果灵神星曾经是一个固液共存的小行星,那么冷却过程是从内向外的还是从外向内的?

(4) 灵神星有没有磁发电机效应?

(5) 在这个铁质的金属核心中,主要的合金元素是什么?

(6) 形成表面结构和整个小行星地貌的决定性因素是什么? 飞近灵神星后,灵神星看起来和普通的石质的冷的小天体有没有什么不同?

(7) 和石质小行星比起来,像灵神星一样的金属质小行星上的陨石坑有什么不一样的结构?

5.3.4　小行星采样返回任务:"马可波罗"计划

"马可波罗"计划是欧空局规划的一个中等预算任务,该计划针对存在潜在撞击地球风险的原始小行星进行采样并返回地球,使用先进的技术手段对样本进行分析,可以极大地提升人类对于太阳系形成及行星形成过程的认知。该任务最初由欧空局与日本宇宙航空研究开发机构合作开发,后美国航空航天局也参与其中,在 2007 年到 2015 年,多次竞标欧空局的"宇宙愿景"(Cosmic Vision)项目[76]。

科学目标

"马可波罗"计划从近地小行星采样返回,在地面试验室对样本进行充分的细节分析，虽然样本量有限，但是可以提供陨石所不具备的原始近地空间信息。采用返回这种方式，可以直接研究小行星表面风化层及以下的内部结构。

"马可波罗"号的备选探测目标有：C 型小行星 1999JU3 和 1989UQ，原始的 D 型小行星 2001SG286 和 T 型小行星 2001SK162、2008EV5，处于休眠状态的彗星 1979VA 以及原始的 C 型双小行星系统 1996FG3[76]。

"马可波罗"计划将有助于解答以下问题：

(1) 太阳系早期及行星形成阶段发生了哪些演化过程？

"马可波罗"号通过采集小天体上的原始物质，使得区分太阳星云与小行星母体对小行星作用成为可能。小行星表面的原始物质也可以用来确定早期太阳星云中多种半衰期较短的放射性元素丰度，这使得研究人员得以窥视太阳系星云的成分及其起源和演化过程。

(2) 近地小天体中是否包含陨石所没有的早期太阳系物质？

科学家预期小行星上的原始物质会包含某些太阳前物质，尤其是硅酸盐。在一些陨石中就发现过来自星际空间的硅酸盐。"马可波罗"计划将为科研人员提供研究富含太阳前物质的小行星样本的机会，并有机会发现一些无法在陨石形成过程中保留的较为脆弱的太阳前物质。

(3) 组成类地行星的原材料的物理属性是怎样的？它们是如何演化的？

当前小行星的物理化学性质受到其小行星主带中母体的冷凝、聚合等作用的影响，其性质的演化包括热力变质作用、水汽侵蚀、碰撞破碎、重新聚合、表面风化和空间辐射等。"马可波罗"计划取回的近地小行星混合了小行星表面风化层的样本，样本中会保留有小行星演化过程的信息，通过研究可以了解更多太阳系形成到演化至今天的诸多细节。

(4) 近地小行星上的原始有机物与地球生命起源有怎样的关系？

当前的天体生物学认为碳质球状陨石物质可能在生命诞生以前为地球提供了大量的复杂有机分子，这些复杂的有机分子是地球生命起源的关键因素。当前原始物质的研究主要来源于"星尘"号探测器采集的彗星样本和星际尘埃粒子，但是这些样本中的物质颗粒都太小了，不利于进一步深入研究。"马可波罗"号将会采集混合了风化层的近地小行星样本，这将有助于确定诸如氨基酸或其前身物质等与生命相关的物质，并对星际物质中碳质材料的形成给出进一步的答案[77]。

任务载荷

"马可波罗"计划作为一个中等预算的项目，其搭载的大多为已经在其他任务中验证过的科学仪器，以满足预算上的要求。

宽视场相机(WAC)：图像可以提供目标小行星的重要形态学与地形学信息，以便探测器确定着陆地点。宽视场相机可以用于测量目标小行星的大小、形状和自转等信息,绘制小行星表面的地图,确定主要着陆地点与次要目标并辅助导航系统工作。

窄视场相机(NAC):窄视场相机用来生成特定区域的数字地形模型,其光学设计继承了"罗塞塔"号探测器上窄视场相机的设计思路。

特写相机(close-up camera,CUC):针对取样地点,探测器需要一台特写相机进行拍摄确认。在取样之前,通过特写相机的拍摄,可以了解取样处的表面结构(粒子与灰尘的大小)。在取样的过程中,小行星表面的结构属性会受到破坏。取样之后再次拍摄,并与之前获得的图像对比,可以对小行星表面风化层的摩擦系数进行估测。特写相机采用 400～900 纳米波长进行拍摄,分辨率可以达到优于 100 纳米。

可视化近红外光谱仪(visible near-infrared spectrometer,VisNIR):该仪器是用来测定小行星表面化学组分和物质组分的强有力工具。该仪器是一款经典的狭缝成像光谱仪,其结构如图 5-81 所示。

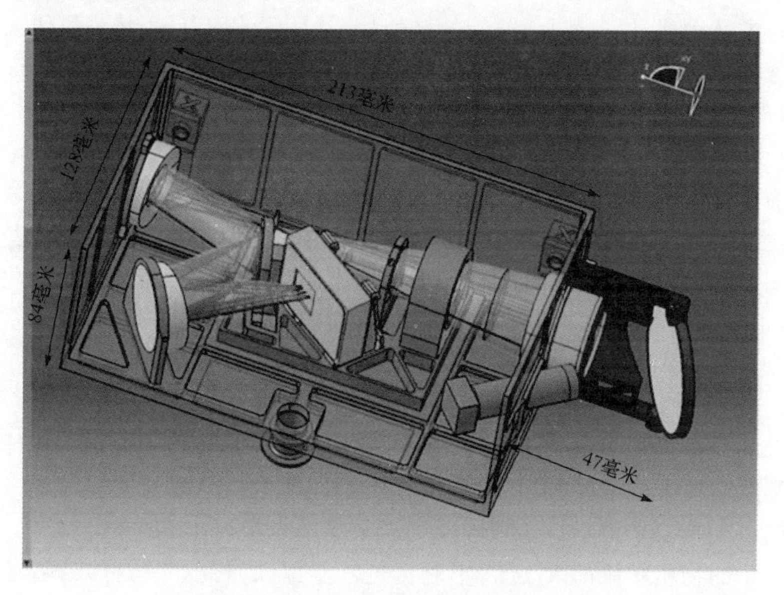

图 5-81 可视化近红外光谱仪结构示意图

中红外光谱仪(mid-infrared spectrometer,MidIR):该仪器通过测量小行星昼夜的热辐射循环来分析小行星表面的热力学属性,这可以用来分析小行星表面的化学组分与物质组分,辅助选择采样地点。

中性粒子分析仪(neutral particle analyser,NPA):中性粒子分析仪用来观测小行星表面释放的中性粒子和调查空间天气效应。

无线电科学仪器(radio science experiment,RSE):无线电科学仪器是利用探测器的无线电系统进行工作的。目的在于得出目标天体的质量，通过测量 X 波段和 Ka 波段下行载波的多普勒频移得出探测器造成的引力扰动。

激光高度计：高精度激光高度计可以测量探测器与近地小行星表面的距离，由此，探测器可以通过多圈绕转小天体对小天体表面进行全覆盖扫描，进而绘制小天体表面的全地形图。

任务设计

“马可波罗”计划使用大推力化学推进火箭将探测器送入地球同步转移轨道，然后通过电推和引力辅助的方法将探测器转移至探测目标的轨道之中。

以备选目标 1999FG3 为例，2020 年到 2024 年间可能的任务方案如表 5-11 所示。任务将通过“联盟”号运载火箭进行发射，任务的基本流程如图 5-82 所示。推进模块将提供太阳系内转移（包括金星或地球的引力辅助等）所需的速度增量（Δv）。在到达小行星附近时，探测器将抛弃推进模块，科学模块将负责进行与目标小行星的轨道交会。

表 5-11　“马可波罗”号可能的任务方案

发射日期	任务总时间/年	小行星表面驻留时间/月	太阳系中转移 Δv/(千米/秒)	再入大气速度/(千米/秒)
2020/03/10	6.98	10.5	2.07	12
2020/03/10	4.70	3.5	1.9	15
2021/02/23	9.09	13.7	2.93	12
2021/04/24	7.99	16.1	2.81	13.6
2022/01/09	7.28	9.3	2.88	13.6

当探测器距离小行星足够近时，转移阶段结束，任务进入接近目标阶段。由探测器上搭载的星敏感器或窄视场照相机进行目标小行星的发现和追踪。此时，探测器将进行一系列的轨道机动，以减小相对于目标小行星的速度，修正小行星的引力场模型，校准探测器相对小行星的状态向量（相对位置和相对速度），这一过程与“罗塞塔”号探测器相似，将持续数月。当探测器与小行星的距离缩小到数十千米时，星载的导航控制系统、轨姿控制系统以及故障发现隔离修复系统开始工作，这些系统通过宽视场相机观测小行星表面光变曲线来不断矫正探测器的状态。这一阶段中，探测器有足够的时间获取小行星表面某一特定区域及其中地标性结构的数据。为了保证视野内有足够的亮度，选定的特定区域应在小行星与太阳连线附近。

当探测器距离小行星足够近时，探测器将进入自稳定终结轨道（self-stabilised

terminator orbit)，期间需要数次轨道机动以消除摄动影响，相关科学仪器进一步测量着陆区域的重力场、热辐射及地形学的信息。

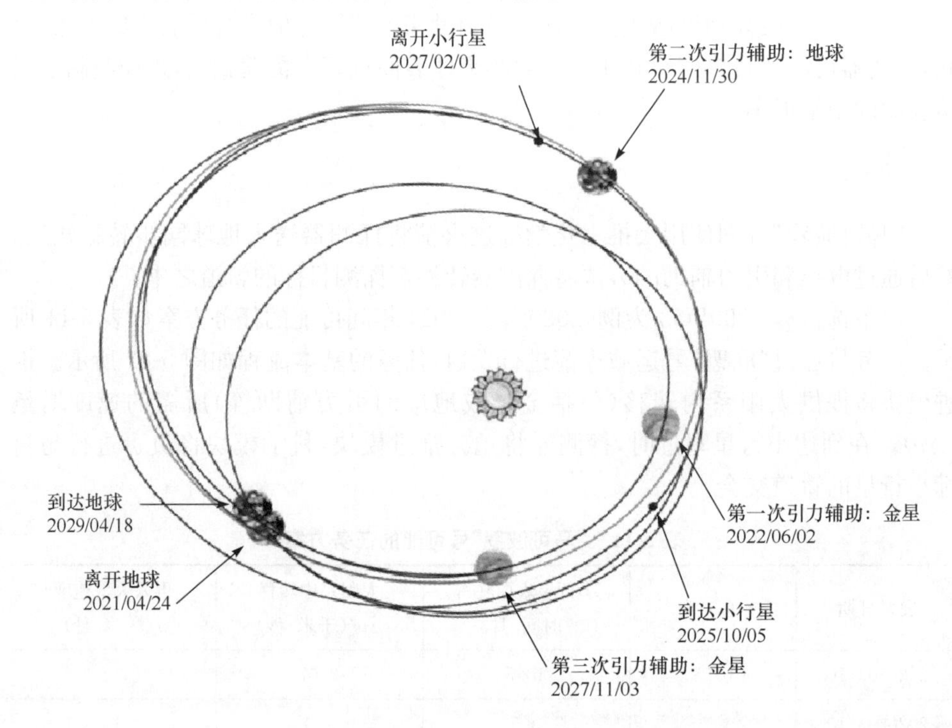

图 5-82 “马可波罗”号探测器任务流程图

选定了着陆地点后，探测器进入下降与着陆阶段。当距离小行星表面达到预先设定的高度后，探测器将自动执行既定的下降程序，在满足所有约束和安全要求的情况下，进行精确着陆。着陆完成后，探测器将进行一系列既定操作，包括探测器的自稳定、执行小行星表面取样、样品的输送与保存以及探测器的上升。最终探测器完成采样后将返回之前的自稳定终结轨道。此后，探测器将进入返航阶段，返航途中探测器可能会利用金星的引力辅助，最终将保存样品的返回舱释放进入地球大气层中。

关于小行星 1999JU3 等其他备选目标的任务流程设计与此大体相同，此处不再赘述[78]。

总结

“马可波罗”计划是在美国航空航天局帮助下，欧空局主导的、利用已有技术的一个中等预算项目。若“马可波罗”计划成功实现小行星采样返回将会极大地加深人类对于近地小行星的认知，然而“马可波罗”计划在 2007 年到 2015 年间数次竞标失败，目前计划处于搁置状态。

参 考 文 献

[1] NEAR homepage[EB/OL]. [2017-03-09]. http://near. jhuapl. edu/.

[2] 会合-舒梅克号[EB/OL]. [2017-03-09]. http://zh. wikipedia. org/wiki/%E6%9C%83%E5%90%88-%E8%88%92%E6%A2%85%E5%85%8B%E8%99%9F.

[3] [EB/OL]. [2017-03-09]. http://nssdc. gsfc. nasa. gov/image/spacecraft/near_diagram. jpg.

[4] NEAR Shoemaker[EB/OL]. [2017-03-09]. http://en. wikipedia. org/wiki/NEAR_Shoemaker.

[5] NEAR Mission Profile[EB/OL]. [2017-03-20]. http://nssdc. gsfc. nasa. gov/planetary/mission/near/near_traj. html.

[6] NEAR[EB/OL]. [2017-03-09]. http://discovery. nasa. gov/near. cfml.

[7] Dawn (spacecraft)[EB/OL]. [2017-03-09]. http://en. wikipedia. org/wiki/Dawn_(spacecraft).

[8] 李虹琳，李金钊. 美国"黎明号"小行星探测器到达谷神星[J]. 中国航天，2015，(4)：14-20.

[9] DAWN[EB/OL]. [2017-03-09]. http://dawn. jpl. nasa. gov/technology/.

[10] ROSETTA MONITORS DEEP IMPACT[EB/OL]. [2017-03-09]. http://m. esa. int/Our_Activities/Operations/Rosetta_monitors_Deep_Impact.

[11] Deep Impact (spacecraft)[EB/OL]. [2017-03-09]. http://en. wikipedia. org/wiki/Deep_Impact_(spacecraft)#cite_note—ESA_portal-16.

[12] Auster H, Richter I, Glassmeier K, et al. Magnetic field investigations during ROSETTA's 2867 Šteins flyby[J]. Planetary and Space Science, 2010, 58(9): 1124-1128.

[13] D'accolti G, Beltrame G, Ferrando E, et al. The solar array photovoltaic assembly for the ROSETTA Orbiter and Lander spacecraft's[C]. Space Power, 2002: 445.

[14] Rosetta[EB/OL]. [2017-03-13]. http://nssdc. gsfc. nasa. gov/nmc/spacecraft Display. do?id=2004-006A.

[15] Stramaccioni D. The Rosetta propulsion system[C]. 4th International Spacecraft Propulsion Conference, 2004.

[16] Biele J. The experiments onboard the Rosetta lander//Cometary Science after Hale-Bopp[M]. Berlin: Springer, 2002: 445-458.

[17] Stern S, Slater D, Scherrer J, et al. Alice: The Rosetta ultraviolet imaging spectrograph[J]. Space Science Reviews, 2007, 128(1-4): 507-527.

[18] Stern S, Slater D, Gibson W, et al. Alice—An ultraviolet imaging spectrometer for the Rosetta Orbiter[J]. Advances in Space Research, 1998, 21(11): 1517-1525.

[19] Thomas N, Keller H U, Arijs E, et al. OSIRIS—The optical, spectroscopic and infrared remote imaging system for the Rosetta orbiter[J]. Advances in Space Research, 1998, 21(11):

1505-1515.

[20] Reininger F M, Coradini A, Capaccioni F, et al. VIRTIS: Visible infrared thermal imaging spectrometer for the Rosetta mission[C]. SPIE′s 1996 International Symposium on Optical Science, Engineering, and Instrumentation, 1996: 66-77.

[21] MIRO—Microwave Instrument for the Rosetta Orbiter[EB/OL]. [2017-03-13]. http://www. mps. mpg. de/1979612/MIRO.

[22] Kofman W, Hérique A, Goutail J P, et al. The comet nucleus sounding experiment by radiowave transmission(CONSERT): A short description of the instrument and of the commissioning stages[J]. Space Science Reviews, 2007, 128(1-4): 413-432.

[23] Pätzold M, Häusler B, Aksnes K, et al. Rosetta radio science investigations(RSI)[J]. Space Science Reviews, 2007, 128(1-4): 599-627.

[24] Balsiger H, Altwegg K, Arijs E, et al. Rosetta orbiter spectrometer for ion and neutral analysis-ROSINA[J]. Advances in Space Research, 1998, 21(11): 1527-1535.

[25] Riedler W, Torkar K, Rüdenauer F, et al. The MIDAS experiment for the Rosetta mission[J]. Advances in Space Research, 1998, 21(11): 1547-1556.

[26] Engrand C, Kissel J, Krueger F R, et al. Chemometric evaluation of time-of-flight secondary ion mass spectrometry data of minerals in the frame of future in situ analyses of cometary material by COSIMA onboard ROSETTA[J]. Rapid Communications in Mass Spectrometry, 2006, 20(8): 1361-1368.

[27] Della C V, Rotundi A, Accolla M, et al. GIADA: Its status after the Rosetta cruise phase and on-ground activity in support of the encounter with comet 67P/Churyumov-Gerasimenko [J]. Journal of Astronomical Instrumentation, 2014, 3(01): 1350011.

[28] RPC: ROSETTA PLASMA CONSORTIUM[EB/OL]. [2017-03-13]. http://sci. esa. int/rosetta/35061-instruments/? fbodylongid=1644.

[29] Goesmann F, Rosenbauer H, Roll R, et al. COSAC onboard Rosetta: A bioastronomy experiment for the short-period comet 67P/Churyumov-Gerasimenko[J]. Astrobiology, 2005, 5(5): 622-631.

[30] Wright I, Barber S, Morgan G, et al. Ptolemy-An instrument to measure stable isotopic ratios of key volatiles on a cometary nucleus[J]. Space Science Reviews, 2007, 128(1-4): 363-381.

[31] INTRODUCING SD2: PHILAE'S SAMPLING, DRILLING AND DISTRIBUTION INSTRUMENT[EB/OL]. [2017-03-13]. http://blogs. esa. int/rosetta/2014/04/09/introducing-sd2-philaes-sampling-drilling-and-distribution-instrument/.

[32] Seidensticker K J, Möhlmann D, Apathy I, et al. SESAME-An experiment of the ROSETTA Lander Philae: Objectives and general design[J]. Space Science Reviews, 2007, 128(1-4): 301-337.

[33] Philae(spacecraft)[EB/OL]. [2017-03-09]. http://en. wikipedia. org/wiki/Philae_(spacecraft).

[34] Rosetta(spacecraft)[EB/OL].[2017-03-09].http://en.wikipedia.org/wiki/Rosetta_(spacecraft).

[35] Rosetta Instrument Reignites Debate on Earth's Oceans[EB/OL].[2017-03-13].http://www.jpl.nasa.gov/news/news.php?release=2014-423.

[36] Feldman P D,A'hearn M F,Bertaux J L,et al. Measurements of the near-nucleus coma of comet 67P/Churyumov-Gerasimenko with the Alice far-ultraviolet spectrograph on Rosetta[J]. Astronomy & Astrophysics,2015,583:A8.

[37] Capaccioni F,Coradini A,Filacchione G,et al. The organic-rich surface of comet 67P/Churyumov-Gerasimenko as seen by VIRTIS/Rosetta[J]. Science,2015,347(6220):aaa0628.

[38] Fray N,Bardyn A,Cottin H,et al. High-molecular-weight organic matter in the particles of comet 67P/Churyumov-Gerasimenko[J]. Nature,2016,538(7623):72-74.

[39] Rosetta mission lander detects organic molecules on surface of comet[EB/OL].[2017-03-14].http://www.theguardian.com/science/2014/nov/18/philae-lander-comet-surface-detects-organic-molecules.

[40] Bibring J P, Taylor M, Alexander C, et al. Philae's first days on the comet[J]. Science, 2015,349(6247):493.

[41] Altwegg K,Balsiger H,Bar-Nun A,et al. Prebiotic chemicals—amino acid and phosphorus—in the coma of comet 67P/Churyumov-Gerasimenko[J]. Science Advances, 2016, 2(5):e1600285.

[42] Bieler A,Altwegg K,Balsiger H,et al. Abundant molecular oxygen in the coma of comet 67P/Churyumov-Gerasimenko[J]. Nature,2015,526(7575):678-681.

[43] File:Stardust-spacecraft diagram.png[EB/OL].[2017-03-09].http://en.wikipedia.org/wiki/File:Stardust_-_spacecraft_diagram.png.

[44] Stardust Flight System Description[EB/OL].[2017-03-09].http://stardust.jpl.nasa.gov/mission/spacecraft.html.

[45] Newburn R L,Bhaskaran S,Duxbury T C,et al. Stardust imaging camera[J]. Journal of Geophysical Research:Planets,2003,108(E10):8116.

[46] Anderson J D,Lau E L,Bird M K,et al. Dynamic science on the stardust mission[J]. Journal of Geophysical Research:Planets,2003,108(E10):99-113.

[47] Morbidelli A,Chambers J,Lunine J,et al. Source regions and timescales for the delivery of water to the Earth[J]. Meteoritics & Planetary Science,2000,35(6):1309-1320.

[48] MUSES-C Hayabusa[EB/OL].[2017-04-05]. http://wiki.komica.org/wiki5/?%E9%9A%BC%E9%B3%A5%E8%99%9F.

[49] 高红卫. 日本“隼鸟”号航天器探测“丝川”小行星[J]. 航天工业管理,2006,(1):40,41.

[50] Asteroid probes[EB/OL].[2017-03-10].http://en.wikipedia.org/wiki/List_of_Solar_System_probes#Asteroid_probes.

[51] Comet probes[EB/OL].[2017-03-10].http://en.wikipedia.org/wiki/List_of_Solar_System_probes#Comet_probes.

[52] 施伟璜. 解读小行星采样返回探测器 OSIRIS-REx[C]. 中国宇航学会深空探测技术专业委员会学术年会,2012.

[53] Cheng A F,Atchison J,Kantsiper B,et al. Asteroid Impact and Deflection Assessment mission [J]. Acta Astronautica,2015,115(19):262-269.

[54] Michel P,Cheng A,Küppers M,et al. Science case for the Asteroid Impact Mission(AIM): A component of the Asteroid Impact & Deflection Assessment(AIDA) mission[J]. Advances in Space Research,2016,57(12):2529-2547.

[55] Cheng A,Michel P. Asteroid Impact and Deflection Assessment mission:The Double Asteroid Redirection Test(DART)[C]. Lunar An Dplanetary Science Conference,2016.

[56] Stickle A M, Atchison J A, Barnouin O S, et al. Modeling momentum transfer from the dart spacecraft impact into the moon of didymos[C]. Proceedings of the 4th IAA Planetary Defense Conference, Frascati, Italy, 2015.

[57] Michel P,Cheng A F,Küppers M. Asteroid Impact and Deflection Assessment(AIDA) mission:Science investigation of a binary system and mitigation test[J]. EPSC Abstracts,2015,10.

[58] Abell P A,Rivkin A S. The Asteroid Impact and Deflection Assessment Mission and its Potential Contributions to Human Exploration of Asteroids[J]. Mineralogy & Petrology, 2014,55(1-3):53-69.

[59](341843) 2008 EV5[EB/OL]. [2017-03-16]. http://en. wikipedia. org/wiki/(341843)_2008_EV5#Sample_return_mission.

[60] 341843(2008 EV5)[EB/OL]. [2017-03-16]. http://ssd. jpl. nasa. gov/sbdb. cgi? sstr=2008%20EV5;orb=1.

[61] 162173 Ryugu(1999 JU3)[EB/OL]. [2017-03-17]. http://ssd. jpl. nasa. gov/sbdb. cgi? sstr=1999%20JU3;orb=1.

[62] Mazanek D D,Merrill R G,Belbin S P,et al. Asteroid redirect robotic mission:Robotic boulder capture option overview[C]. AIAA Space 2014 Conference and Exposition,2014:4432.

[63] Advanced Solar Array Systems[EB/OL]. [2017-03-16]. http://www. nasa. gov/offices/oct/home/feature_sas. html.

[64] Belbin S P,Merrill R G. Boulder capture system design options for the asteroid robotic redirect mission alternate approach trade study[C]. AIAA Space 2014 Conference and Exposition,2014:4434.

[65] Parness A,Frost M,Thatte N,et al. Gravity-independent Rock-climbing Robot and a Sample Acquisition Tool with Microspine Grippers[J]. Journal of Field Robotics,2013,30(6): 897-915.

[66] Reeves D M,Naasz B J,Wright C A,et al. Proximity operations for the robotic boulder capture option for the asteroid redirect mission[C]. AIAA Space 2014 Conference and Exposition,2014:4433.

[67] Bottke Jr W F,Vokrouhlicky D,Rubincam D P,et al. The Yarkovsky and YORP effects: Implications for asteroid dynamics[J]. Annu. Rev. Earth Planet. Sci. ,2006,34:157-191.

[68] Klačka J. Mass distribution in the asteroid belt[J]. Earth, Moon, and Planets, 1992, 56(1): 47-52.

[69] Clark B E, Hapke B, Pieters C, et al. Asteroid space weathering and regolith evolution[J]. Asteroids Ⅲ, 2002aste. book.. 585C.

[70] Marchis F, Hestroffer D, Descamps P, et al. A low density of 0.8 g · cm^{-3} for the Trojan binary asteroid 617 Patroclus[J]. Nature, 2006, 439(7076): 565.

[71] Lecar M, Podolak M, Sasselov D, et al. On the location of the snow line in a protoplanetary disk[J]. The Astrophysical Journal, 2006, 640(2): 1115.

[72] Spratt C E. The Hungaria group of minor planets[J]. Journal of the Royal Astronomical Society of Canada, 1990, 84: 123-131.

[73] Elkinstanton L T, Asphaug E, Bell J, et al. Journey to a metal world: Concept for a discovery mission to Psyche[C]. Lunar & Planetary Science Conference, 2014: 1253.

[74] Ceres Spots Continue to Mystify in Latest Dawn Images[EB/OL]. [2017-06-29]. http://www.jpl.nasa.gov/news/news.php?release=2015-215.

[75] Dawn Discovers Evidence for Organic Material on Ceres[EB/OL]. [2017-06-29]. http://www.nasa.gov/feature/jpl/dawn-discovers-evidence-for-organic-material-on-ceres.

[76] Marco Polo(spacecraft)[EB/OL]. [2017-06-29]. http://en.wikipedia.org/wiki/Marco_Polo_(spacecraft).

[77] MARCOPOLO-R ASSESSMENT STUDY REPORT(YELLOW BOOK)[EB/OL]. [2017-06-29]. http://sci.esa.int/marcopolo-r/53448-marcopolo-r-yellow-book/.

[78] Barucci M A, Cheng A, Michel P, et al. MarcoPolo-R near earth asteroid sample return mission[J]. Experimental Astronomy, 2012, 33(2): 645-684.

第 6 章　来自小天体的威胁

在小天体中,大部分流星体质量太小,会在大气上层燃烧殆尽,一般不具有威胁,但当其到达地面或在地面上层爆炸时可能会造成严重的局部破坏。大部分彗星的轨道偏心率很大,大部分轨道段都距离地球较远,很难观测,只有当其接近地球的时候才能被发现,这在一定程度上增加了其撞击的威胁。对地球撞击威胁最大的还是近地小天体,其轨道和地球轨道相近,终日在地球轨道附近游荡,撞击地球的概率非常大,这也是目前小天体威胁研究的主要目标。

6.1　对小天体威胁的认知

6.1.1　人类对小天体威胁的认知历程

虽然自古以来就有很多陨石降临在地面,但都对人类整体上没有造成非常大的伤害,人类也没有真正意识到这些地外天体巨大的破坏力。随着发现的近地小天体数目的增多,人类也逐渐加深了对小天体撞击威胁严重后果的认知。

第一颗发现的近地小天体是 433 号小行星爱神星,由德国天文学家卡尔·古斯塔夫·伊特于 1898 年发现。他当时计算发现这颗小行星的轨道半长径只有 1.46 天文单位,比火星还小。而且在它到达近日点时,距离太阳只有 1.13 天文单位,已经非常靠近地球了。这个发现引起了人们的特别关注,为这颗小行星起了个爱神星的雅号。这是自第一颗小行星谷神星发现以来,首次观测到的主带内小行星。

小行星爱神星发现后的 20 多年里,人们一直以为它就是距离太阳最近的小行星,因此备受人们的青睐。然而,到了 1932 年,比利时天文学家德尔波特发现了第 1221 号小行星"阿莫尔",它把小行星距太阳最近的记录刷新到 1.09 天文单位。时隔仅两个月,阿莫尔的这一新记录又被另一颗新发现的小行星所取代。这颗小行星一下子把距太阳最近的纪录刷新到 0.65 天文单位。使人们惊叹的是,它不但越过了地球,而且还越过了金星轨道。这颗被编为第 1862 号的小行星取名为太阳神"阿波罗"[7]。

在不断发现新的近地小天体的过程中,天文学家也开始担忧这些小行星距离地球的轨道如此之近,最后是否会撞上地球。在观测的过程中,他们也时刻注意着这些小行星和地球的距离。爱神星在 1930 年 1 月发生大冲(它到达近日点时与地球、太阳排列成一直线)，这时和地球距离最短，为 0.17 天文单位，约 2500 万千米。阿波罗星在发现那年的 5 月 15 日，它的近地距离仅为 1140 万千米。

20 世纪 30 年代，是近地小天体频繁造访地球的时期。记录表明，1936 年 2 月 7 日，小行星阿多尼斯星在距地球 220 万千米的地方掠过地球。1937 年发现的赫米斯星，着实把人们吓了一大跳。这年的 10 月 30 日，它跑到地球身旁的 70 万千米处，一夜间越过了地球大半个天空。几十万千米在天文学家眼里只是近在咫尺的距离。如果它在途中遭遇什么“不幸”(指地心引力作用)，弄不好会同地球相撞的。赫米斯(又译为赫尔墨斯)为希腊神话中众神的使者，常被宙斯等众神派到地上来“探访”。人们用这个名字给离地球最近的小行星命名是再合适不过的了[7]。

随着冷战开始，美苏等发达国家先后将重心转入军备竞赛，大量的资源投入到了与军事相关的领域，因而在这一时期，像小行星防御这样在当时看来类似科学幻想的研究方向几乎停滞不前，直到 20 世纪 80 年代末才有所改观。但是，天文学家并没有停止对近地小天体的发现和监控，也不断有新的近地小天体被发现。在此期间，天文学家相继记录到的近地小天体还有伊卡鲁斯星、地理星、托洛星等，它们都与地球比较近。但是绝大多数的近地小天体的近地距离都比月地距离大，并不会有太高概率的撞击威胁，并未引起当时社会的足够重视。

地质学家发现在层层排列的地质界线中，保留了大量地质演化的信息，如图 6-1 所示。1980 年，Alvarez 等根据白垩纪/第三系界限(简称 K/T 界限)黏土层中 Ir 元素的丰度异常，发现在这一界限附近有大量的非地球物质，进而他们提出了小行星撞击地球假说，他们认为是一颗直径 10 千米的小行星撞击地球造成了生物大灭绝。

图 6-1　层层排列的地质界线

1991 年，由于当时不断观测到小行星穿越地球轨道的情形，美国众议院的科学与技术委员会认为对威胁到地球的小行星采取措施是十分必要的。尽管由小行星引起的全球性灾难数千万年也不会发生一次，但是一旦发生，那么后果将是不可想象的，因而必须谨慎评估其威胁并且采取相应的措施。

1992 年，NASA 发表的报告再次指出了小行星撞击的风险，并且提出要建立全球性的小行星搜索系统。限于当时的观测技术，几乎所有被发现的小行星或短周期彗星的直径均在 1000 米以上的，人类无法确认是否监测到了所有威胁地球安全的小行星。NASA 认为必须对同一个天区进行反复搜索才有可能发现所有的潜在威胁。

1993 年，NASA 向美国众议院提交了一份关于小行星防御的计划，却并未获得拨款。这是由于当时众议院的议员们普遍认为小行星的撞击威胁只是那些“科学疯子”的幻想。当时在《华盛顿时报》的一篇社论中就明确指出了，NASA 的小行星防御计划是“挥霍纳税人税款的诡计”。甚至有的议员提出了“鸵鸟政策”——鸵鸟遇到危险时会把头埋进沙子里，主张采取“根本不设防”的政策。同时，由于当时提出的方案多以核爆炸为主，而在当时的政治因素下，尚不适宜大规模地发展核武器技术，即使是用于小行星防御也会被认为是借机扩充军备。

然而 1994 年 7 月 16 日到 22 日，舒梅克-利维 9 号彗星临近木星。在木星巨大的引力场作用下，这颗彗星被撕裂为数十块，并在接下来的几天内连续撞击木星表面。据中国国家天文台估计，这样尺度的碎块如果撞向地球，每一个都会引起全球性质的气候灾害。

在这次彗木大碰撞之后，人们才普遍意识到来自小行星的威胁确实存在，一旦

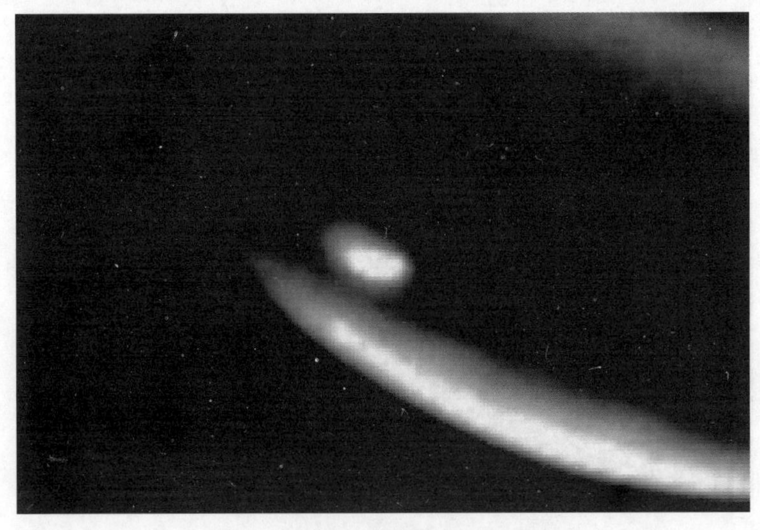

图 6-2　彗星撞击木星后产生的亮斑

发生一次严重的撞击事件，那么将会给全球的气候、人口以及基础设施带来不可估量的破坏。美国国会也开始对小行星的防御计划给予了一定的支持。

2000 年初，日本建立了当时全世界最大的小行星数据库，建立这种平台的目的是为世界上的观测站有目的地观测某些具有威胁的小行星，尽量避免不必要的重复观测，有利于提高观测资源的利用率。

2000 年 9 月，英国 NEO Task Force 做出报告，认为当今小行星防御最大的不确定性在于对小行星的认知不完整，并且希望在欧洲建立 3 米口径的巡天望远镜，用以观测其他观测站尚未系统观测的小天体。同时，该组织还建议政府能够主持多学科对于小天体防御问题的交流，而且积极与其他国家的政府联合探测那些被认为极具威胁的小行星。

2003 年 8 月，NASA 的 Science Definition Team 报告指出：当前的技术能力不足以完全消除小行星的威胁。该团队希望下一代的观测系统能够观测到 90% 的直径在 140～1000 米的小行星。通过评估，该团队认为根据目前的观测数据，彗星的撞击风险远不及小行星，所以希望当前的一些彗星探测计划的经费（该团队估算为 2.36 亿～3.97 亿美元）转而用于对小行星进行进一步的探测。

在 2004 年的行星防御会议（2004 Planetary Defense Conference）上，来自全球的科学家进行了众多报告，内容从技术上的讨论到原理性的研究，甚至从心理学的角度分析了小行星防御的诸多问题，许多来自于一些小行星防御计划研究机构的代表向众人展示了最新的研究成果。

2011 年 1 月，欧盟拟建近地轨道防御体系。这个防御体系旨在通过导弹摧毁、引力牵引和主动碰撞等多种手段防范近地小天体撞击地球。这个计划由欧盟出资 400 万欧元，其他相关科研机构及欧盟战略合作伙伴出资 180 万欧元，由德国宇航中心负责该计划的具体实施，并于 2014 年进行了测试和评估。欧盟希望这个计划能在 2020 年以前正式开始实施。

2013 年 2 月 15 日，一颗将近 10 吨重的流星在俄罗斯的车里雅宾斯克上空爆炸。1200 人在这次事件中受伤，这使人们更加意识到了小行星的危害。仅仅 18 小时之后，小行星 2012DA14 在离地球 27700 千米的地方飞过，虽然这次没有撞击地球的危险，但它比许多人造卫星都更加接近地球，小行星 2012DA14 创造了自 20 世纪 90 年代系统纪录小天体运动开始，小天体近距离经过地球的最新记录。这颗小行星直径 50 米左右，重 14.3 万吨。如果它以飞越地球的速度撞击地面，将有可能对 2000 平方千米的范围造成毁灭性破坏。

这些事实充分说明了小行星对地球的威胁确实存在。有很多近地小天体在离地球轨道很近的地方游弋，这么近的距离足以让它们在某天突然撞击地球。2013 年，俄罗斯撞击事件发生后，联合国通过了关于小行星国际联合预警机制，即设立国际小行星预警网络（IAWN）[8]。目前主要的成员有欧空局，美国航空航天局，俄罗斯天文研究所,韩国天文与空间研究所等共六个单位。参与的成员国可以通过该组织共享小行星的观测数据,并且协调小行星的拦截计划。联合国和平利用外层空间委员会将负责该任务的筹备,旨在阻止小行星撞击地球事件的发生。NASA 也成立了行星防御协调办公室,负责小行星防御方面的研究。欧空局建立了近地小天体防御计划(NEOShield-2)[9]深入研究小天体的各种性质,并研究各种小天体防御技术。

图 6-3　小行星划过俄罗斯上空产生的白烟

纵观小行星防御的历史,人类对这项工作的认识也在不断地加深,全球性的计划与合作正在不断地展开,这些合作对于未来的防御计划将具有举足轻重的作用。

6.1.2　小天体的撞击威胁

在太阳系中,轨道接近地球的小天体统称为近地小天体(NEO),从定义上来说,NEO 的轨道半长径要小于 1.3 天文单位。近地小天体按照小天体的分类方法可分为三类:近地小行星(NEA),近地彗星(NEC),流星体。其中数量最多的就是近地小行星。如图 6-4 所示,近地小行星可根据轨道分为四类:阿莫尔型(Amor),近日点在 1.02～1.3 天文单位;阿波罗型(Apollo),半长轴大于等于 1.0 天文单位,近日点小于等于 1.02 天文单位;阿登型(Aten),半长轴小于 1.0 天文单位,远日点大于等于 1.0167 天文单位;地内型(inner Earth objects,IEO;也称为 apohele 小行星或 atira 小行星),远日点小于等于 0.983 天文单位。

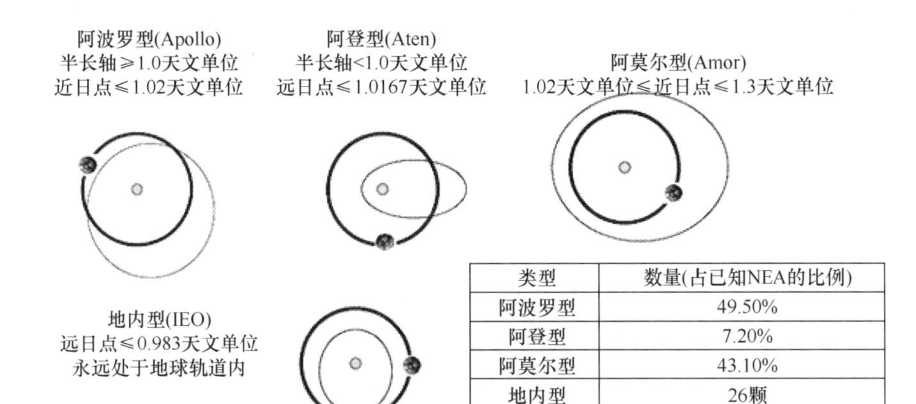

类型	数量(占已知NEA的比例)
阿波罗型	49.50%
阿登型	7.20%
阿莫尔型	43.10%
地内型	26颗

图 6-4　近地小行星的轨道类型，表格内的数据根据 MPC 2017 年 3 月公布数据计算而得，随着发现数目的增多，会有变化

在近地小天体中，有撞击地球风险的小行星或彗星被称作潜在威胁目标(potentially hazardous object，PHO)，对其分类的依据标准是：和地球的最小轨道交会距离(minimum orbit intersection distance，MOID)小于 0.05 天文单位，平均直径大于 150 米(对应视星等 $H<22$，反照率假设为 13%)。满足此条件的小天体撞击地球足以引起人类历史上前所未有的区域性灾难或超级海啸。截至 2017 年 3 月上旬，根据小天体中心的最新发布数据[10]，目前已经发现了 15422 颗近地小行星，其中直径超过 1 千米的有 874 颗，潜在威胁小行星(PHA)有 1765 颗，此外还发现了 107 颗近地彗星。大部分发现的 PHA 都属于阿波罗型，只有很小一部分属于阿登型[11]。图 6-5 显示了所有 PHA 的轨道投影到地球轨道平面的情形，从图中可以看出，当空间尺度被缩小后，地球所处的空间环境还是很凶险的。

在类地行星及其卫星上，人们也观测到了大量的撞击坑，这证明了在太阳系内撞击事件是普遍存在的。地球的邻居月球上也分布着大大小小、密密麻麻的撞击坑(图 6-6)。由于月球上不存在明显的风蚀和地质活动，这些撞击坑也为我们留下了很好的样本。

图 6-5 只是对地球面临危险的较直观展示，文献[12]统计了截至 2002 年各种小天体的观测数据，绘制出了小天体尺寸和撞击地球频率的拟合曲线，如图 6-7 所示。可以看到小天体撞击地球的频率和大小之间大致呈现对数关系，并且尺寸越小撞击地球的频率越高，而小尺寸的往往还难以观测，这更进一步增加了其威胁性。从图中可以看出对于通古斯爆炸，是由直径 50 米左右的小行星撞击造成的，可以看到其发生频率约每 500 年一次。

以上只是从小行星轨道的角度阐述了其对地球的撞击威胁，除此以外，还要充分了解小行星撞击地球的后果。

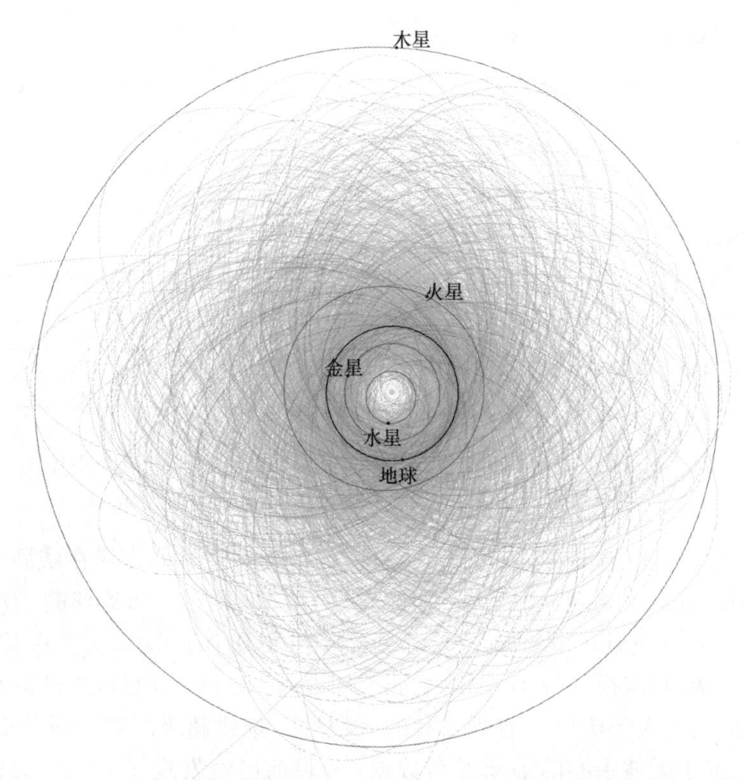

图 6-5　NASA 绘制的所有已知的潜在威胁小天体的轨道

选用的 PHA 数据的日期是 2013 年初[4]。图中的圆环从内向外分别是水星，金星，地球，火星和木星的轨道

图 6-6　月球地貌，可以看到上面密集的撞击坑

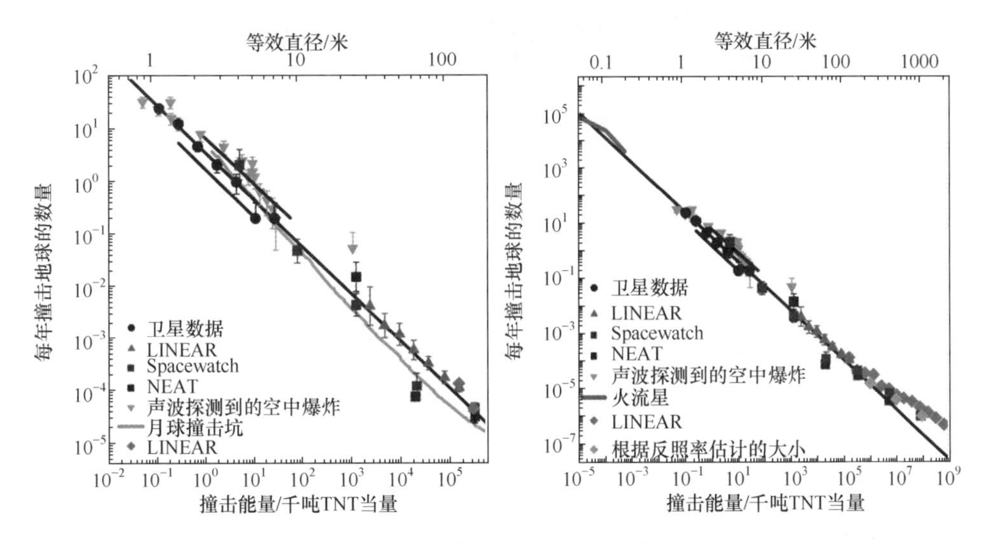

图 6-7　不同大小小行星撞击地球的频率

左图为等效直径在 100 米以下的撞击频率，右图包含了所有直径 1 千米以下的小天体碰撞频率

6.1.3　小天体的撞击灾害

小天体抵达地球后，造成伤害的主要途径有两种：空中爆炸和地面撞击[13]，这两种途径都是小天体携带的巨大动能在短时间内的急剧释放，威力巨大。空中爆炸是绝大部分流星体抵达地球后的结果，但由于其发生在高层大气，冲击波到达地面已经极其微弱，所以几乎没有造成危害。但有时也会有例外，当空中爆炸的高度很低，比如 2013 年俄罗斯的车州爆炸，就会对地面产生危害。地面撞击即通常所说的陨石撞击，有时在其到达地面前也会伴随着剧烈的空中爆炸。

根据破坏范围可以将小天体的撞击灾害大致分为局部灾害、区域灾害、全球灾害和全球性大灭绝四类。判断灾害范围的标准通常就是小天体的撞击动能（以 TNT 当量为单位），有时也会换算到小行星等效直径来表示。

局部灾害所引起的气候异常，往往小于正常气候变化引起的异常，故而通常认为不会造成实际影响。而大规模的碰撞就会造成全球气候的变冷，以至于生态系统遭到破坏。由于地球大气层的存在，任何小天体进入地球大气层都会经历剧烈的摩擦生热的过程，所以直径较小的小天体在这个过程中就会燃烧消失。一般认为 10 兆吨的撞击能量为大气截断当量，相当于直径 50 米左右的小行星就会穿越大气层对地表造成直接危害。例如，1908 年通古斯爆炸，目前认为这颗小行星的直径应该在 50 米左右。低于这个当量的小天体撞击事件对地球生态造成的影响比较小。表 6-1 显示了不同尺寸的小天体撞击地球后的影响。

表 6-1　不同尺寸的小天体撞击地球后的影响

小天体直径	影响	典型事件	发生频率/(年/次)
25～50 米	空中爆炸	通古斯爆炸	<500
50～100 米	小范围损害	2014DA14 略过地球	2000
150 米	区域性损害	—	30000
300 米	大陆规模	—	100000
1 千米	全球性灾害	—	700000
10 千米	全球性大灭绝	恐龙灭绝	1 亿年

当撞击能量大于大气截断当量的时候，小天体到达地面的速度会达到 10 千米/秒的量级。如果撞击点在陆地上，撞击产生的冲击波是主要危害。依照核武器的破坏区域，通常爆炸的面积正比于爆炸当量的 2/3 次方。将这种关系应用到小天体撞击事件上，可以导出通古斯爆炸所满足的关系：

$$A=100Y^{2/3}$$

其中，$Y=2\varepsilon E$ 是激波能量，E 是撞击产生的能量，单位兆吨，前面的系数是一个从撞击能量转化为激波能量的比例因子。虽然人类在承受了 0.06 兆帕的过压时才会受到严重的损害，但是即使过压只有 0.01 兆帕，由此产生的大风而带来的撞击产生的物块也具有非常大的杀伤力。所以一般用过压 0.03 兆帕的围道面积来表征冲击波所造成的伤害。这里的 A 就是过压 0.03 兆帕的围道面积。

产生局部灾害的小天体撞击能量一般在 2000 兆吨以下，破坏面积一般小于 10000 平方千米，所产生的灰尘也会局限于撞击点附近，所以这样的撞击事件不会造成全球性的气候变化。除冲击波之外，由爆炸产生的热辐射而引起的火灾隐患也是值得注意的。

如果撞击地点是海洋，灾害形式就是海啸。这个破坏面积要比陆地上大得多。一般认为灾害半径正比于撞击能量的 0.5 次方。海啸造成的灾害是非常巨大的，2010 年 10 月 25 日，发生在苏门答腊岛的地震所引发的海啸给周边国家造成了巨大的生命和财产损失。而这次地震的震级是里氏七级，相当于 34 兆吨当量，与一次小天体撞击的爆炸当量相比是非常小的。地球上的海洋面积巨大，所以一旦小天体落入海洋，所造成的影响将至少造成一次类似苏门答腊岛的海啸。

区域灾害是指 2000 兆吨～10 万兆吨的撞击能量所造成的区域性灾害。当撞击能量大到一定程度的时候，冲击波产生的破坏半径并没有增加多少，但是其造成的灾害却远远超出爆炸直接破坏的区域。因为其产生的灰尘会长时间地停留在空中，并随大气流动而波及更大的区域，其造成的影响类似于一次大规模的火山喷发。坦博拉火山大爆发是人类有记录以来的最大的火山爆发，据估计其喷出的岩浆超过 1400 亿吨，使得超过 7 万人丧生。由于这次喷发产生的大量灰尘形成的气

图 6-8　海啸前后的卫星照片对比

溶胶遮挡了阳光，全球的平均温度当年下降了 2 摄氏度，1816 年也因此被称为无夏之夜，而接下来的近十年里，地球的平均温度都没有恢复到正常水平。这次气候的猛烈变化，使得大量农作物死亡，许多人因饥饿而死。当小天体撞击地球的时候，这样的灾害也将会发生。

另外，如果撞击当量在一万兆吨以上，那么，无论小天体撞击在哪个大洋，所产生的海啸都将毁坏大洋两侧的城市。根据 Hill 的数值模拟，即使撞击当量在 1000 兆吨的水平，海啸也能在 1 千米以外的海岸造成高达 5 米的海浪。大多数经济发达、人口稠密的城市都位于沿海地区，这样造成的间接损失将远大于海啸本身。

全球灾害是指当全球超过四分之一的人口因为小天体撞击而死亡时，就可以看作一次全球性的灾害[14]。如果小天体的撞击能量超过 10 万兆吨，冲击波破坏的面积将接近 100 万平方千米，如果撞击发生在海洋，那么将会引起遍及半个地球的大海啸。撞击所带来的灰尘将会极大地影响全球气候，如果亚微米级尘埃足够多，使得大气的光深大于 2(即光线通过大气后，辐射强度小于原辐射强度的 $1/e^2$)，那么地球平均温度将会下降 10 摄氏度左右，全球将会进入一个漫长的“撞击冬天”。如果撞击能量超过 100 万兆吨，光深会达到 10 左右，地面的光线就会不足以支持植物的光合作用，全球的农作物将会全部死亡进而引起全球性的大饥荒。

除此之外，由撞击产生的喷出物的速度会非常快以至于可能进入亚轨道，并随着大气流动而到达地球的各个角落。这些喷出物在经过大气层时不可避免地会产生高温，由此将在全球范围内引起大面积火灾。这些重返大气层的灰尘也会提供更多的亚微米级的尘埃，增加大气光深。

最后，大灭绝是指如果小天体撞击能量超过了1000万兆吨，那么全球性的灾害就会进一步引起生物大灭绝。撞击带来的尘埃会布满整个平流层，据估计到达地球的自然光将会低于人类眼睛的视觉极限，地球平均温度将降至零下。这样的情况将会持续很长时间，在黑暗和严寒中，植物大面积死亡，动物难以找到食物，人类也同样会因为食物短缺而大量死亡。再加上全球性的火灾会使得空气中充斥着各种有毒有害的气体，进一步加速生物的灭绝[15]。

图6-9　小行星撞击可能是恐龙灭绝的重要原因

此外，文献[13]指出，小天体造成破坏的主要形式除了上文中提到的海啸、冲击波、大气尘埃，还可能会引起一氧化氮生成、水蒸气注入和核爆等，这些危害同样不可忽视。

一氧化氮可在高温条件下产生，因此当小天体进入大气层以及和高温碰撞抛射物向外喷溅时都会产生大量的一氧化氮。如果撞击天体富含硫酸盐或碳酸盐，也有可能产生大量的一氧化硫和一氧化碳。这些一氧化物首先会直接对生物机能产生影响，其次可能会产生酸雨，当破坏范围很大时甚至会严重破坏臭氧层，造成进一步的破坏。

水蒸气会在撞击发生在海洋或威胁天体富含水时产生，大气中水蒸气增加的最直接后果就是严重的温室效应，这会使全球的气温显著升高。文献[13]的分析表明，每兆吨的撞击能量可汽化约 1.5 亿千克的水，仅 104 兆吨的撞击就足以令对流层的水蒸气密度加倍。

小行星撞击引起的核爆主要因为目前地球上的核设施逐渐增多，万一外来天体恰好撞击到这些核设施上，巨大的冲击力必然会使得这些辐射物质急速扩散，其伤害不亚于一次核弹爆炸。另外，小天体的撞击产生的当量本就和一次核爆差不多，如果恰好赶上人类社会处于紧张的政治敌对状态，很可能被误认为是敌国的核弹打击，进而引起核战的爆发。

虽然以上阐述了小行星可能带来的种种灾害，但小行星撞击毕竟算是极小概率的事件，大部分民众并不能切身感受到其危害。文献[14]将小行星的灾害和经常致人死亡的高发事件做了对比，使得大家能更加深刻地认识到其危险性。表 6-2 是该文献统计的不同致人死亡事件的致死概率，可以看到人类因局部灾害的小行星撞击而死亡的概率比触电身亡的概率还要高。

表 6-2　美国主要死亡事件的致死概率

死亡事件	致死概率
车祸	1/100
谋杀	1/300
火灾	1/800
枪击事故	1/2500
小天体撞击(1.5 万兆吨)	1/3000
触电	1/5000
小天体撞击(20 万兆吨)	1/20000
飞机失事	1/20000
洪水	1/30000
龙卷风	1/60000
动物咬伤中毒	1/100000
小天体撞击(千万兆吨)	1/25000
烟火事故	百万分之一
食物中毒(肉毒杆菌)	三百万分之一
三氯乙烯造成的水污染	千万分之一

图 6-10 将表 6-2 更直观地表现了出来，图中描述了单次事件的死亡人数和死亡概率的关系。常见的车祸、谋杀就是常发生但是每次造成的死亡人数较少，大部分时候并不会引起公众太多的注意，而那些一次能造成很多人死亡的事件恰恰相

反,虽然发生的概率很低,但因每次死亡人数较多,常常引起人们的注意,最典型的就是空难事件,基本全球的媒体都会报道,小行星撞击就属于这类事件,且其致人死亡的概率可能还会更高。这个图可以直观地使我们意识到小天体的撞击离人类并不遥远。

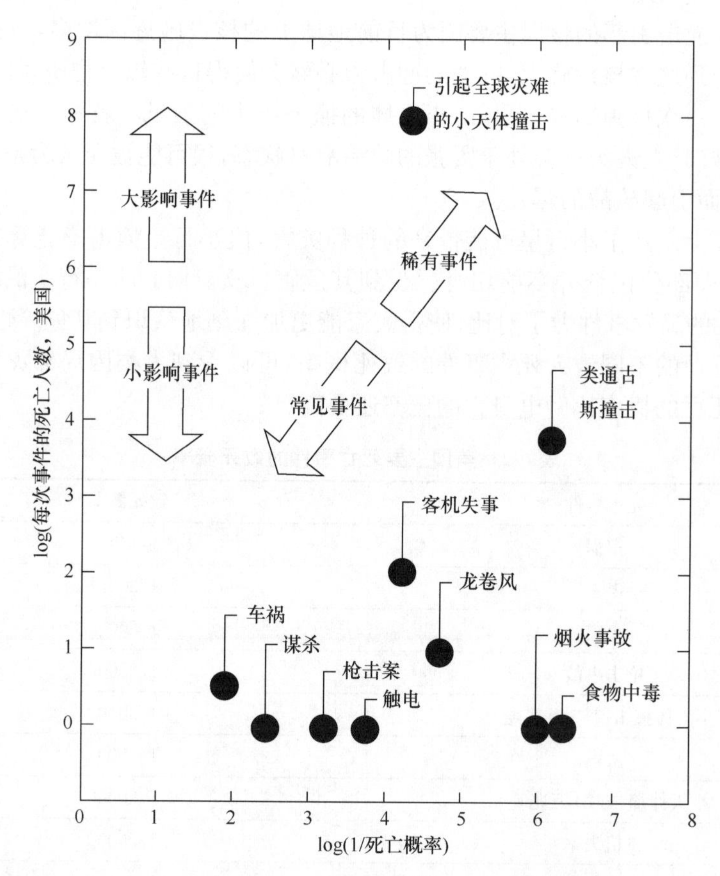

图 6-10　美国社会中常见的死亡事件和小行星撞击引起的死亡事件对比

6.2　小天体风险评估

小天体的风险评估需要从小天体运行的轨道来判断其是否会撞上地球,进行小天体的碰撞监测。首个小行星碰撞监测系统软件 CLOMON 由意大利 Pisa 大学于 1999 年末发布。在该软件发布以前,初步的小行星巡天观测已经完成,但是一直缺乏有效的方法来评估碰撞的可能性。使用线性碰撞预测理论可以评估 10^{-3}～10^{-4}这些相对较高概率的碰撞。但是,如果小行星的直径超过 1 千米,其撞击当量可达 20000 兆吨,即使碰撞概率只有 10^{-6}～10^{-7}的量级也不能被忽略,不去跟踪这样的目标很可能会产生严重的结果。1999 年 Pisa 大学的 Milani 等[16]首次计算出小行星 1999AN10 在 2039 年的碰撞概率约为 10^{-9}，完全排除了小行星在该时间段的碰撞威胁，根据其计算方法，他们同年开发出了 CLOMON 碰撞监测系统。

2002 年，CLOMON 碰撞监测系统被第二代系统 CLOMON2 取代，同时 NASA 的 JPL 也开发出了哨兵(SENTRY)系统。这两个独立的系统可以对评估结果进行相互比对参照，从而保证在早期阶段实现对目标的识别监测，并进行后续的跟踪观测直到能确定地排除威胁。在进行威胁目标的跟踪观测阶段，这些威胁小行星的列表和初步的轨道估计信息也会发布在系统的网站上。CLOMON2 系统的相关网址为 http://newton.dm.unipi.it/neodys；哨兵系统的网址为 http://neo.jpl.nasa.gov。

在碰撞监测中，碰撞概率是重要的指标。通常以小行星定轨的结果为基础，预测小行星和地球的交会情况，计算得到小行星在未来时刻撞击地球的概率。

小行星的定轨计算是根据观测资料对轨道状态进行最优估计，从观测到的资料中估计出的最优解在解空间中存在着一个不确定区域，称作置信域，置信域内的任何状态量都可能是小行星的实际状态。当一个小行星刚被发现时，由于观测资料很少，得到的轨道的不确定区域(置信域)很大，小行星撞击地球的可能性很难被排除。随着观测资料的增多，轨道的不确定域(置信域)减小，其撞击地球的风险就可能被排除，如图 6-11 所示，小行星轨道的置信域从 $A1$ 逐步缩小到 $A3$，置信域最终将目标行星排除在外，也就排除了小行星撞击目标行星的可能。因此，如果能了解到某一小行星有撞击地球的可能性，就要对其进行跟踪观测，获取更多的观测资料来继续评估其威胁性。如果小行星就此丢失，没有继续被观测到，其威胁性就暂时维持在原有的水平，直到后续再次发现，但很可能会由于时间太短而来不及进行消除操作。碰撞的监测及风险评估就是要利用小行星的这些有限的轨道信息来评估其碰撞危险性到底有多大。对小行星的防御效果进行评估也是采用相似的原理和方法，只不过在防御操作后轨道状态会发生改变，使用新的轨道量对风险进行评估即可。

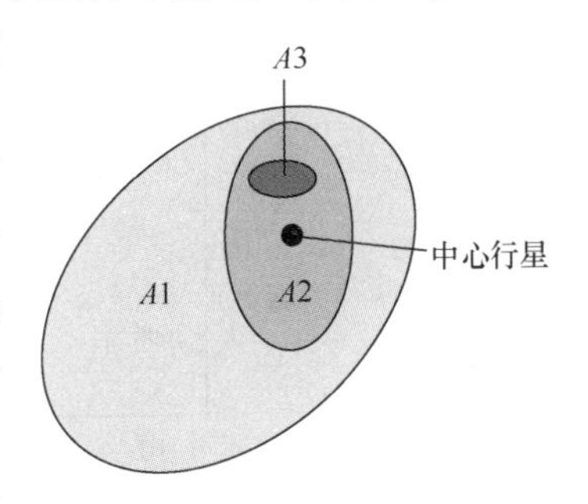

图 6-11　小行星碰撞风险排除示意图[2]

碰撞概率的大小代表了小行星碰撞可能的高低，其基本计算原理是：将置信域投影到与中心行星撞击的小行星双曲线轨道相垂直的二维平面(b平面)内，计算置信域和中心行星重合部分占整个置信域的比重。

评估小行星的撞击时，只有在小行星到达大行星附近时才有意义。定轨得到的置信域对应的是定轨求解的那一时刻，在实际计算碰撞概率时还涉及置信域随时间的变化，需要将其外推到小天体和中心行星的交会时刻。由于置信域很难用数学公式直接表达出来，计算时通常将其离散化处理。也就是说可以把小行星定轨的结果想象成一群虚拟的小天体（virtual asteroid，VA）但拥有差别很小的轨道状态，并且都能符合观测的结果。这些虚拟小行星中包含着最真实的那条轨道，每个虚拟小天体都代表着置信域中的一小部分，也就是说，每个虚拟小天体的轨道也不是完全确定的，但具有非常小的置信域。这样的话就可以对每个虚拟小行星进行局部的线性化计算。

通过在置信域中采样可以得到虚拟小天体，在得到的所有虚拟小天体中，如果满足撞击地球的条件，这样的虚拟小天体就称为虚拟碰撞体（virtual impactor，VI）。同样的，虚拟碰撞体也代表的是置信域中满足碰撞条件的一些子区域。最简单的计算碰撞概率的方法就是计算虚拟碰撞体数目和虚拟小天体数目的比值。但是，考虑到开普勒运动对初值不稳定的特点，置信域会随着时间的推移变大，影响碰撞概率的计算精度。因此，需要选择合适的采样方法来进行计算，文献[17]详细阐述目前通用的采样与碰撞概率的计算方法，这里不再介绍。

碰撞监测只是确定了小天体是否会撞上地球，而小天体撞击地球的后果也是风险评估的重要内容，在上一节中已经知道这和撞击能量的大小有关。为了对小天体的威胁有统一的量化评估，科学家目前主要建立了两个评估指数：都灵危险指数（Torino scale，也译作杜林危险指数）和巴勒莫撞击危险指数。这两个指数是同时考虑到碰撞概率和小天体的撞击能量等各种因素后建立的综合评估标准。

都灵危险指数是一套用于衡量包括小行星和彗星在内的近地小天体撞击地球风险的指标。天文学家和公众通过考虑撞击概率和撞击产生的灾害来综合评估一个小天体撞击地球的危险程度。都灵危险指数介于 0～10，0 表示对地球没有影响或者撞击前就已经在大气层中燃烧殆尽的事件，10 表示该物体撞击地球是必然的，并且会造成全球性大灾难。该指数是由麻省理工学院地球科学系的教授理查

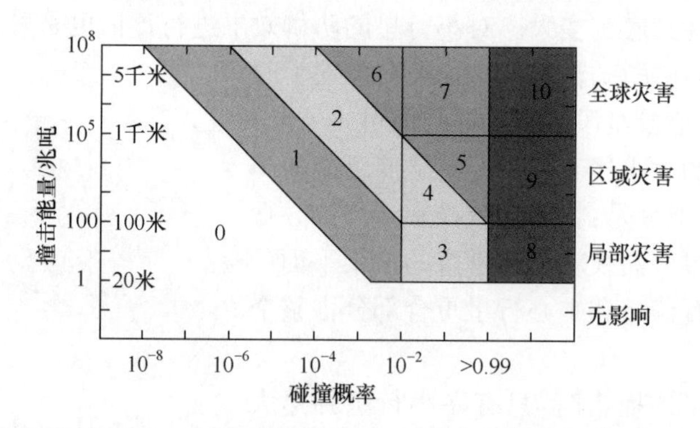

图 6-12　不同撞击能量和撞击概率对应的都灵指数

德·宾泽尔(Richard P. Binzel)1995 年在联合国的一个会议中首次公开提出的，并将该指数命名为“近地小天体危险指数”。

1999 年 6 月，在意大利都灵举行的国际近地小天体会议中，该指数获得了天文学界的接受，同时该指数改为以会议举行的地方来命名，即“都灵危险指数”[18]。该指数对应事件危害程度如表 6-3 所示。

表 6-3　都灵指数对应事件危害程度[19]

都灵指数	造成影响
0	该天体撞击概率为零或者在到达地面前已经毁灭，或者不会产生引起破坏的小颗粒陨石，比如流星
1	天文学家在工作中发现近地小天体，并预测该天体撞击概率很低，不会对地球造成威胁，所以也不需要对公众进行提示。在大多数情况下，进一步的观测会将此类小天体再次评为 0 级
2	发现该小天体会接近地球，并且距离比较近。此类发现需要引起天文学家的注意，需要进一步予以关注。但是其撞击的可能性依然较低，所以不需要引起公众的关注
3	发现近地小天体并且撞击的概率在 1%以上，同时该物体的质量足够大以至于可以在小范围内造成一定程度的撞击灾害。若该天体在 10 年以内会临近地球，应该通知公众和有关部门
4	小天体撞击的概率在 1%以上，同时该物体质量更大，足以在一个更大的区域内造成灾害，若该天体在 10 年以内会临近地球，应该通知公众和有关部门。在绝大多数情况下，进一步的观测会证实其没有危险
5	有小天体接近，可能会带来区域性的严重破坏，但是是否撞击还未确定。如果 10 年内该天体撞击地球，那么各国政府应采取紧急应对计划
6	有大型小天体接近，可能会带来全球性灾害，但是是否撞击还不能确定。如果 30 年内该天体撞击地球，那么各国政府应采取紧急应对计划
7	有大型近地天体接近，可能会带来前所未有的全球性灾害，但是还不能确定撞击是否会发生。如果一个世纪内该天体撞击地球，那么全世界各国都应采取紧急应对计划。天文学家应当对其进行重点监测
8	天体撞击即将发生，若撞击发生在陆地，则会造成局部区域毁坏；若邻近海洋地区，则会引发海啸。此类撞击平均间隔为数千年
9	天体撞击即将发生，若撞击发生在陆地，则会造成大面积区域毁坏；若撞落海洋，则会引发大海啸。此类撞击平均间隔为数万年
10	天体撞击即将发生，无论撞击地点在哪里，均会造成全球性的气候灾难，并会威胁到人类文明的存续。此类撞击平均间隔为 10 万年以上

目前都灵危险指数最高的小天体是阿波菲斯小行星，其直径达到了 450 米，2004 年 12 月 23 日，NASA 的近地小天体研究中心将其危险指数评为 2 级，随后

将其都灵危险指数升级为 4。直到 2006 年 8 月,阿波菲斯小行星在 2029 年的风险才被降级为 0,但是其在 2036 年的都灵危险指数依然是 1。

在阿波菲斯小天体之前,并没有任何小天体的危险指数达到 1。2006 年 2 月,2004VD17 在 2102 年撞击地球的危险指数被评为 2 级,这也是阿波菲斯之后,第一颗被评为 1 以上的小行星,不过随后的观测证实,2004VD17 并不具有威胁。

都灵危险指数作为一个可以面向公众的危险指数避免了复杂的表达和数学公式,对于公众而言该指数是一个非常明确且简单的衡量碰撞威胁的 10 点整数标准,这确实是十分必要的。但是,都灵危险指数的简单性,使得专业人员对于数量巨大的检测目标缺乏更合理和准确的量化指标。例如,都灵危险指数就存在以下一些问题[20]:

(1) 从现在到撞击威胁到来的时间没有考虑。这意味着,一个 90 天以后撞击地球的小行星和同样大小的 90 年以后撞击地球的小行星具有相同的都灵危险指数。而且,都灵危险指数仅仅定义了 100 年以内的潜在威胁,对于 100 年以后的潜在威胁缺乏一个有效的定义,即该指数具有不完备性。

(2) 都灵危险指数使用整数进行标度,这使得大量的小行星被划分在一个级别以内,尽管它们造成的影响可能是不同的。这也许对于公众来说是一个比较好的表达方式,但是一个科学的标度要有连续性,这就需要一个数学的表达式来准确计算出合理的数值。

(3) 都灵危险指数将所有撞击能量在 1 兆吨以下的事件全部评级为 0,无论其撞击概率的大小。对于确定会撞击地球但是很小的小天体和一个撞击概率不大但是十分巨大的小天体缺乏客观的比较标准,这就是没有将撞击概率考虑在其中所造成的结果。

所以为了解决都灵危险指数存在的问题,科学家提出了另外一套比较严谨的评价体系:巴勒莫撞击危险指数。这是用来评价一个近地天体对地球的威胁的对数标准。它结合了两种类型的数据:撞击概率和动力学评估,产生一个单一的"威胁"值。巴勒莫指数为 0 意味着这个威胁和背景威胁相同。背景威胁被定义为截止到潜在风险日期,和该小天体一样大小或者更大的小天体的平均风险[21]。若指数为 2,就意味着这个灾害比背景威胁要大 100 倍。若小于−2,则表明这个事件不会造成任何威胁。在 0～−2 则表明这个目标值得仔细监测。

巴勒莫撞击危险指数是将潜在的撞击可能性与近年来相近尺寸的小天体的潜在威胁即背景威胁做比较而得到的对数关系。具体是:首先定义撞击能量为 $E=\frac{1}{2}MV^2$,M 为小天体质量,V 为撞击速度。如果小天体的轨道已经确定,那么撞击速度是可以精确计算出来的。通常科学家使用如下的关系来计算撞击速度 V:

$$V^2=V_\infty^2+V_e^2$$

天体从地球逃逸时的轨迹为双曲线轨迹，当物体逃逸到无穷远后，依然有一个剩余速度。这个剩余的速度就是 V_∞，V_e 为地球逃逸速度，即第二宇宙速度，约为 11.18 千米/秒。

巴勒莫撞击危险指数 p 的定义如下：

$$p \equiv \log_{10} \frac{p_i}{f_B T}$$

其中，p_i 是撞击概率，T 是 p_i 的时间间隔，f_B 是背景撞击频率。背景撞击频率的定义如下：

$$f_B = \frac{3}{100} E^{-4/5} \mathrm{yr}^{-1}$$

能量阈值 E 的单位是兆吨，yr 以年为时间单位[22]。

表 6-4 列出了一些小天体的参数，其中 H 为小天体的绝对星等，D 为小天体直径，M 为小天体质量，E 为撞击后产生的能量，最后一列就是前文定义的背景撞击概率。

表 6-4　一些小天体的参数[20]

小天体	H	V_∞ /(千米/秒)	V /(千米/秒)	D/千米	M/千克	E/兆吨	f_B/年$^{-1}$
2000 PN9	15.93	31.05	33.00	2.20	1.5×10^{13}	1.9×10^{6}	2.9×10^{-7}
2001 BK41	16.10	10.89	15.61	2.04	1.2×10^{13}	3.4×10^{5}	1.1×10^{-6}
1997 XF11	16.51	13.64	17.64	1.69	6.6×10^{12}	2.4×10^{5}	1.5×10^{-6}
1999 AN10	17.89	26.35	28.62	0.89	9.8×10^{11}	9.5×10^{4}	3.1×10^{-6}
2001 VK5	17.76	18.59	21.70	0.95	1.2×10^{12}	6.6×10^{4}	4.2×10^{-6}
2001 WN5	18.36	9.56	14.71	0.72	5.1×10^{11}	1.3×10^{4}	1.5×10^{-5}
2001 PM9	18.45	9.01	14.36	0.69	4.5×10^{11}	1.1×10^{4}	1.8×10^{-5}
1999 RM45	19.29	20.16	23.06	0.47	1.4×10^{11}	9.0×10^{3}	2.1×10^{-5}
1998 KM3	19.40	17.91	21.11	0.45	1.2×10^{11}	6.4×10^{3}	2.7×10^{-5}
2000 BF19	19.29	10.68	15.46	0.47	1.4×10^{11}	4.0×10^{3}	3.9×10^{-5}
1998 OX4	21.33	12.55	16.81	0.18	8.4×10^{9}	2.8×10^{2}	3.3×10^{-4}
1994 UG	21.13	6.75	13.06	0.20	1.1×10^{10}	2.2×10^{2}	4.0×10^{-4}
2001 SB170	22.41	22.33	24.97	0.11	1.9×10^{9}	1.4×10^{2}	5.8×10^{-4}
1994 WR12	22.11	9.09	14.41	0.13	2.9×10^{9}	7.1×10^{1}	1.0×10^{-3}
1994 GK	24.20	15.69	19.26	0.05	1.6×10^{8}	7.1	6.3×10^{-3}
1995 CS	25.47	25.35	27.71	0.03	2.8×10^{7}	2.5	1.4×10^{-2}
2001 AV43	24.30	4.41	12.02	0.05	1.4×10^{8}	2.4	1.5×10^{-2}

续表

小天体	H	V_∞ /(千米/秒)	V /(千米/秒)	D/千米	M/千克	E/兆吨	f_B/年$^{-1}$
1997 TC25	24.66	9.01	14.36	0.04	8.4×10^7	2.1	1.7×10^{-2}
2000 SG344	24.79	1.90	11.34	0.04	7.1×10^7	1.1	2.8×10^{-2}
2001 BA16	25.83	4.73	12.14	0.02	1.7×10^7	3.0×10^{-1}	7.9×10^{-2}
2001 GP2	26.88	2.16	11.39	0.01	3.9×10^6	6.1×10^{-1}	2.8×10^{-1}
1994 GV	27.47	8.42	14.00	0.01	1.8×10^6	4.1×10^{-2}	3.9×10^{-1}
1991 BA	28.66	17.99	21.18	0.01	3.3×10^5	1.8×10^{-2}	7.5×10^{-1}

近地小天体2002NT7是第一个被NASA观测到的巴勒莫撞击危险指数大于0的近地小天体，其值为0.06。一个正的巴勒莫撞击危险指数意味着这颗小天体的撞击风险要高于背景威胁。其后的进一步观测也降低了这个评级。所以在2002年8月1日，2002NT7也不再作为威胁小天体而被移出了“哨兵威胁列表”(sentry risk table)。2002年9月，最高的巴勒莫撞击危险指数来自于小行星1950DA，在2880年的撞击指数为0.17，2014年8月，经过观测，这颗小行星的巴勒莫撞击危险指数减小为－1.81。2004年12月，99942号小行星阿波菲斯(当时的临时编号为2004MN4)创造了巴勒莫撞击危险指数的最高纪录：1.10。这个数值表明，这颗小行星的撞击概率比背景中一个随机的撞击事件的概率要高将近12.6倍。到了2016年，该小行星在2029年撞击地球的风险已经在进一步的观测中被消除了[23]。

6.3 陨石坑

地球上的陨石坑为地外小天体进入大气层后和地表撞击形成的凹状环形结构。由于撞击过程中的动力学因素，在陨石坑的中心往往会有一个孤立的突起。由于地球上的陨石坑内常常会积水，所以经过一段时间的演化后会形成撞击湖，湖心则有一座小岛。

较小的陨石坑会因为地球上的风化、水流和生物活动而逐渐消失。再加上火山喷发、地质活动等因素，存留至今的陨石坑事实上是很少的。目前地球上约有150个可以被确认的陨石坑，其中直径大于100千米的有5个。但是在太阳系内的其他星球上，地质活动不明显，且无明显的风化作用，那么就会存留大量的陨石坑。

丹尼尔·巴林格(1860年5月25日—1929年11月30日)，美国地质学家，是世界上第一个确认地球上陨石坑的科学家。美国亚利桑那陨石坑就是以他的姓氏命名,他指出:美国亚利桑那州的大坑是一个陨石坑,这就是著名的巴林格陨石坑(图 6-14)。巴林格的后代成立了巴林格陨石坑公司,并一直管理运营该陨石坑至今。

图 6-13　NASA 拍摄的月球第谷环形山

图 6-14　丹尼尔 · 巴林格和巴林格陨石坑

陨石坑形成后,会在撞击点附近形成环形山丘,但是同样的,火山喷发也有可能形成这样的地貌,所以两者之间的区分就显得格外重要。在小天体的撞击事件中，撞击点附近会产生超高压，在这样的特殊环境下会产生特殊结构的石英，但在火山喷发中没有足够的压力，是不会产生这样的物质的。这些特殊的石英包括冲击石英、斯石英、柯石英。

冲击石英目前可以确认的产生方式只有小天体撞击和核爆炸。在恐龙灭绝的对应地层中，地质学家发现了广泛分布的冲击石英球粒。人们首次发现冲击石英是在核爆炸的现场，而斯石英和柯石英都是在巴林格陨石坑内首次发现的。天然的斯石英由美籍华裔地质学家赵景德发现。

图 6-15　芬兰苏瓦斯韦西南撞击坑发现的冲击石英样本

6.3.1　太阳系内的陨石坑

在月球上，人们可以观测到大大小小数量众多的陨石坑，这表明了陨击事件并不是偶然的事件。根据 NASA 的统计，月球表面直径大于 20 千米的陨石坑多达 5185 个。在太阳系内的大天体上，有许多著名的陨石坑，它们的形状各异，为科学家提供了非常好的研究样本。

图 6-16 是美国宇航局的火星轨道探测器携带的高分辨率成像设备拍摄的。维多利亚陨石坑位于火星梅里迪亚尼平原，2006 年 9 月 27 日，“机遇”号火星探测器抵达了维多利亚陨石坑的边缘。维多利亚坑的直径为 800 米，深度为 60 米，面

积足以容纳五个足球场，这是迄今为止火星车所能到达的最大的陨石坑。目前已经确认，陨石坑周边的闪光带是冰，这表明火星上存在的水的范围大大超出原来的估计。

有趣的是，人类本应更早地发现火星上有水存在，但是 1976 年着陆火星的维京二号火星探测器的其中一项科学任务是挖一条 6 英寸的沟。目前的研究显示，如果当时再能向下多挖 3.5 英寸，维京二号就可以找到冰。土卫一上有一个巨型陨石坑(图 6-17)，土卫一本身直径仅为 396 千米，但是这个陨石坑的直径达到了 139 千米。

图 6-16　火星维多利亚陨石坑

图 6-17　土卫一陨石坑

月球陨石坑的分布一直是天体力学研究的一个课题，由于月球与地球经过长期的演化，已经进入了 1∶1 的轨旋共振状态，也就是月球自转周期与公转周期相同，这意味着月球总是只有一面朝向地球，在月球探测器发射以前，人们是没有机会看到月球背面的全貌的。

图 6-18　月球的正面与背面

由于月球表面没有风和水，所以月球上的陨石坑几乎不会消失。但是通过观测发现，月球背面的陨石坑远多于正面。月球正面的山脉也明显少于背面，在月球正面，月海占据了相当大的面积，而月球背面却少有这样的平坦的地形。理论上在月球形成之初，由于没有进入轨旋共振的状态，所以月球的各个方向都有均等的机会面向宇宙的所有方向。因此，月球表面的陨石坑分布应该是均匀的，不可能发生陨石集中撞击月球一面的现象。故而，必然存在其他因素导致了这样的不均匀分布。

6.3.2　地球十大陨石坑

墨西哥尤卡坦陨石坑

尤卡坦陨石坑是目前已知最大的陨石坑。尤卡坦陨石坑直径达到了 180 千米，深度达到 900 米。20 世纪 50 年代，墨西哥国家石油公司的地质学家在陨石坑内探测到了不规则的引力场和磁场，虽然没有发现石油，但是科学家依然对该地进行了进一步的钻探，在对采集到的样本进行研究后，发现了与周边岩石不一样的结构。他们在进行石油勘探的时候在一个地点钻探至 1.3 千米的时候，遇到了厚的安山岩(图 6-19)。一般认为安山岩的形成必须要有高温高压，而陨石的撞击就是形成安山岩的有利条件。

图 6-19　安山岩

但是钻探队当时认为这是火山锥构造，所谓火山锥就是火山喷发后，在山口周围形成的环形山丘。但是当地并没有任何火山存在的证据，这引起了其他科学家的关注。进一步的勘探表明,在该地区的其他地方也存在类似的结构。不仅在墨西哥,同期的地质学家,在海地也有类似的地层研究结果。

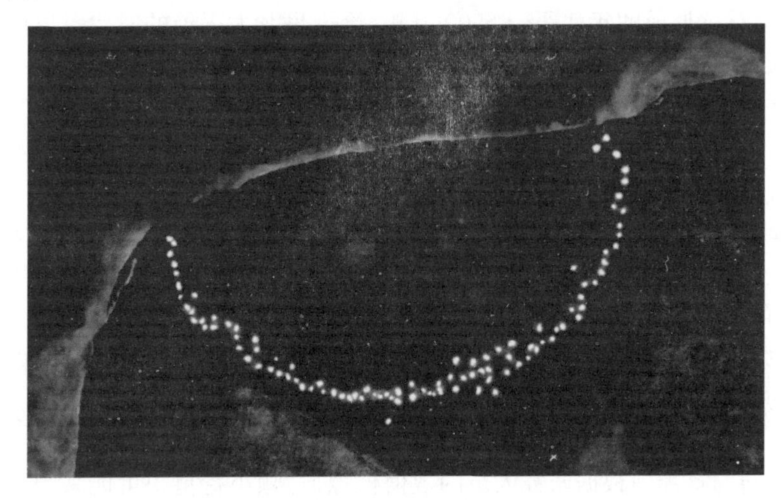

图 6-20　撞击遗迹分布示意图

20 世纪 90 年代早期,亚利桑那大学的研究人员到海地进行了 K-T(白垩纪/第三系界线)沉积物的研究。在 K-T 沉积物中发现了很多粗糙的碎石块,这些碎石块显然并不来源于当地,应该是由巨大的海啸带来的,在这个区域周围都有类似的现象,而加勒比海是这些沉积物中心点。

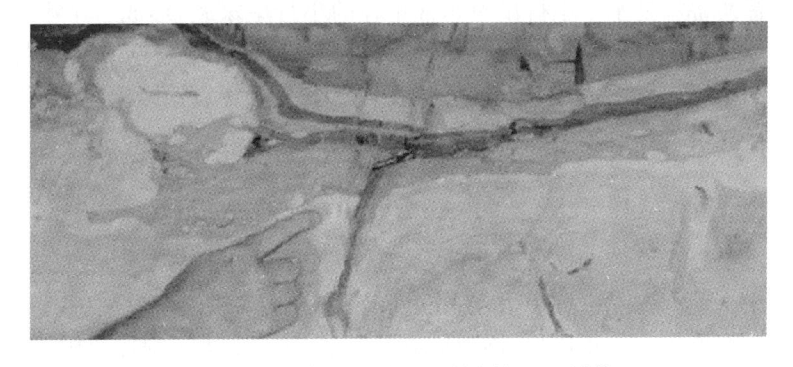

图 6-21　浅色的细致黏土形成的 K-T 界线

研究者在沉积物中找到了棕绿色黏土、石英微粒以及类似曜岩的玻璃风化物质,这些物质中含有比较高的铱金属成分。Hildebrand 与他的导师 William V. Boynto 教授在 *Science* 期刊上发表了他们的研究成果,认为是陨石的撞击事件造成了这样的沉积物,撞击的地点距离他们采样的地点应该不足 1000 千米。他们认为撞击的地点应该在古巴以西到哥伦比亚以北的区域。但是人们当时在加勒比海地区并没有发现过如此大型的撞击坑。该项研究引起了地质学界的关注,并在接下来的几年中逐步确认该撞击坑的位置和中心[18]。

科学家最终将墨西哥尤卡坦半岛的现象归因为小天体撞击事件。地质勘探显示,这个陨石坑形成的年代距今 6500 万年,恰逢恐龙大灭绝的时代。形成了如此巨大的陨石坑,应该有一颗直径不小于 10 千米的小行星撞击此处,并造成了全球性的气候变化使恐龙灭绝。在全球同期的地层中,几乎都存在薄黏土层,这也证明了陨石撞击造成的灰尘确实曾经遍布全球。在那次灾难中,75%的地球物种灭绝。这为小行星撞击引起全球气候变化提供了有力的证明。

在撞击事件发生的时候,冲击波在周边产生大规模的海啸,并且致使大量灰尘进入大气层,长期遮蔽阳光,植物的光合作用受到了很大的影响。食草动物由于食物匮乏而相继灭绝,食肉动物也随之灭绝,生态系统遭到了毁灭性的打击。巨大的冲击波也造成了全球范围内的火山大喷发,这造成了大量的硫元素进入大气层,形成大量的酸雨进一步损害了生物的生存环境。

关于这颗撞击地球的超大小行星,2007 年发表在 *Science* 杂志上的一篇论文提出了全新的解释。根据研究人员的数值模拟,这颗小行星很可能来源于小行星巴普提斯蒂娜(298 Baptistina)。该小行星直径 160 千米,属于主带小行星。该小行星在距今约 1 亿 6000 万年前被其他小行星撞击后形成了巴普提斯蒂娜族小行星带,正是这次碰撞使得一些较大的部分进入了地球轨道并且引发了全球的生物大灭绝。而且在在陨石坑附近发现了碳含量很高的物质,而巴普提斯蒂娜小行星族就是碳质小行星,可能是碳质球粒陨石的来源[22]。

巴普提斯蒂娜是主带小行星中非常年轻的小行星家族,形成这个小行星族的原因很可能是一个直径 55 千米的小天体与直径 170 千米的小天体的碰撞。而月球上著名的第谷环形山,科学家也认为是距今 1.09 亿年以前,巴普提斯蒂娜小行星族的成员撞击月球所致。

加拿大曼尼古根陨石坑

曼尼古根陨石坑位于加拿大北部,直径 100 千米,形成年代是 2 亿 1000 万年前的三叠纪末期。在陨石坑中央有一座因撞击抬升作用所形成的小岛。

陨石坑在形成后的年代里,逐渐形成了一个直径 72 千米的环形胡,被称为"魁北克之眼"(图 6-22)。这里目前建成了一座水电站,是加拿大东部的重要发电场所。

塔吉克斯坦喀拉库尔湖

位于塔吉克斯坦内靠近中国边境的喀拉库尔湖(图 6-23),直径 25 千米。事实上,该湖是坐落在一个直径 45 千米的圆形凹陷处。这个圆形凹陷是在距今 500 万年的一次小天体碰撞中形成的。

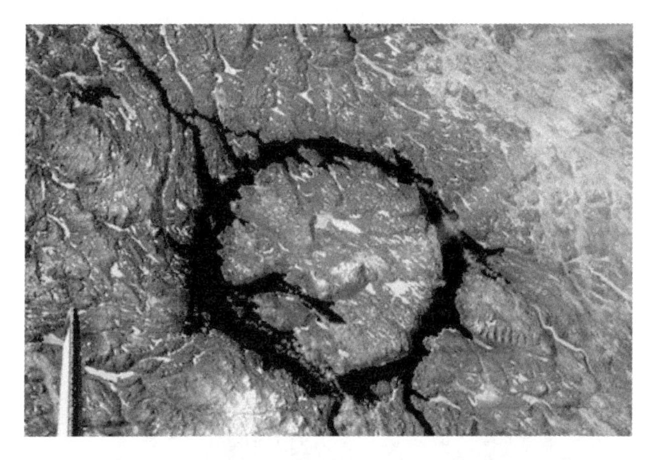

图 6-22　魁北克之眼——曼尼古根陨石坑

照片为美国航天飞机的宇航员拍摄，左下部的物体是航天飞机的尾翼[5]

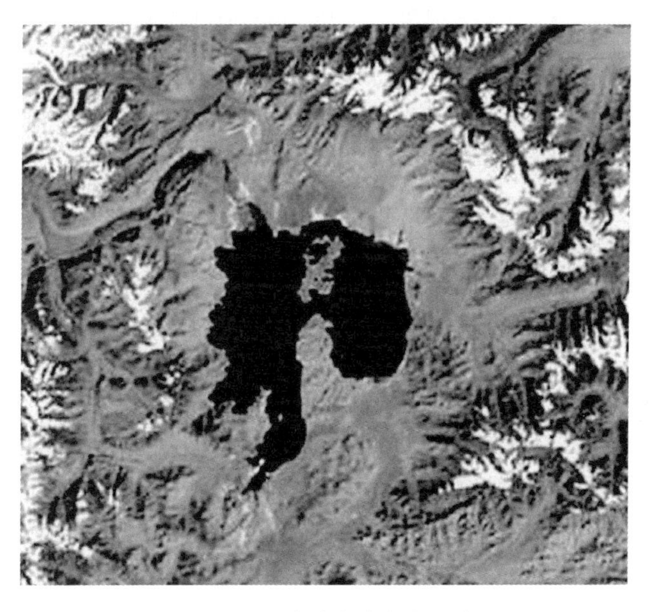

图 6-23　喀拉库尔湖航拍照片

加拿大清水湖

加拿大清水湖(图 6-24)位于加拿大魁北克省，由两个环形陨石坑构成，较大的一个是直径为 36 千米的西清水湖，较小的是直径为 22 千米的东清水湖，湖水清澈见底，并且有一系列富有魅力的岛链镶嵌在湖水当中，目前该地已经成为非常受喜爱的旅游胜地。

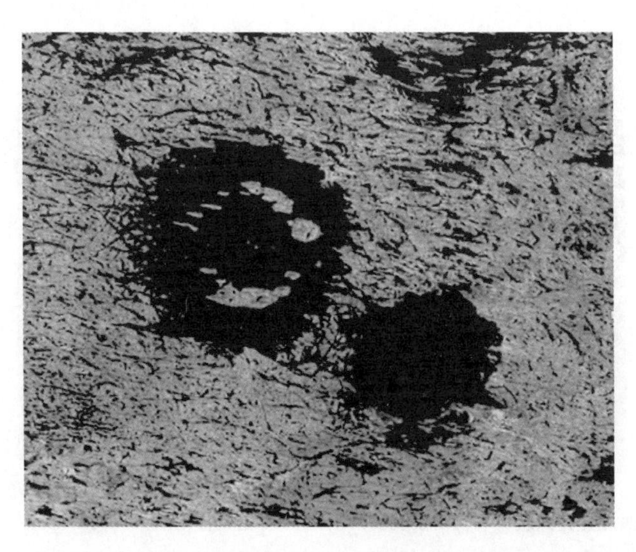

图 6-24 加拿大清水湖

小行星撞击后，会在撞击坑形成隆起的中央峰并且在周围形成环形结构，在西清水湖的照片中可以非常清晰地看到这个中央小岛的结构。东清水湖也有中央峰，但是隆起得不明显，这是因为形成东清水湖的小行星质量较小，所以不如西清水湖明显。

对于这两个相距如此近的撞击坑的研究从 1965 年就开始了，一开始科学家认为是一个相互绕转的双星系统撞击所形成的，双星系统在主带小行星中占有 15% 的比例，所以极有可能在地球上形成一对撞击坑，地质年代的测定也显示形成的年代为 2.9 亿年前。但是最近的更为精细的研究显示，这两个陨石坑并不是同时形成的，其年代相差上亿年。

为了认证两个陨石坑的年代，地质学家在不同的深度和位置采集了岩石样本。根据氩同位素的测定，西清水湖的更为准确的形成年代为 2.86 亿年前，这与首次认证的 2.9 亿年是吻合的。但是地质学家马丁·斯密尔德认为这个测定是有误的，他认为 1965 年对东清水湖的测定存在误差，误差来源于同位素铷和锶的加热不稳定性和风化的影响。而且地球在过去的几亿年里，发生了几次磁极反转，所以样本的磁化性能也要考虑在内。故而从理论上看，东清水湖的形成年代要更早。

1990 年，科学家再次提取东清水湖的样本，在考虑了诸多影响因素后，结论是东清水湖形成于 4.6 亿年前，但是也有很多科学家认为样本被污染，所以依然坚持双星系统形成清水湖的结论。马丁·斯密尔德的研究小组对东清水湖的测定结果是 4.7 亿年前，撞击时间为奥陶纪，而西清水湖形成于二叠纪，两者为不同时期的小行星撞击事件，只不过撞击地点接近。所以到底是否为双星系统撞击事件，地质学界依然存有争论[24]。

图6-25　清水湖风光

加拿大米斯塔斯汀湖

米斯塔斯汀湖(图6-26)位于加拿大拉布拉多,直径28千米,形成于3800万年前。后来的地质演化使得一条向东流的冰河覆盖了这个陨石坑,形成了一个湖,湖的边缘就是陨石坑的边缘。这是一个椭圆形的湖,面积197平方千米,湖中央有弓形小岛,这个小岛应该是撞击时产生的中央峰[25]。

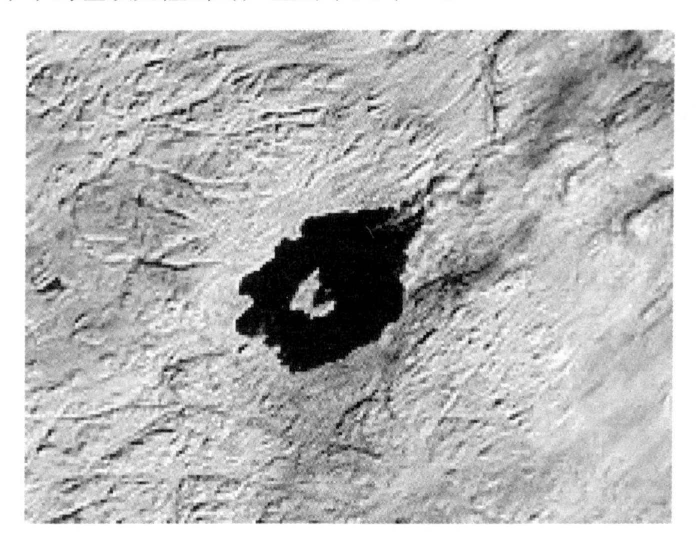

图6-26　米斯塔斯汀湖

澳大利亚戈斯峭壁

距今1.42亿年前,一颗直径为22千米的小行星撞击了此地,撞击能量相当于

2.2 万吨黄色炸药，小行星撞击后在周围形成了世界上著名的戈斯峭壁(图 6-27)。该地直径 24 千米，中央环形突起直径 4.5 千米。陨石坑中央有一座 150 米的中央峰，符合撞击产生的特点。陨石坑原来直径为 22 千米，目前仅中心部分尚存，直径约 5 千米。这是由于当地的侵蚀作用很大，外围的环形山已经消磨殆尽，在坑的外围有的岩层结构在高出地面 180 米的地方，而地下的勘探表明，相同的岩石结构位于地下 20 米的深处。这证明了此处经历了强烈的撞击。

图 6-27　澳大利亚戈斯峭壁

通过研究发现，该撞击坑形成时，撞击速度极快，但是撞击体的密度较低，所以这个陨石坑应该不是岩石状小天体撞击形成的，而是由密度更小，主要由冰、二氧化碳和尘埃组成的彗星撞击形成的。在该陨石坑周边也发现了从中心向四周辐射的地质裂纹。

这处峭壁奇观在 1873 年被科学家发现，但是当地土著人早就在这里生活了多年，并且留下了诸多活动痕迹，例如坑中的营地遗址。该地目前是澳大利亚著名旅游景点[26]。

乍得湖奥隆加陨石坑

乍得湖奥隆加陨石坑(图 6-28)是目前世界上人为破坏相对比较小的陨石坑之一，位于非洲北部撒哈拉沙漠中，世界上一些著名的陨石坑目前成为了旅游胜地，但是乍得湖奥隆加陨石坑位于撒哈拉沙漠内，几乎没有受到人类的干扰。形成这个陨石坑的小天体直径 1.6 千米，形成时间为 3.5 亿年前。这个陨石坑是航天飞机的雷达对该区域进行扫描时发现的。这个陨石坑是一个侵蚀陨石坑，在形成后经历了相当程度的风化过程[27]。

加拿大深水湾

加拿大深水湾(图 6-29)位于加拿大萨斯喀彻温省驯鹿湖西南端附近，形成于

1 亿年前，形成了中央突起、周边低洼的复合撞击结构，深水湾直径 13 千米。

图 6-28　乍得湖奥隆加陨石坑

图 6-29　加拿大深水湾

加纳博苏姆推湖

博苏姆推湖(图 6-30)位于加纳境内,距离库玛西大约 30 千米的东南方向。这个湖坐落在西非大地盾的水晶矿床上,这是加纳境内的唯一自然湖。所谓地盾就是指大陆地壳上相对稳定的区域,地盾中的断层很少,通常是大陆板块的核心区域,形成年代在震旦纪到前寒武纪之间,由于变化很小,所以对于地盾的研究可以使科学家得出地球地质早期演化的信息。

图 6-30 加纳博苏姆推湖

博苏姆推湖陨石坑形成时间约为 130 万年前,属于比较年轻的陨石坑。直径 10.5 千米,该陨石坑逐渐积水之后,就形成了现在的样子,并且在周围形成了大量的热带雨林。湖面直径 7 千米,水深约 70 米,四周陡峭向下延伸。对于该湖的成因,也有科学家认为是火山喷发形成的[28]。

美国亚利桑那陨石坑

亚利桑那陨石坑,也称作巴林格陨石坑,如图 6-31 所示,位于亚利桑那沙漠之中,弗莱格斯塔夫东部 55 千米处。陨石坑的直径 1.2 千米,深 180 米,形成时间 5 万年以前,撞击当量在 20 兆吨左右。

巴林格陨石坑直径并不算大,科学家推测可能是一个比较大的流星撞击形成的。撞击体的直径在 100 米左右,质量 90 万吨,在陨石坑的中心有明显的中央峰结构,证明确实是撞击形成的地貌。研究表明,撞击体应该是镍铁小天体[29]。

图 6-31　亚利桑那陨石坑,又称巴林格陨石坑

6.4　撞击事件和潜在威胁小天体

6.4.1　阿波菲斯小行星

阿波菲斯小行星是目前已发现的最大威胁小天体之一,于 2004 年 6 月 19 日被 Roy A. Tucker、David J. Tholen 和 Fabrizio Bernardi 在基特峰天文台发现。2004 年 12 月 21 日,阿波菲斯距离地球 0.0963 天文单位。对于该小行星的再次观测并被认证的时间是当年的 12 月 27 日,并在随后的雷达测量中进一步确定了它的轨道[30]。

阿波菲斯被第一次发现时,这个小行星被临时授予编号 2004MN4,当时的新闻报道和科学论文也都使用这一名称。2005 年 6 月 24 日,它被命名为 99942 号小行星。由于其在发现之初对地球有很高的撞击概率,因此在随后的 7 月 19 日被命名为“毁灭与破坏之神”阿波菲斯(Apophis)。

阿波菲斯是古埃及太阳神的敌人的希腊名字:Apep,这是一个永远生活在黑暗中的毒蛇,每当路过就妄图吞噬太阳神。后来,Apep 终于在一个海湾里被 Set(埃及风暴与沙漠之神)制服。

阿波菲斯小行星的直径约 330 米,比通古斯大爆炸的小行星还要巨大。假设其密度为 2.6 克/厘米^3,那么这颗小行星的质量就达到了 4×10^{10} 千克。NASA 称质量估计要比直径估计的精度低,但是其置信度也在 3σ 以内。

根据计算,该小行星将于 2029 年 4 月 13 日前后抵近地球大约 3.1 万千米处,并将于七年之后的 2036 年再次回归。NASA 预测:在 2036 年,99942 号小行星将有二十五万分之一的概率与地球相撞,在 2068 年前后,99942 号小行星将再次临近地球,撞击概率也有三十三万分之一。如此高的撞击概率使得这颗小行星被列入高危小天体的名单。故而对于这类小行星的探测与防御就显得十分迫切。

2029年阿波菲斯小行星接近地球的时候,其视星等为3.4等,划过天空的速度会达到42度/小时。视圆面最大时约为2角秒,所以它通常可以被未经过自适应光学改正的普通地面望远镜观测到。

在科学家发现该小行星对地球可能产生撞击影响之后,后续的观测就增加很多,这大大地减少了该小行星轨道的不确定性。根据计算,这颗小行星碰撞地球的概率增大至1/37。考虑到这颗小行星的尺寸,这个概率使得这个小行星都灵危险指数达到了4级,巴勒莫撞击危险指数也达到了1.10,这颗小行星的危险程度急剧攀升。

但是随着观测的进一步深入和计算,这个小行星的危险程度又有所下降。目前认为:在2029年4月13日,阿波菲斯距离地球表面的距离至少有31200千米,小于地球同步卫星的轨道高度[23]。

6.4.2 俄罗斯车州爆炸

2013年2月15日中午12点半左右,在俄罗斯城市车里雅宾斯克上空发生了剧烈爆炸。据估算,这颗小行星相对地面的速度约为18.6千米/秒,直径大约为17米,质量在7000吨左右。这次撞击事件造成了1200人受伤,其中有159名儿童,大量人员是因为家中的玻璃被震碎而被划伤的,估计这次撞击事件造成的经济损失不会低于10亿卢布。

图6-32 被冲击波毁坏的玻璃

撞击发生前,当地居民发现了天空中明亮的燃烧物,当地居民的影像资料记录到了当时的图像和之后传来的爆炸声。法国的气象卫星Metosat9也在该物体进入大气层之后拍摄到了图像。之后小天体造成了三次冲击波，其中第一次爆炸最为强烈。目前发现的三个撞击坑，两个在切巴尔库尔湖地区，另一个在 80 千米以外的巴什基里亚和车里雅宾斯克边界的兹拉托乌斯特。

这起撞击事件是 1908 年通古斯事件以来在地球上的最大的空中爆炸，由于这起事件发生在人口较为稠密的地区，所以研究人员采集到了大量的数据，包括在当地采集的 53 块小行星碎片。

经过研究，科学家认为该小天体在距离地面 20 千米的地方发生了爆炸。科学家在城市附近的湖面上发现了巨大的冰窟，并在数月之后从中吊起了质量达到 654 千克的陨石。

图 6-33　陨石坠落湖面形成的空洞

图 6-34　行车记录仪拍摄到的空中的明亮飞行物

来自西班牙和英国的天文学家对于此次撞击事件进行了一项细致的研究工作。他们假想在 2013 年 1 月 1 日，在地球附近随机布置了数百万颗小行星，然后通过数值计算求出这些小行星的轨迹，将这些模拟数据和车里雅宾斯克的真实观测数据作对比，最终挑选出了一条最符合观测结果的轨道。

图 6-35　车州爆炸后收集到的部分陨石颗粒

这个小天体是普通的球粒陨石结构，成分为橄榄石、辉石、硫铁矿和铁纹石等常见矿物。经过大气层发生燃烧之后，到达地面的质量仅为不到原质量的 10%。

有趣的是，陨石坠落后很多当地居民开始收集陨石的残骸并高价出售，俄罗斯政府也为这次陨石撞击事件发行了纪念币(图 6-36)。纪念币上的图样就是陨石划过天空时拍摄的图像。

图 6-36　俄罗斯政府发行的纪念币

目前天文学家已经对超过 95%的直径大于 0.5 英里(1 英里＝1.609344 千米)的近地小天体进行了编号和观测，也就是那些会造成巨大破坏的小天体。坠落在俄罗斯的小天体虽然直径并不算特别小，但是由于其飞向地球的方向是太阳的方向，太阳的光线过于强烈，所以这类从太阳方向飞来的小天体观测起来就极其困难。目前对于百米量级以下的小天体，已经发现的数量微乎其微，估计在1%左右，其中包括在撞击发生后仅一天就飞掠过地球的2012DA14。这颗小天体于2012年被发现，直径约为46米，大小与1908年通古斯爆炸的小天体相当[31]。

6.4.3　通古斯爆炸

1908年7点17分左右，在贝加尔湖西北部的鄂温克族人与俄罗斯居民目睹了一个几乎像太阳一样明亮的物体划过天空。大约十分钟以后，传来了闪光和巨大的爆炸声。距离爆炸比较近的目击者报告说：爆炸声伴随着冲击波而来，震动了人们的脚步，破坏了百公里以外的窗户。但是大部分目击者只报告了爆炸声和震动，并没有亲眼看到爆炸。目击者对于事件的描述是不尽相同的。

这次爆炸被欧亚大陆的地震台所记录，据估计这次爆炸相当于里氏5.0级的地震。其产生的大气震动在英国都可以被检测到。在接下来的几天里，欧亚大陆的夜空都会发红。从理论上讲，这是光线通过了高空中的冰粒在极低温的情况下产生的现象。美国的史密松天文台和威尔逊天文台观测到，在近一个月的时间里，大气的透明度由于悬浮尘埃而下降。

图6-37　爆炸中心倾倒的树木

由于通古斯地区相对封闭，这次爆炸在当时引起了一些科学工作者的好奇。但是由于后来一战的爆发和俄国革命，俄国政府无力顾及这个人烟稀少地区的科学调查工作，所以当时的一些科学报告没有存留下来。人们当时就把这次事件称为通古斯爆炸。

存留下来的第一份报告是1921年发表的。俄国地质学家Leonid Kulik(图6-38)

调查了通古斯石泉河地区并采访了当地的目击者，并且发现了当地树木倾倒呈现中心向外辐射状。Kulik 推论：这次事件可能是由地外小天体引起的。他说服了苏联政府组建了科考队来到通古斯地区，理由是这一区域的陨铁可能对苏联的工业有帮助。然而在随后的调查中，他并没有找到任何小天体的残骸，这也是通古斯事件中一个较大的遗憾。

图 6-38 Kulik 的照片

爆炸发生之后，人们在当地也发现了一些奇异的现象，比如在爆炸中心的一些树木并没有倒下，只是被烧焦了树叶。在爆炸区域附近，树木的生长速度加快，其年轮的宽度从 2 毫米扩宽到 5 毫米，一些受到影响的动物的皮肤出现病变。二战爆发之后，苏联对通古斯爆炸的调查也被迫中止了，主持这次科考的科学家 Kulik 决定放弃科学家的工作，弃笔从戎参加了苏联红军，在与德军的作战中被俘，于 1942 年 8 月 24 日因斑疹伤寒病，死在了德国战俘营，为苏联反法西斯战争牺牲了宝贵的生命。为了纪念 Kulik 的贡献，2794 号小行星被命名为 Kulik 星，月球上的 Kulik 陨石坑也是以他的名字命名的。

科学家先后在通古斯地区发现了三个直径在 90～200 米不等的撞击坑，超过 2000 平方千米的原始森林整齐地向一边倒下(图 6-39)，至少 30 万颗树木在此次爆炸中死亡，有一些冻土被融化形成了沼泽地。

图 6-39 爆炸后整齐地向外倾倒的森林

通古斯爆炸距今已有 100 多年了，关于这次爆炸的研究从未中断过。天启大爆炸、死丘事件、通古斯大爆炸被并列为三大自然灾害之谜。亚利桑那国家实验室的超级计算机（当时世界上第三快的超级计算机）对这次爆炸进行了详细的数值模拟，详细地展示了爆炸发生时的高温高压的气体向周边扩散并形成超音速气流的状况[32]。

6.4.4 潜在威胁小天体

近年来，随着观测水平的不断提高，越来越多近地小天体被观测到，尤其是那些距离地球较近的小天体更加引起了人们的注意。

2002 年 6 月 17 日，科学家发现了一颗小行星，编号为 2002MN，但是经过计算，这颗小行星居然在 6 月 14 日，也就是三天前，距离地球仅有 12 万千米，还不到地月距离的三分之一。这颗小行星的直径为 120 米，这是地球近年来遭遇的距离仅次于 1994MX1 的一次小行星飞掠。而 1994MX1 的直径仅为 10 米，距离地球最近距离为 10.5 万千米，由于这颗小行星质量很小，所以不会对地球造成实质的影响。

2015 年 1 月 27 日 00:20，小行星 2004BL86(357439)接近地球。近地点的距离约为 3.1 个地月距离。这颗小行星虽然不会对地球造成直接影响，但是它是 2027 年前最接近地球的小行星。一开始天文学家估计这颗小行星的直径在 500 米以上，但是随着观测的深入，天文学家发现该目标是一个主小行星及其卫星组成的双星系统，如图 6-40 所示。NASA 将观测过程中拍摄的 20 张图片合成一段视频，可以清晰地看到小卫星围绕这颗小行星的运动。

图 6-40　小行星 357439 及其卫星

主小行星直径约为 325 米,它的小卫星直径为 70 米,距离主小行星至少有 500 米。在全部近地小天体中,大约 16%的成员拥有自己的卫星。这次小行星 2004BL86 接近为我们提供了一个非常好的观测双星系统的机会。2015 年 1 月 26 日至 27 日,这颗小行星掠过了天赤道附近,其视星等为 9 等,使用一般的小望远镜可以观测到。

2017AG13 是最新发现的邻近地球的小天体,其大小为 15～34 米,飞掠地球时的速度大约为 16 千米/秒。2017AG13 的轨道半长轴为 0.96319 天文单位,轨道周期大约是 0.9453 年。该小行星于 2017 年 1 月 9 日飞掠地球,距离是 0.0013937 天文单位,大约是地月平均距离的一半。其轨道会穿越金星和地球的公转轨道,这颗小天体再次飞越地球的时间为 2017 年 12 月 28 日。

这颗小行星在 2017 年 1 月 7 日被发现,也就是说距离接近地球的日期仅为两天。据美国宇航局近地小天体项目办公室发布的数据显示,仅仅在 2017 年 1 月份就监测到 38 颗小天体从与 2017AG3 相似的近距离上飞过地球附近。

4179 号小行星图塔蒂斯,是一万多颗近地小天体中最大的一颗。其长度 4.46 千米,宽度 2.4 千米,反照率 0.13,自转周期 176 小时,轨道半长轴 2.5342 天文单位,偏心率 0.629437,公转周期 1471 天。与地球最小的距离仅为 0.006 天文单位。2012 年 12 月 13 日,我国的"嫦娥"二号在其扩展任务中,对这颗小行星进行了近距离的拍照,如图 6-41 所示[33]。

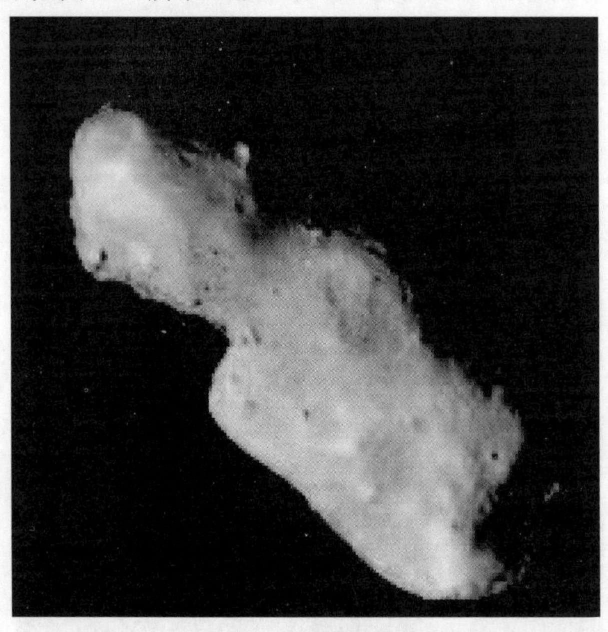

图 6-41　"嫦娥"二号拍摄的图塔蒂斯小行星

在这次抵近七百多米的拍摄中，科学家在照片中共数出了两百多个碎石块，并且根据撞击坑的保留时间推算出图塔蒂斯的形成时间应该大于16亿年。人们首次发现图塔蒂斯是1934年2月10日，但是直到1989年，法国天文学家克里斯蒂安·波拉斯才再次观测到这颗失踪已久的小天体。

图 6-42　图塔蒂斯的雷达图像

图塔蒂斯属于阿波罗型小行星，是艾琳达族中的一员。该族小行星位于与木星1∶3轨道共振的位置，并且与地球也有4∶1的共振关系，正因为如此，每隔四年，艾琳达族小行星都会与地球接近一次。图塔蒂斯小行星对于研究小行星动力学演化和小行星在太阳系早期的碰撞演化等都具有重要的科学价值。对于自转的物体而言，其最稳定的自转轴应该是其最大惯量主轴。但是图塔蒂斯不是这样，目前其正处于不稳定自转的状态，其长轴以7.35天的周期进动。由于小天体一般起源于太阳系形成初期，所以大部分小天体都处于稳定状态，不稳定的小行星并不多见。这颗小行星的动力学研究价值就凸显了出来。虽然这颗小行星撞击地球的可能性很小，但是其科研价值仍然很大。

2017年1月13日，外媒报道，美国亚利桑那大学的天文学家维什努-莱迪发现了一颗小天体，并命名为2015TC25。2015TC25是一个比较有趣的近地小天体，它是人类迄今为止发现的最小、最明亮、速度最快的近地小天体。2015TC25其实是一块太空岩，其直径仅为两米，自转周期仅为两分钟。2015TC25的反照率达到了60%，也就是说60%的太阳光都会被反射出来，在太空中显得格外明亮，如图6-43所示。

正是由于这颗小行星的高反照率，天文学家的观测变得比较容易。2015TC25是一颗近地小天体，距离地球最近时仅有12.8万千米，如此好的观测目标对于科学家研究近地小天体的轨道演化具有很好的作用。在这颗小天体上，无论是光学、红外还是雷达的观测都变成了可能。通过观测这样的目标，科学家可以推算出这颗小天体的来源，并且对来源地进行进一步的观测以期发现对地球有威胁的小天体。

图 6-43　2015TC25 在望远镜中是一个明亮的光点

6.5　小天体防御

6.5.1　小天体防御技术

小天体防御的最终结果就是使得威胁小天体对地球不再构成威胁，从其作用效果上可分为两类：一类是将小行星摧毁或将其分裂成对地球没有威胁的较小的天体，另一类是在保证小行星原始结构和成分不受破坏的情况下使小行星偏离原来的轨道。第一类方式不能保证分裂得到的小天体彻底对地球无害，即使小行星被分裂成足够小的天体，那么损毁小行星的同时，人类也失去了小天体上载有的记录太阳系起源及演化的重要信息。对于第二类方式，现有的方法只能保证临时改变小行星的轨道，对于改变轨道后的小行星缺乏有效的控制手段，若干年后小行星还会对地球形成威胁的可能性无法完全排除，即改变轨道后的小行星仍然是一颗不可控的天体。

防御技术从实现手段来说主要分为两种：脉冲法和缓慢推进法[34]。

脉冲法，也称作冲量方法，顾名思义就是利用瞬时的较高动量来突然改变小行星的速度，使其轨道状态发生改变，从而达到消除威胁的目的。使用该方法可以很快就获得任务操作的响应，对整个系统的持续稳定性要求要相对低一些。

而缓慢推进的方式就是利用一些较小的推力来慢慢改变小天体的轨道。虽然缓慢推进的方式需要的作用时间很长，见效缓慢，但是作用力轻微，相对来说，不会出现脉冲法由于入射动量太大而造成的意外结果，如产生太多不可预知的小碎片，导致威胁覆盖范围更大。另外，对于那些结构很稀疏的小行星(如碎石堆结构)目标，其中的空隙可能会对入射能量产生耗散，影响作用效果，而缓慢推进相对来说无此问题。但是缓慢推进要求航天器长时间在目标小行星附近进行各种操作，其任务复杂度和稳定性要求远高于直接进行动力学撞击。

目前已陆续提出多种防御方案。如：①发射航天器直接与近地小天体相撞，利用动量改变其轨道；②发射航天器接近小天体，并让其登陆小天体表面进行开采，使小天体的轨道逐渐发生改变；③用核武器直接摧毁将对地球产生威胁的小天体或在表面附近爆炸改变其轨道；④用激光束或太阳镜群照射小天体，使其表面物质消融，从而改变小天体的轨道；⑤通过改变小天体的反光率或表面导热性来改变它的轨道；⑥发射航天器靠近小天体，利用航天器对小天体的引力将小行星拖离原始轨道；⑦用系绳将一个大质量的航天器连接在小天体上，利用航天器受到的太阳引力来影响小行星的轨道。

将小行星完全击碎到不影响地面生物的程度需要极大的能量，目前技术较难实现，改变小天体的轨道而实现防御就成为目前考虑的最主要手段，其基本作用原理是，开普勒运动具有较强的初值不稳定性，初始时刻状态量微小的扰动在经过几个轨道周期后可产生较大的位置漂移从而使其错过原本会撞击地球的轨道。对于防御任务来说这个状态量的初始扰动就是一个微小的速度改变量。图 6-44 显示

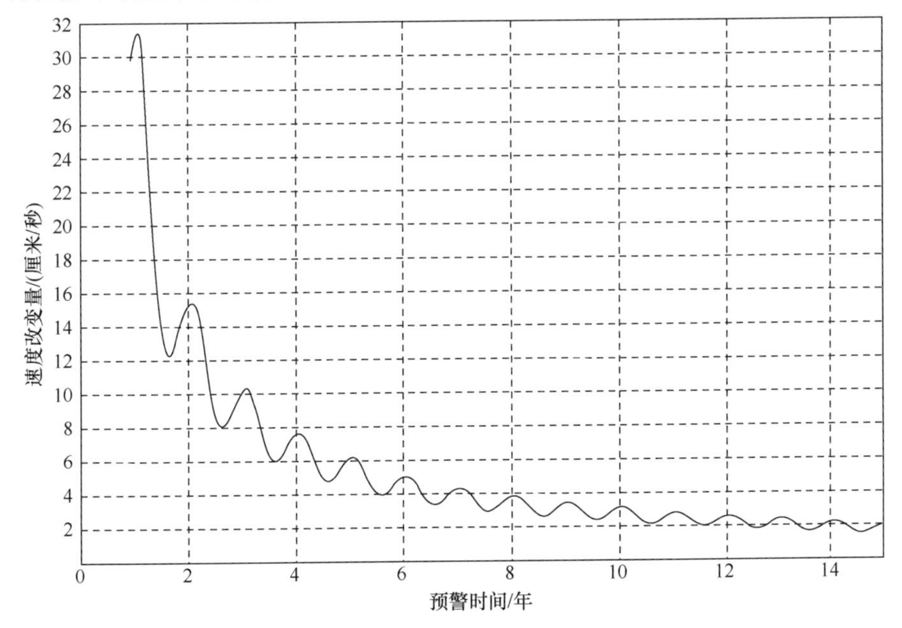

图 6-44　不同预警时间下消除撞击威胁所需要的小行星最小速度改变量

了不同的预警时间下，使得威胁小天体偏离撞击地球的轨道的最小的速度改变量。对于10年左右的预警时间，小天体只需要2厘米/秒的速度改变量即可。从图中也可以看到，预警时间越长，小天体的速度改变量也越小，这在一定程度上也降低了防御技术的难度，因此提前发现威胁天体至关重要。

下面将对目前提出的小天体防御方案做简单的介绍。

主动碰撞

主动碰撞也称作动量碰撞，就是指通过发射物体撞击小天体，利用碰撞产生的动量改变小天体的速度，使其偏离轨道。为了达到较高的速度增量，通常需要撞击器的撞击速度很大，采用普通的推进器将会非常耗费燃料。2003年，Mcinnes提出了利用太阳帆在逆行轨道上抛射物体高速撞击小天体使其改变轨道的方案[35]。首先，将太阳帆从1天文单位高度的轨道转移到一个0.25天文单位高度的近太阳轨道。随后，将太阳帆轨道平面旋转180度，将其送入逆行轨道。再由0.25天文单位高度的逆行轨道螺旋式地向外进入1天文单位高度的轨道，最后抛射物体撞击小行星。在轨道平面旋转180度的过程中需要消耗大量燃料，使用太阳帆的优势在于，太阳帆利用太阳光压的作用能够把有效载荷送入逆行轨道。2004年，Bernd Dachwald等针对AIAA提供的把一颗虚构的小行星推离地球的竞赛内容，详细论述了使用太阳帆在逆行轨道上抛射物体撞击小行星的方案[36]。他们计算出一个非完全反射的太阳帆能在六年内在距离太阳1天文单位处以0.5毫米/秒^{2}的加速度抛射出一个150千克的冲击器，这个冲击器会在小天体的近日点处以81.4千米/秒的速度与小行星迎头相撞，使小行星的偏移距离达到约半个地球半径的长度。2011年，曾祥远等提出了利用运行在双角动量逆行轨道上的太阳帆抛射冲击器撞击小天体的想法[37]。他们以阿波菲斯小行星为例，选择两个撞击点分别用二维和三维的轨道进行了仿真验证。同年，龚胜平等[38]分析了角动量逆行轨道的特点，然后对沿角动量逆行轨道与小天体发生碰撞的太阳帆的姿态进行了优化，并讨论了利用运行在角动量逆行轨道上的太阳帆碰撞小天体以改变小天体轨道的能力。结果显示一个重10千克的太阳帆在逆行轨道上运行一年后获得的速度能够有效地消除阿波菲斯小行星对地球的威胁。此方法的优点是利用太阳帆可以有效解决燃料消耗问题，缺点是太阳光压所产生的作用力非常小，导致任务所需要的运行时间非常长。龚胜平等在文献[39]中研究了在目标轨道偏心率和轨道半径已知的情况下，太阳帆行星际轨道转移的时间最优控制问题，通过优化时间变量来减少太阳帆在行星际转移期间的运行时间。

此外，主动碰撞方案的实施需要对小天体的形状、大小、外表面性质以及旋转状态进行详细了解，对太阳帆技术也有较高要求。

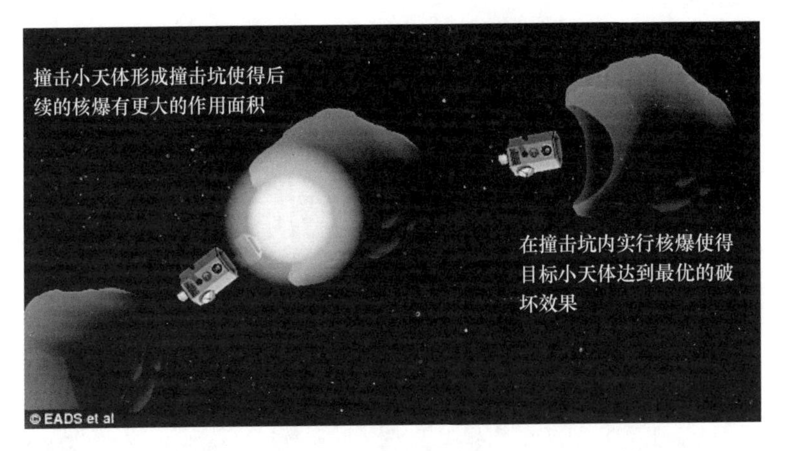

图 6-45　动量碰撞

图中显示了对于小天体可以先用极高的撞击速度生成较深的撞击坑，
然后在撞击坑中进行爆破等操作可以实现对目标小天体的进一步破坏[1]

质量驱动器

质量驱动器的工作原理是将质量驱动器登陆小天体，并将一个环状电磁体持续通电，使小天体上的惰性材料沿着管道加速后抛出，给小天体一个反作用力，使其改变轨道。

最初质量驱动器在太空方面的应用是开采月球和小行星上的资源[40]，小行星蕴藏着大量的金属、矿物和冰，如果能够登陆小行星进行开采，比起登陆其他较大行星更快捷。而利用它来使小行星轨道偏移的概念是由美国科学家 Gerard O'Neill 等在 1983 年最先提出的[41]，Gerard O'Neill 等还提出捕获一颗小行星到地球轨道，以便提供稀有金属和其他原料。2006 年，Corbin 等对整个任务进行了初步研究，包括质量驱动器大小等参数的讨论和驱动器的性能评估以及任务中的困难等[42]。针对 Gerard O'Neill 等提议的使用操作不够灵活的大型质量推进器，Olds 等[43]提出使用小型的模块化质量驱动器来使小行星的轨道发生偏移，这更适于应对任务的复杂性，如图 6-46 所示。

如上面介绍的，质量驱动器能够提供可控力来使小天体的轨道发生偏转。但这一方法的实施还要面对一些挑战。首先，需要了解目标小行星的结构特性；其次，在操作过程中产生的灰尘对质量驱动器来说也是一大挑战；最后，抛出物的处理也是一大难题。

核弹炸毁或偏移

最初的使用核武器摧毁小天体的方案为：使导弹或核弹装置在小天体内部或

图 6-46 Olds 等提出的多质量驱动器概念图[6]

表面发生爆炸，把小天体炸成两部分或更多的碎片，小天体质量就会发生改变，从而发生偏转。但由于直接炸毁小天体后，剩余的碎片可能继续威胁地球，于是 Thomas J. Ahrens 等提出了非接触爆炸的方式[44]，即在离小行星表面一段距离的位置进行引爆，利用爆炸中产生的热中子和 X 射线给小行星表面传递能量，使其发生偏转。产生的推力与总中子能量、爆炸距离和小天体半径等有关[45]。这种爆炸方式的优点在于弹头可以在小行星飞越地球或是即将撞击地球前进行爆炸，不需要用航天器与小天体保持相对静止或是登陆小天体表面，而且不需要对小天体的地形和物质性质有太详细的了解[46]。当然，要确保在核爆炸后小天体不再威胁地球，需要对核弹爆炸时的位置进行合理设计。Holsapple 研究了能够提供最大速度增量的核弹相对于小天体的位置以及距离[47]。研究结果显示，当量为 1 兆吨的核弹在距离一个平均半径为 1 千米的小天体表面 23 米的位置爆炸能够产生 1 厘米/秒的速度增量。一个当量为 1 兆吨的核弹的质量大约是 1000 千克，利用现有的发射技术完全可以实现。

利用核爆炸来改变小天体的运行轨道的优点是核爆炸能够在较短的时间内提供较大的冲量，因此对危险小行星的预警可以缩短。此方式不需要在小天体表面进行任何操作，也不需要准确掌握小天体的运动状态，但这种方式对于疏松多孔或碎石堆式的小天体并不合适。另外，这种方式还面临着国际法的制约，因为目前国际条约禁止在太空进行核爆试验。

激光消融

激光消融也能用来将小天体从撞击地球的轨道上偏离。高强度的激光束能使照射的物质升华,将其聚焦在小天体表面,排出的升华物能给小天体提供一个持续可控的推力,从而使小天体的轨道发生改变,如图 6-47 所示。

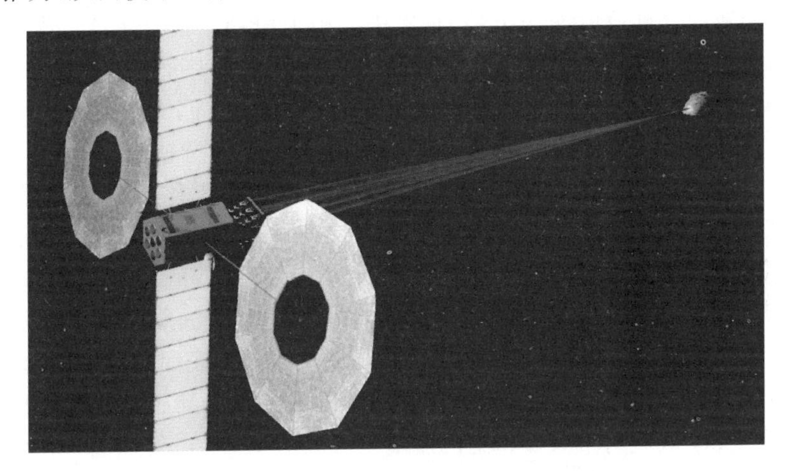

图 6-47　激光消融改变小天体的轨道[3]

已经有许多文章讨论使用激光消融系统偏离对地球有危险的小天体[48,49]。2004 年,AIAA 行星防御会议中针对虚构的危险小天体有四组任务是利用激光消融技术。在文献[50]中研究了一种利用激光消融技术的优化偏离算法。文中分析了针对不同的偏离任务,在激光操作过程中操作角度和终止警告时间的变化。如果想通过仅使用一个激光消融系统来完成偏离任务,那么就需要一个能产生 100 兆瓦激光束的核反应堆。为了避免在太空中使用核反应堆,文献[51]、[52]提出使用编队飞行的策略来获得足够的能源。Maddock 和 Vasile 使用一种混合整体优化方法设计了编队飞行航天器的轨道,并在小天体跟踪任务和缓减小天体危险的任务中进行了测试[53]。接着,Yoo 等讨论了使用功率受限的激光消融工具构成编队飞行系统的方案可行性[54]。Vasile 等在文献[55]中介绍了一种多目标优化方法在使小天体的偏移距离最大的同时,使小型航天器组成的编队飞行系统的总质量最小。这种小型航天器上装备有通过太阳辐射提供能量的激光消融系统。太阳辐射可以直接激发激光束,或者先转变为电能,再由电能转变为激光。Lubin 等[56]设计了一套用于行星防御的探测和打击小天体的单向能量系统(directed energy system for targeting of asteroids and exploration,DE-STAR)。与上面提到的激光消融系统不同,DE-STAR 是一个在轨运行的平台,它能够直接把能量传送到遥远的小天体表面。DE-STAR 的功能模块还可以重复用于其他任务[57,58]。

加利福尼亚州立工业大学研究人员 Gary B. Hughes 认为，方案所提出的所有系统组件已经存在，只是现有水平和先进程度尚不如方案中的预期。

利用 Yarkovsky 效应

准确来说，Yarkovsky 效应是指一个旋转物体由于受到太空中的带有动量的热量光子的各向异性放射而产生的力，属于非引力摄动。Yarkovsky 效应是由物体不均匀的表面温度的热辐射引起的。热光子离开物体表面会带走动量，对物体产生一个轻微的反作用力。这个反作用力垂直于物体表面，它的大小取决于物体表面这一点的温度。物体表面温度越高，受到的反作用力就越大。

2000 年，Vokrouhlicky 等[59]研究了通过对近地小天体的精确定轨来探测 Yarkovsky 效应的可能性。当然，这一过程中需要通过高精度雷达获取小天体的形状信息。他们还预测了几颗小行星的轨道演化以证实 Yarkovsky 效应的作用。2002 年，Joseph N. Spitale 提出可以通过改变小天体表面的反照率和导热系数来缓解小天体的威胁[60]。由于 Yarkovsky 效应是由小天体表面的温度引起的，所以它对反照率和表面导热系数等较敏感，于是可以通过改变反照率或者导热系数来改变 Yarkovsky 效应对小天体轨道的影响。2006 年，Bottke 等提出一种用磁场辅助来影响 Yarkovsky 效应的方法，使小天体偏离重力锁眼[61]。2012 年，Sung 提出用“彩蛋”给小天体的表面喷漆的方法使小天体偏离[62]。一方面，“彩蛋”冲击小天体时产生动量交换；另一方面，喷漆也改变了小天体的表面反照率，影响了 Yarkovsky 效应。

这些方案利用现在的技术是可行的，但它并不适用于所有具有威胁性的小天体，对于某些小天体，可能需要上百年才能生效。而一些与地球擦肩而过的小天体的轨道是混沌的，能预知危险的时间只有几十年。

引力拖车

引力拖车是指利用小行星对在它附近盘旋的航天器的引力，逐渐将小行星推离原来的轨道。这一方案是由美国宇航局宇航员 Edward Lu 和 Stanley Love 合作设计的[63]。

这一方案不需要航天器和小行星进行物理接触，而是把相互间的引力用作拖绳；也不需要了解小行星的表面性质、内部结构和旋转情况，只需要保持航天器盘旋时的指向。航天器的推进器必须倾斜安装在外侧(如图 6-48 所示)，以保证排出的气体不会冲击小天体表面而使牵引力减小或是激起尘土和离子。由于平衡盘旋点不稳定，所以将航天器的多个推进器对称地安装在航天器的两侧，形成钟摆形状，且推进器要足够灵活来控制航天器的垂直和水平位置。

由于航天器盘旋时每年给予小天体的速度变化与小天体的结构和组成关系不

大,所以对小天体轨道的影响是可以预见的。要使小天体的轨道偏离到不威胁地球的地方,在引力拖车牵引的时间内小天体速度每年的平均改变量约为 3.5×10^{-2} 米/秒[63]。那么,用一个 20 吨的引力拖车将一个直径 200 米的小行星推离需要约 20 年。

2007 年,Mcinnes 提出使用非开普勒轨道设计,如图 6-49 所示[64]。在轨道半径和置换距离(d)都合适的情况下,推进器不需要安装在航天器的侧面,引力拖车就能够更有效地将动量传递给系统质心,为引力拖车和小天体系统的质心提供加速度。

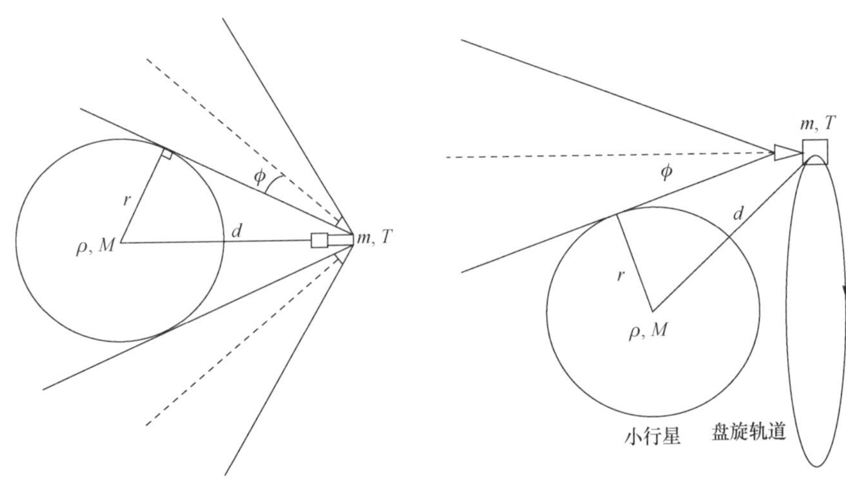

图 6-48　引力拖车牵引几何示意图　　　图 6-49　盘旋轨道及发动机羽流方向

单个引力拖车对小天体产生的牵引力较小,2008 年,Wie 提出应用多个引力拖车在小天体晕轨道上编队的方案[65]。他给出了这种编队飞行系统的初步动力学模型和控制分析,并用阿波菲斯小行星来检验这一系统的实际能力。这样的编队系统相比于单个引力拖车能提供更大的加速度,也增加了设计任务时的灵活性。他还提出了可以使用太阳帆替换普通的引力拖车,并作了初步的分析。之后,龚胜平等研究了使用多个太阳帆引力拖车在偏置轨道上编队飞行来牵引小天体的方法[66]。为避免太阳帆间的碰撞,他们设计了两种编队方式。一种是仅利用推力调整的松散飞行方式,另一种是利用滑模控制器的紧密飞行方式。2010 年,Olympio 发现之前文献中的一些假设限制了引力拖车的工作效率,他便对利用引力拖车偏转小天体的整个任务过程进行了优化[67]。

随着燃料的减少,引力拖车的质量也逐渐减小,引力拖车在小天体盘旋轨道上的稳定性便逐渐减弱。为此,张振江提出了三种解决方法:①发动机推力大小不变,在减小引力拖车悬停距离的同时增大发动机倾斜角;②不改变小天体与引力拖车间的距离而减小发动机的推力;③不改变引力拖车悬停距离和发动机推力而改变推力方向,并对这三种方法的轨道特点和牵引效果进行了讨论分析[68]。崔祜涛等还对太阳、小天体和航天器构成的三体系统中小天体运行方向上的偏置非开普勒轨道进行了研究[69]。他们推导了三体系统中偏置轨道的公式和轨道附近的稳定区域,对比得出偏置轨道上的引力拖车牵引效率比盘旋轨道上的引力拖车高出一倍。

绳系质量块

绳系质量块是指通过一根长系绳将航天器与小天体连接,利用航天器受到的太阳引力来使小天体的轨道发生偏离。一方面,系绳和航天器与小天体连接上的瞬间,系统的质心将发生改变,小天体的轨道也随之改变。另一方面,由于太阳引力作用,系绳中的拉力会给小天体提供一个摄动力,从而改变其轨道。这一方法是由 David B. French 和 Andre P. Mazzoleni 提出的[70],他们通过改变系绳绳长、航天器质量、小天体轨道参数、小天体质量等参数来观察绳系质量块改变小天体轨道的能力,发现系绳越长、航天器质量越大、小天体质量越小、小天体运行的椭圆轨道偏心率越大,绳系质量块改变小天体轨道的效果越好。2010 年,David B. French 和 Andre P. Mazzoleni 又在此基础上针对系绳是否有质量、是否有弹性进行了分类建模和仿真分析[71]。实验结果表明,绳系质量块模型中是否考虑系绳的质量和弹性对小天体的偏移距离没有影响。考虑系绳的弹性时,仿真结果中的系绳拉力会受到很大影响,从而导致系绳松弛的情况,这一现象可通过调整初始状态来消除。

2014 年,Mohammad J. Mashayekhi 和 Arun K. Misra 提出在航天器牵引小天体一段时间后将系绳切断,并使用模拟退火优化算法求解最佳切断时间使小天体的偏移距离最大[72]。仿真结果表明,当小天体的运行轨道是偏心率较小的椭圆轨道时,选择合适的时间切断系绳可以在相同时间内使小天体的偏移距离增加为不切断系绳时的两倍。考虑到方案中所需航天器的质量和系绳的长度受限的问题,他们提出将来会验证利用多个短系绳连接小质量航天器的方法是否可行。然而,这一方案中并没有考虑由小天体的自转以及航天器与小天体的相对运动引起的系绳缠绕问题。

2010 年,Merikallio 和 Janhunen 提出了利用电动太阳风帆偏转小天体轨道的概念[73]。介绍了一种既能解除小行星对地球的威胁,又不会破坏小天体的结构和成分,而且可以控制小天体成为人类行星际探测的中转站的方法:将太阳帆与小天体构成绳系系统,利用太阳帆产生的作用力通过系绳施加到小天体上,改变对地球有威胁的小天体的运行轨道,并使其在预先设计的轨道上以期望的状态运行,此过程不会对小天体造成任何损毁。

国外另外一种分类方法就是将这些方法分成核爆炸和非核技术手段。NASA的研究报告指出:在距小天体表面一定高度利用核爆炸来改变小行星轨道的方法是一种最可行有效的方式。因为核爆炸产生的能量巨大,所以核爆炸飞行器对目标的细节信息要求较低。在小天体表面或者小天体地表以下进行核爆炸的效果更好,在小天体表面或地下进行核爆炸要比距小天体表面一定距离的核爆炸的偏移效率高10～100倍,但是技术复杂程度要比距小天体一定高度进行核爆炸高很多,而且安全性也更差。因为爆炸装置要实现对小天体的着陆和碰撞。距小天体表面一定距离爆炸不会将小天体炸成许多碎片,只需要知道小天体的轨道和质量的大体数值,当然其他相关信息会有助于提高任务的效率。但是核爆炸面临国际法的制约,传统的爆炸手段对于改变小天体的轨道效果不佳。

在非核技术手段里,动能碰撞是最简单可行的方法。特别是对于那些结构坚硬的小天体,该方法的效果较好。发射相同质量的航天器,采用动量碰撞传递给小天体的动量要是核爆炸的1%～10%。此外,动量碰撞对于一些疏松多孔结构的小天体不一定能取得预期效果。

利用施加给小天体的小的作用力来改变小天体的轨道的方法是最昂贵的,技术准备水平较低,由于转移到目标天体和改变目标天体均需要很长时间,因此只能适合那些提早几十年就发现有威胁的小天体。引力拖车是一种典型的技术,另外,利用与小天体连接的空间拖拽技术的效率要比引力拖车高10～100倍。但是有连接的空间拖拽对小天体的物理参数,导航和控制技术,以及表面附着技术要求较高。小作用力慢推技术可适用的情况较少,大约1%的威胁小天体适合这种技术。这种技术适用于那些较小的威胁小天体(直径小于200米),以及速度增加比较慢(小于1毫米/秒),并且预警时间比较早的小天体。

30%～80%的潜在威胁小天体的运行轨道高度均超出了目前人类火箭对航天器的投送能力。因此需要引力辅助和在轨燃料补给等技术来弥补火箭投送能力不足的缺陷。

总之,每种方案都有其优缺点,有的研究通过实例模拟比较了多种手段的优缺点,认为大于600米大小的小天体,除了核爆炸,其他单一手段均不能在30年内有效改变小天体的轨道来解除威胁。如果对某一小天体碰撞危险,尽早采取防御措施,需要小天体速度改变量小,越接近碰撞时间,需要的小天体速度改变量越大。目前小天体轨道确定的精度仍然有限,轨道误差和光压力、Yarkovsky效应等不能准确计算的力模型误差限制着长期轨道预报精度。所以通过长期缓慢改变轨道来降低碰撞概率的轨道不确定因素很大,很难提前做出决定。小天体本身的构成成分和结构的不确定性也是影响采用何种方案的重要因素,需要提前派探测器去小天体着陆来探测小天体的一些未知因素。此外,防御小天体的成功率也是进行小天体防御需要考虑的。需要根据任务的准备时间、发射航天器火箭的可靠性、航天器自身的可靠性、轨道预报的可靠性等分析一次防御任务的成功率，以及要确保一定成功率需要发射的航天器。

6.5.2 小天体防御效果评估

对于小天体防御效果评估，首先要对小天体防御本身的一些技术指标进行评估，如：

(1) 防御技术的可行性；

(2) 防御技术的复杂度；

(3) 防御技术的花费；

(4) 防御技术的耗时。

评估完每种技术的指标后，才是每种防御的效果评估。

对于防御效果的评估，主要指标就是轨道改变量和发射能力要求。图 6-50 和图 6-51 显示了轨道偏移能力，即将一个目标小天体转移到预设轨道上的性能指标，用改变轨道所需要的速度增量乘上小天体的质量来衡量。根据小天体质量的分布范围和所需要的速度增量 ΔV 的大小，可以同时画出不同的动量改变效果图，图中 Y 轴表示的是动量改变量的对数坐标，X 轴表示的是将防御航天器发射到交会轨道所需要的运载能力需求。用来表征任务所需运载能力的一个关键指标是特征能量 $C_3=V_\infty^2$，这是运载火箭能够给一个已知质量的航天器所提供的最大能量的度量。图 6-50 和图 6-51 的顶部给出的是德尔塔Ⅳ重型运载火箭和战神Ⅴ运载火箭对应的载荷能力[74]。

图右边的线条可以用于有效动量改变量与小天体质量和速度增量之间的变换。穿越垂直线的斜线表示对应 ΔV 的变化范围。例如，对应质量为 10^{10} 千克(200 米)的斜线往左到 1 厘米/秒的 ΔV 线，这个点对应的就是纵坐标上的 10^8 千克·米/秒的有效动量变化量。

图 6-50 和图 6-51 中的曲线代表了偏移性能，如果某种方式产生的动量改变量大于所需要的动量改变量，就认为这种方式是可行的。还是前面这个例子，有效动量改变量为 10^8 千克·米/秒，假设用德尔塔Ⅳ重型火箭来发射航天器，与小天体交会需要的 $C_3=25$ 千米^2/秒^2，图 6-50 中，除了 10 千米/秒的动量撞击器和传统的爆炸两种方式外，都能满足任务需求，但是慢推式无法满足这种任务。

从图 6-50 中可以看出来，在利用冲量形式改变小天体轨道的方案中，利用核爆炸方式单位质量产生的动量改变量要比其他方式大。距小天体一定距离进行核爆的效率要比在小天体表面和地表以下核爆的效率低。当然，选择不同的核武器效果也不一样。此外，动能碰撞方式的偏移性能与核爆炸方式相比鲁棒性要差。动能碰撞的效果与小天体的结构和成分密切相关。传统的爆炸方式是冲量偏转里面性能最差的。

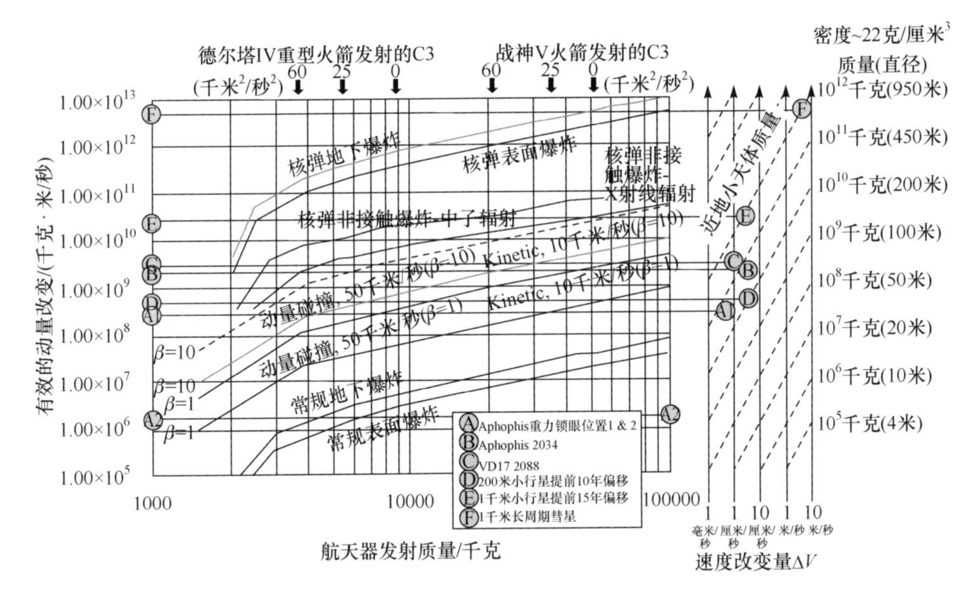

图 6-50　利用冲量式方法防御小天体撞击地球的性能分析

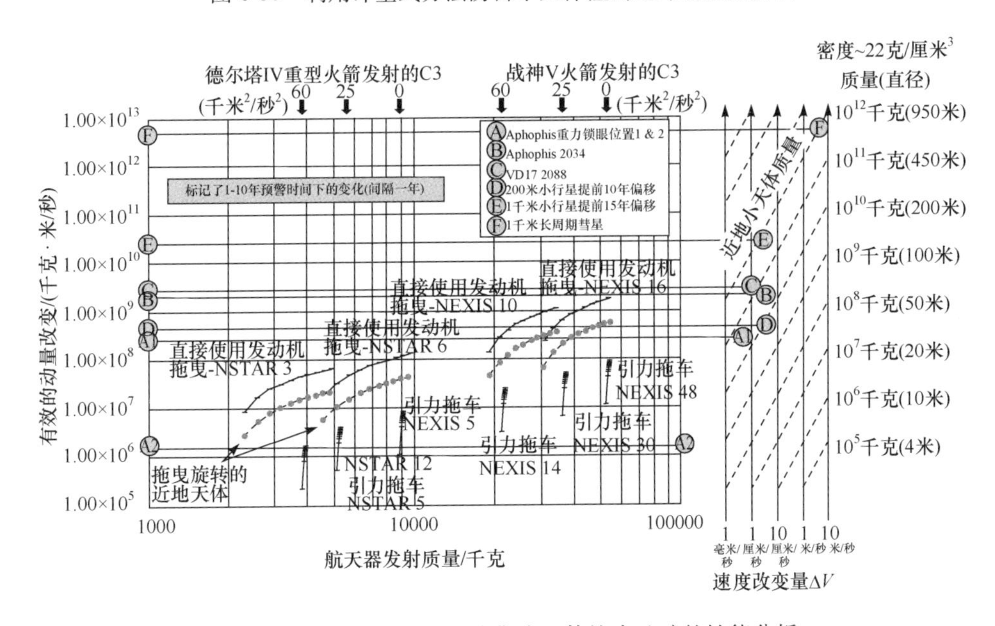

图 6-51　利用慢推式方法防御小天体撞击地球的性能分析

图 6-51 给出了慢推式的各种方案的偏转效果图。各种方案产生的动量改变量普遍小于 10^9 千克·米/秒。相同的发射质量下，连接拖拽方式要比引力拖车的性能好很多。连接拖拽方式的缺点是将航天器与小天体实现锚定连接涉及许多复杂的技术，特别是一些结构和成分不确定的小天体以及自转速度特别快的小天体，

对连接技术要求较高。

参考文献

[1] HAIV[EB/OL]. [2017-03-11]. http://asteroiddefence. com/.

[2] Previsions of impacts[EB/OL]. [2017-03-13]. http://spaceguard. rm. iasf. cnr. it/NScience/neo/neo-when/previsions. htm.

[3] DE-STAR Directed Energy Planetary Defense[EB/OL]. [2017-03-13]. http://www. deep-space. ucsb. edu/projects/directed-energy-planetary-defense.

[4] Orbits of Potentially Hazardous Asteroids (PHAs) [EB/OL]. [2017-03-11]. http://www. jpl. nasa. gov/spaceimages/details. php? id=PIA17041.

[5] 曼尼古根陨石坑[EB/OL]. [2017-03-13]. http://baike. baidu. com/item/%E6%9B%BC%E5%B0%BC%E5%8F%A4%E6%A0%B9%E9%99%A8%E7%9F%B3%E5%9D%91/943744? sefr=cr.

[6] Olds J, Charania A, Graham M, et al. The league of extraordinary machines: A rapid and scalable approach to planetary defense against asteroid impactors[C]. NASA Institute for Advanced Concepts, 2004.

[7] 近地小行星[EB/OL]. [2017-03-13]. http://baike. baidu. com/item/近地小行星.

[8] IAWN homepage[EB/OL]. [2017-03-13]. http://iawn. net/.

[9] NEOShield-2 homepage[EB/OL]. [2017-03-13]. http://www. neoshield. eu/.

[10] Latest Published Data[EB/OL]. [2017-03-13]. http://www. minorplanetcenter. net/mpc/summary.

[11] Potentially hazardous object[EB/OL]. [2017-03-11]. http://en. wikipedia. org/wiki/ Potentially_hazardous_object.

[12] Brown P, Spalding R E, Revelle D O, et al. The flux of small near-Earth objects colliding with the Earth[J]. Nature, 2002, 420(6913): 294-296.

[13] Adams R, Alexander R, Bonometti J, et al. Survey of technologies relevant to defense from near-earth objects[J]. NASA/TP-2004-213089.

[14] Chapman C R, Morrison D. Impacts on the Earth by asteroids and comets: Assessing the hazard[J]. Nature, 1994, 367(6458): 33-40.

[15] 苏昒. 小天体撞击灾害[J]. 自然灾害学报, 2001, 10(3): 119-125.

[16] Milani A, Chesley S R, Valsecchi G B. Close approaches of asteroid 1999 AN10: Resonant and non-resonant returns[J]. Astronomy and Astrophysics, 1999, 346: L65-L68.

[17] Milani A, Gronchi G. Theory of Orbit Determination[M]. Cambridge: Cambridge University Press, 2010.

[18] 许靖华, 瑞丰. 白垩系-第三系界面地球化学异常的成因: 小行星或彗星撞击的结果[J]. 海洋石油, 1983, (1): 65+80-84.

[19] Binzel R P. The Torino impact hazard scale[J]. Planetary & Space Science, 2000, 48(4): 297-303.

[20] Chesley S R, Chodas P W, Milani A, et al. Quantifying the risk posed by potential Earth impacts[J]. Icarus, 2002, 159(2): 423-432.

[21] Surhone L M, Tennoe M T, Henssonow S F. Palermo Technical Impact Hazard Scale[M]. Saarbrücken: Betascript Publishing, 2010.

[22] 墨西哥尤卡坦陨石坑[EB/OL]. [2017-03-13]. http://baike.baidu.com/link? url=9xARnX-4pKcs0Zv0YEfm7Q0DHQ7p9rRXVmjJy1aQSJD9tn22AIViqHDH5hhpqob4gxCr MqHs5ZY-Q8WHdwjjjN_82VPAdoteJgyQt5YmWmmK0LhC-cGxjdUrgP9A-suTtWFIkJ2NopMLVL3-YYZN_ DdbEYHCpKO2Vr2UswELYMy6r5IUyxahp6Uv10HkoW3oj1.

[23] Giorgini J D, Benner L a M, Ostro S J, et al. Predicting the Earth encounters of(99942) Apophis[J]. Icarus, 2008, 193(1): 1-19.

[24] 加拿大清水湖[EB/OL]. [2017-03-13]. http://baike.baidu.com/item/%E5%8A%A0%E6%8B%BF%E5%A4%A7%E6%B8%85%E6%B0%B4%E6%B9%96? sefr=cr.

[25] 米斯塔斯汀湖[EB/OL]. [2017-03-13]. http://baike.baidu.com/item/%E7%B1%B3%E6%96%AF%E5%A1%94%E6%96%AF%E6%B1%80%E6%B9%96/12609029? sefr=cr.

[26] 戈斯峭壁[EB/OL]. [2017-03-13]. http://baike.baidu.com/item/%E6%88%88%E6%96%AF%E5%B3%AD%E5%A3%81/12591075? sefr=cr.

[27] 乍得湖奥隆加陨石坑[EB/OL]. [2017-03-13]. http://baike.baidu.com/item/%E4%B9%8D%E5%BE%97%E6%B9%96%E5%A5%A5%E9%9A%86%E5%8A%A0%E9%99%A8%E7%9F%B3%E5%9D%91? sefr=cr.

[28] 博苏姆推湖[EB/OL]. [2017-03-13]. http://baike.baidu.com/item/%E5%8D%9A%E8%8B%8F%E5%A7%86%E6%8E%A8%E6%B9%96/8902477? sefr=cr.

[29] 亚利桑那州陨石坑[EB/OL]. [2017-03-13]. http://baike.baidu.com/item/%E5%B7%B4%E6%9E%97%E6%9D%B0%E9%99%A8%E7%9F%B3%E5%9D%91? sefr=cr.

[30] 99942 小行星[EB/OL]. [2017-03-13]. http://zh.wikipedia.org/wiki/%E5%B0%8F%E8%A1%8C%E6%98%9F99942.

[31] 刘长才. 2013年俄罗斯陨石事件[J]. 宝藏, 2014, (5): 29-32.

[32] Tunguska event[EB/OL]. [2017-03-13]. http://en.wikipedia.org/wiki/Tunguska_event.

[33] 云影, 摘编. 嫦娥二号卫星为"图塔蒂斯"拍照[J]. 卫星应用, 2013, (1): 56.

[34] Dearborn D P, Miller P L. Defending against asteroids and comets//Handbook of Cosmic Hazards and Planetary Defense[M]. Deutsch-Springer International Publishing, 2015: 733-754.

[35] Mcinnes C R. Deflection of near-Earth asteroids by kinetic energy impacts from retrograde orbits[J]. Planetary & Space Science, 2004, 52(7): 587-590.

[36] Dachwald B, Wic B. Solar sail trajectory optimization for intercepting, impacting, and deflecting near-Earth asteroids[C]. Aiaa Guidance, Navigation, and Control Conference, 2005.

[37] Zeng X Y, Baoyin H, Li J F, et al. New applications of the H-reversal trajectory using solar sails[J]. Research in Astronomy and Astrophysics, 2011, 11(7): 863.

[38] Gong S P, Li J F, Zeng X Y. Utilization of an H-reversal trajectory of a solar sail for asteroid

deflection[J]. Research in Astronomy and Astrophysics,2011,11(10):1123.

[39] Gong S P,Gao Y F,Li J F. Solar sail time-optimal interplanetary transfer trajectory design [J]. Research in Astronomy and Astrophysics,2011,11(8):981.

[40] Chilton F,Kolm H,Oneill G,et al. Electromagnetic mass drivers//Space-based Manufacturing from Nonterrestrial Materials[M]. New York: American Institute of Aeronautics and Astronautics,Inc. ,1977:37-61.

[41] Snively L O,O'Neill G K. Mass Driver III—Construction,testing and comparison to computer simulation[J]. Space Manufacturing,1983,1983:391-401.

[42] Corbin C K,Higgins J E. Preliminary Mission Study:Mass Driver for Earth-Bound Asteroid Threat Mitigation[C]//Earth & Space 2006:Engineering,Construction,and Operations in Challenging Environment. 10th Biennial International Conference on Engineering, 2006: 1-8.

[43] Olds J,Charania A,Schaffer M G. Multiple mass drivers as an option for asteroid deflection missions[C]. 2007 Planetary Defense Conference,Washington,DC,2007:S3-7.

[44] Ahrens T J,Harris A W. Deflection and fragmentation of near-Earth asteroids[C]. Hazards due to Comets and Asteroids,1994:897.

[45] Gennery D. Deflecting asteroids by means of standoff nuclear explosions[C]. 2004 Planetary Defense Conference:Protecting Earth from Asteroids,2004:1439.

[46] Hammerling P,Remo J L. NEO interaction with nuclear radiation[J]. Acta Astronautica, 1995,36(6):337-346.

[47] Holsapple K A. About deflecting asteroids and comets[J]. Mitigation of Hazardous Comets and Asteroids,2004:113-140.

[48] Campbell J W,Phipps C,Smalley L,et al. The impact imperative:laser ablation for deflecting asteroids,meteoroids,and comets from impacting the earth[C]. AIP Conference Proceedings,2003:509-522.

[49] Phipps C. LISK-BROOM:A laser concept for clearing space junk[C]. AIP Conference Proceedings,1994:466-468.

[50] Park S Y,Mazanek D. Deflection of earth-crossing asteroids/comets using rendezvous spacecraft and laser ablation[C]. 2004 Planetary Defense Conference:Protecting Earth from Asteroids,2004:1433.

[51] Maddock C,Sanchez C J P,Vasile M,et al. Comparison of single and multi-spacecraft configurations for NEA deflection by solar sublimation[C]. AIP conference Proceedings,2007: 303-316.

[52] Vasile M,Maddock C,Summerer L. Conceptual design of a multi-mirror system for asteroid deflection[C]. 27th International Symposium on Technology and Science, Tsukuba City,2009.

[53] Maddock C A,Vasile M. Design of optimal spacecraft-asteroid formations through a hybrid global optimization approach[J]. International Journal of Intelligent Computing and Cyber-

netics,2008,1(2):239-268.

[54] Yoo S M, Song Y J, Park S Y, et al. Spacecraft formation flying for Earth-crossing object deflections using a power limited laser ablating[J]. Advances in Space Research, 2009, 43(12):1873-1889.

[55] Vasile M, Maddock C A. Design of a formation of solar pumped lasers for asteroid deflection [J]. Advances in space research, 2012, 50(7):891-905.

[56] Lubin P, Hughes G B, Bible J, et al. DE-STAR: A planetary defense and exploration system [J]. Proc. of SPIE, Optics & Photonics, 2013, 10. 1117/2. 3201309. 20.

[57] Hughes G B, Lubin P, Bible J, et al. DE-STAR: Phased-array laser technology for planetary defense and other scientific purposes[C]. SPIE Optical Engineering+ Applications, 2013: 88760J-88760J-15.

[58] Kosmo K, Pryor M, Lubin P, et al. DE-STARLITE: A directed energy planetary defense mission[C]. SPIE Optical Engineering+ Applications, 2014:922604-922604-14.

[59] Vokrouhlicky D, Milani A, Chesley S. Yarkovsky effect on small near-Earth asteroids: Mathematical formulation and examples[J]. Icarus, 2000, 148(1):118-138.

[60] Spitale J N. Asteroid hazard mitigation using the Yarkovsky effect[J]. Science, 2002, 296(5565):77.

[61] Bottke Jr W F, Vokrouhlicky D, Rubincam D P, et al. The Yarkovsky and YORP effects: Implications for asteroid dynamics[J]. Annu. Rev. Earth Planet. Sci. ,2006, 34:157-191.

[62] Sung W P. A multi-functional paintball cloud for asteroid deflection[C]. The International Astronautical Congress, 2012.

[63] Lu E T, Love S G. A gravitational tractor for towing asteroids[J]. Nature, 2005, 438 (7065):177,178.

[64] Mcinnes C R. Near Earth object orbit modification using gravitational coupling[J]. Journal of Guidance, Control, and Dynamics, 2007, 30(3):870-873.

[65] Wie B. Dynamics and control of gravity tractor spacecraft for asteroid deflection[J]. Journal of Guidance, Control, and Dynamics, 2008, 31(5):1413-1423.

[66] Gong S, Li J, Baoyin H. Formation flying solar-sail gravity tractors in displaced orbit for towing near-Earth asteroids[J]. Celestial Mechanics and Dynamical Astronomy, 2009, 105(1):159-177.

[67] Olympio J T. Optimal control of gravity-tractor spacecraft for asteroid deflection[J]. Journal of Guidance, Control, and Dynamics, 2010, 33(3):823-833.

[68] 张振江. 近小行星轨道动力学研究及其在引力拖车中的应用[D]. 哈尔滨:哈尔滨工业大学,2011.

[69] 崔祜涛,张振江,崔平远. 三体系统中引力拖车的偏置非开普勒轨道研究[J]. 航空学报,2011,32(6):997-1006.

[70] French D B, Mazzoleni A P. Asteroid diversion using long tether and ballast[J]. Journal of Spacecraft and Rockets, 2009, 46(3):645-661.

[71] French D B, Mazzoleni A P. Trajectory diversion of an Earth-threatening asteroid via massive, elastic tether-ballast system[C]. 51st AIAA/ASME/ASCE/AHS/ASC Structures, Structural Dynamics, and Materials Conference, 2010: 2668.

[72] Mashayekhi M J, Misra A K. Optimization of tether-assisted asteroid deflection[J]. Journal of Guidance, Control, and Dynamics, 2014, 37(3): 898-906.

[73] Merikallio S, Janhunen P. Moving an asteroid with electric solar wind sail[J]. Astrophysics and Space Sciences Transactions(ASTRA), 2010, 6(1): 41.

[74] NASA Report to Congress, Near-Earth Object Survey and Deflection Analysis of Alternatives[EB/OL]. [2012-06-08]. http://www.nasa.gov/pdf/171331main_NEO_report_march07.pdf.

彩　　图

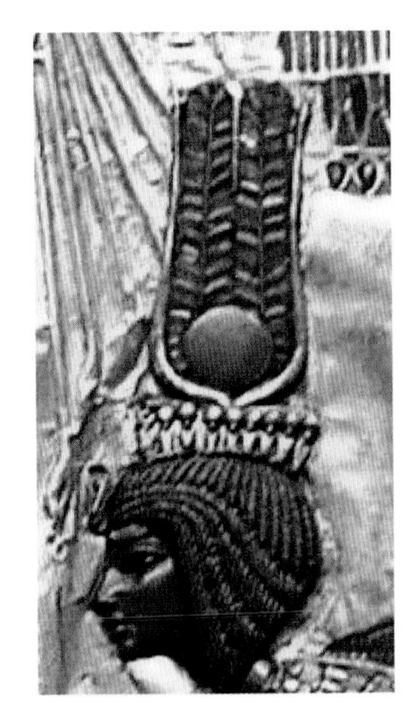

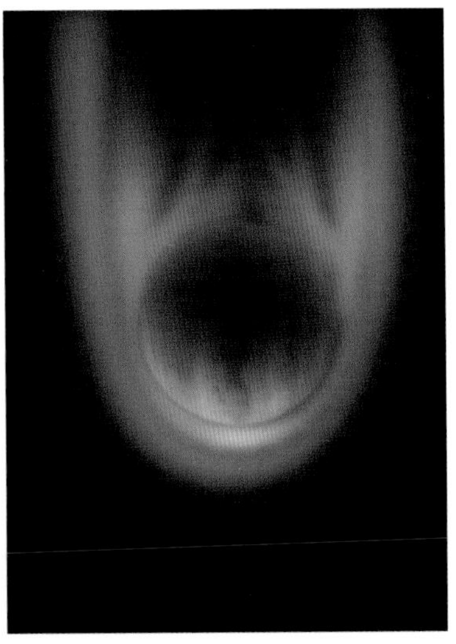

图 1-5　左图：法老图坦卡蒙的王冠背面雕刻着王后安荷森纳蒙戴着彗星状的王冠；
右图：金星大气在太阳风的冲击下呈现出类似彗星的形状

图 1-7　贝叶挂毯上出现的哈雷彗星(右上角)

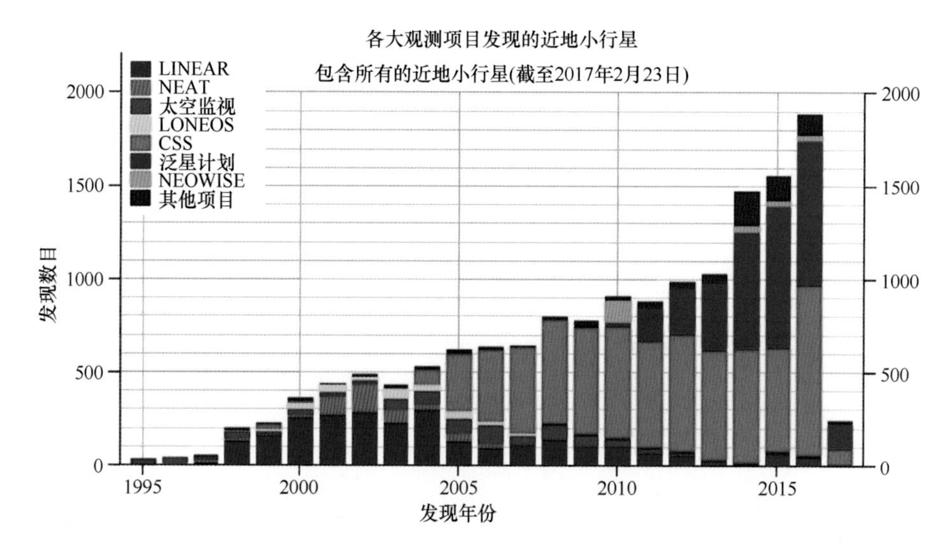

图 1-13　NASA 统计的各个观测计划搜寻到的近地小行星数目随时间的变化
统计时间截至 2017 年 2 月 23 日，该数据不断更新，可访问网站[54]获取最新信息

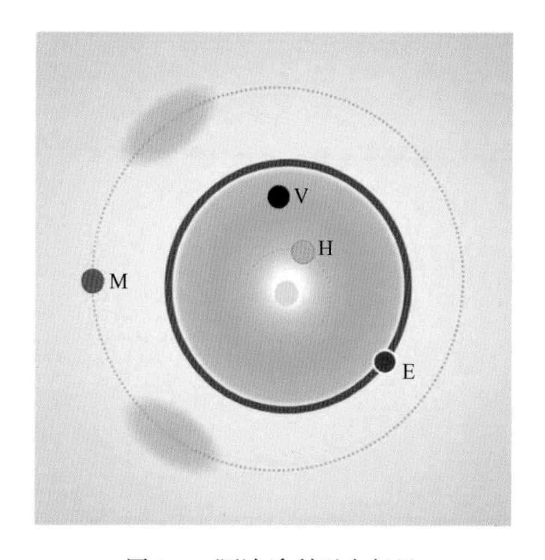

图 3-3　阿波希利型小行星轨道位置示意图

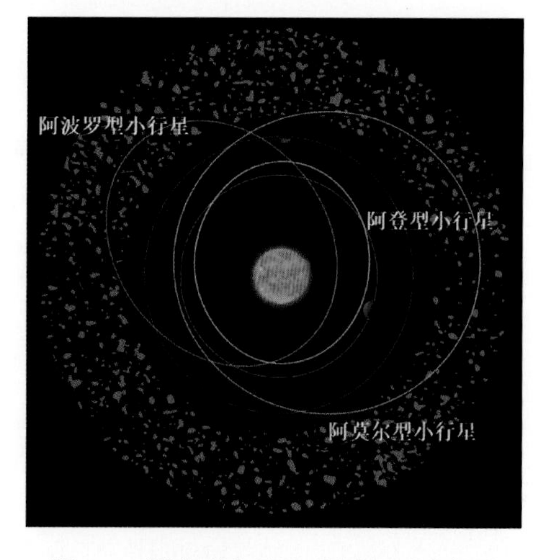

图 3-4　阿登型小行星、阿波罗型小行星及阿莫尔型小行星轨道示意图

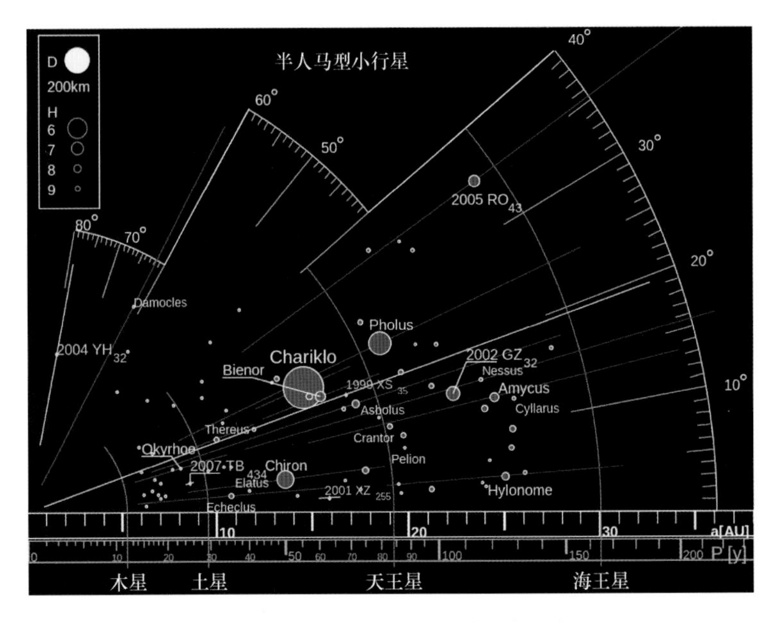

图 3-6　半人马型小行星轨道分布示意图

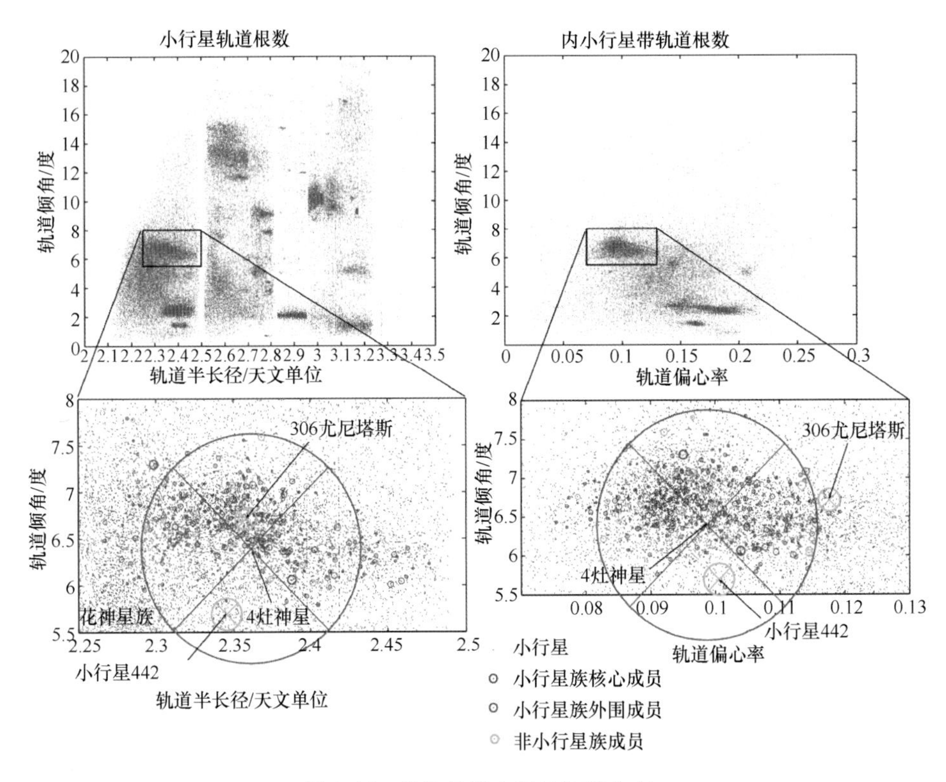

图 3-12　灶神星族小行星轨道分布

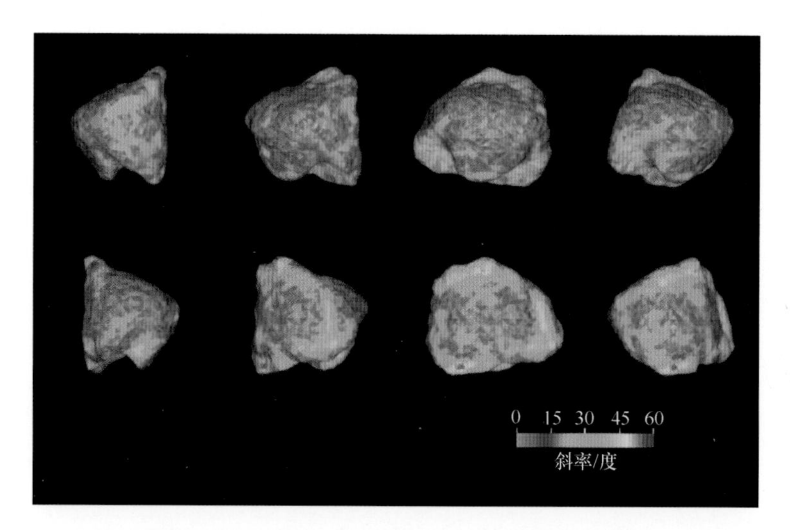

图 3-15　小行星 6489 Golevka 的高精度雷达图像

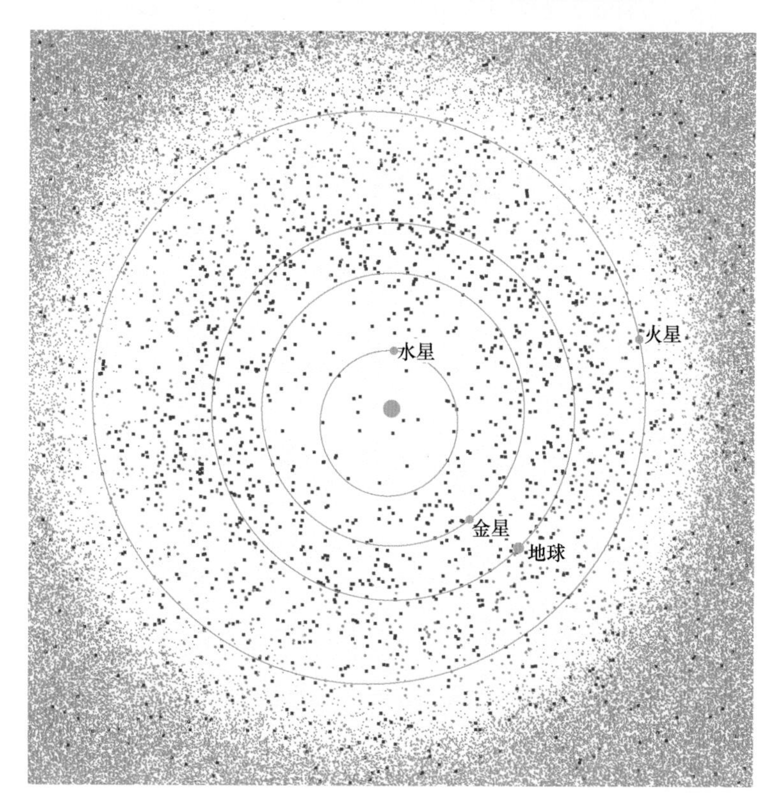

图 3-16　近地小天体某一时刻位置图

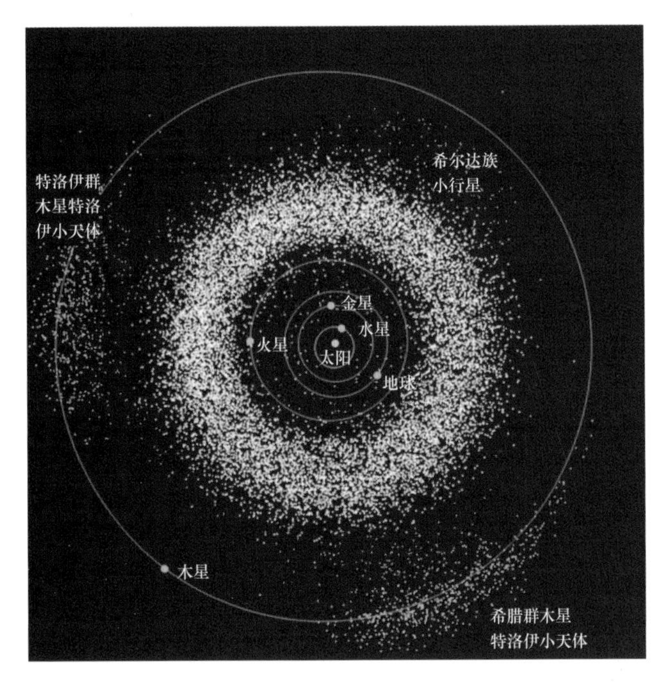

图 3-18　木星特洛伊小天体的分布

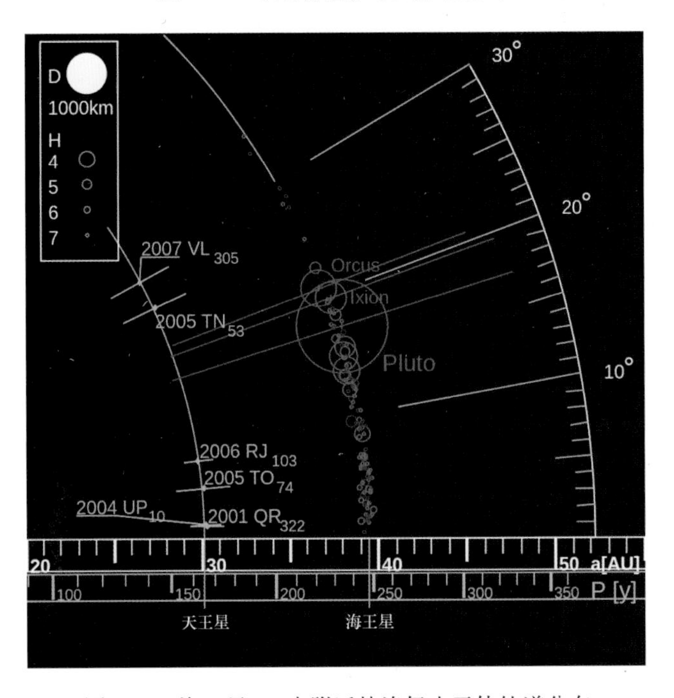

图 3-19　海王星 $L4$ 点附近特洛伊小天体轨道分布

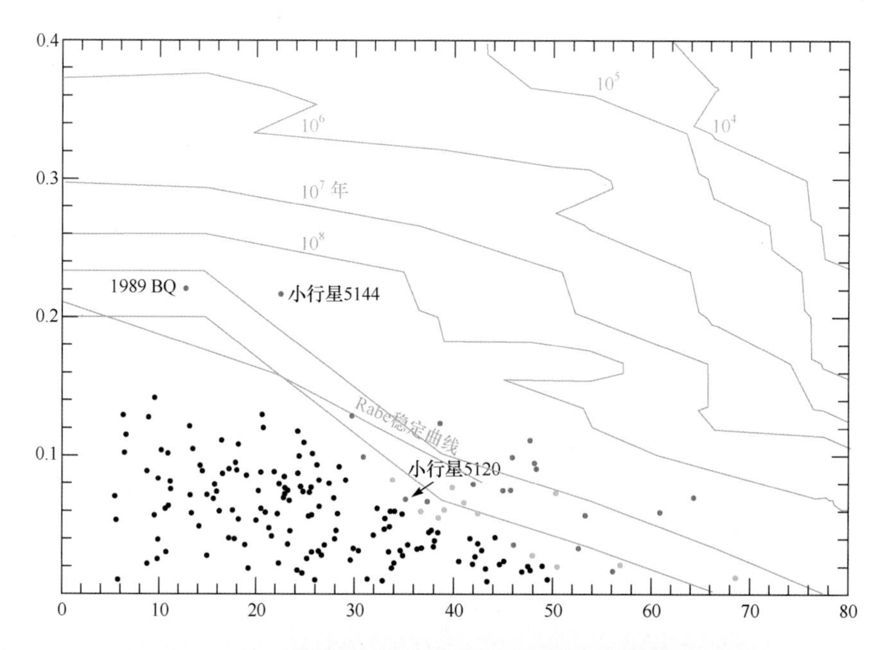

图 3-20 Levison 等进行的木星特洛伊小天体的数值模拟等高线图

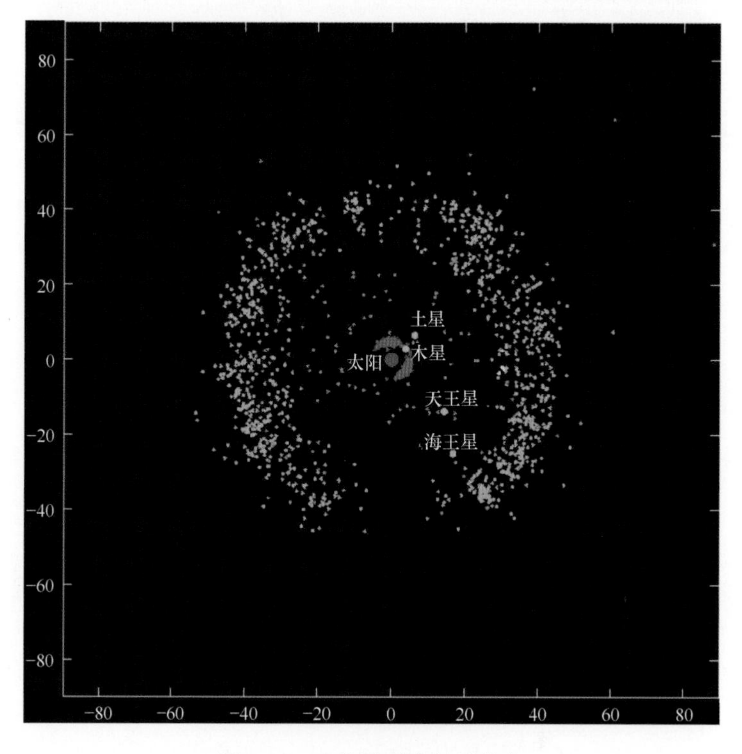

图 3-22 半人马型小行星分布

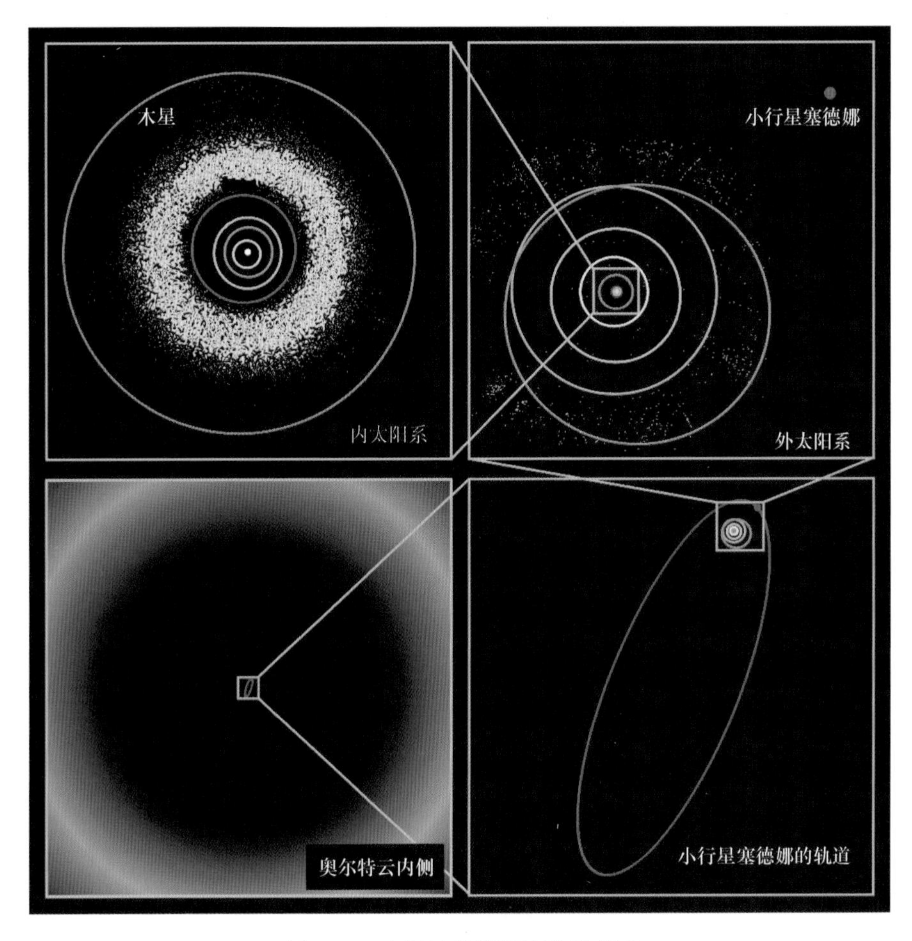

图 3-31　小行星塞德娜轨道示意图

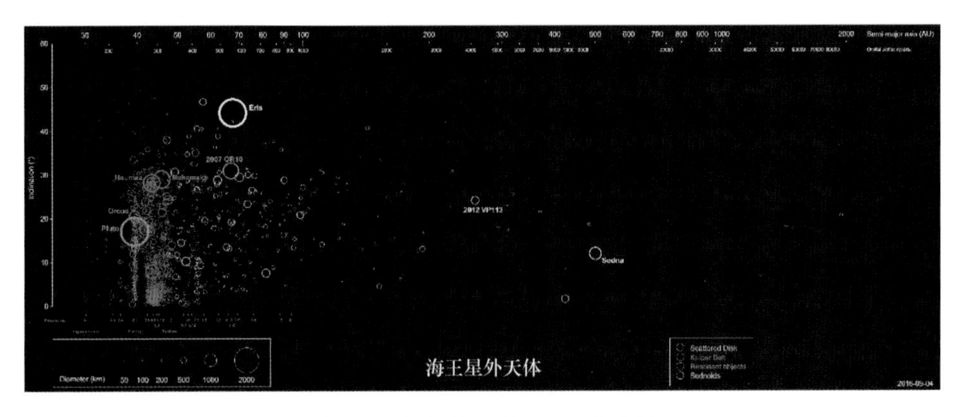

图 3-32　柯伊伯带中的天体分布图

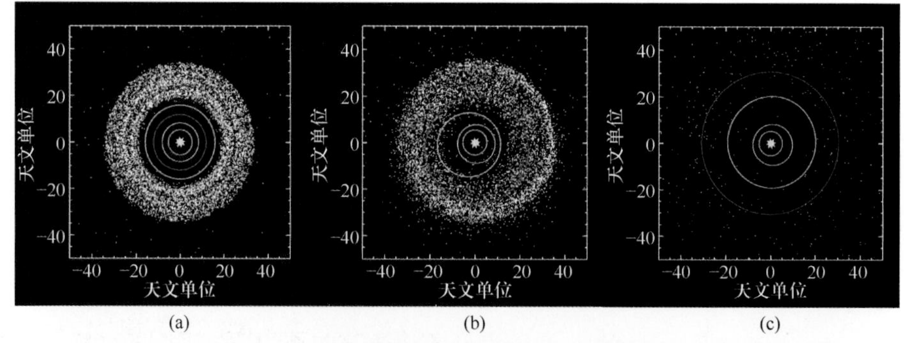

图 3-33　数值模拟的太阳系行星迁移示意图

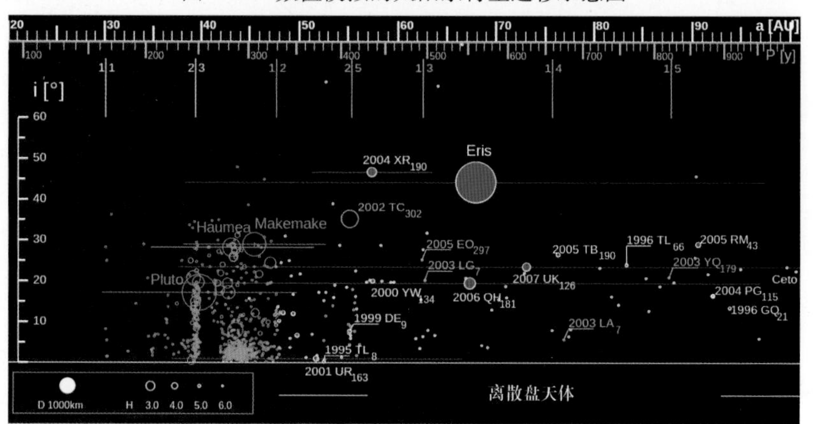

图 3-34　离散盘天体分布示意图

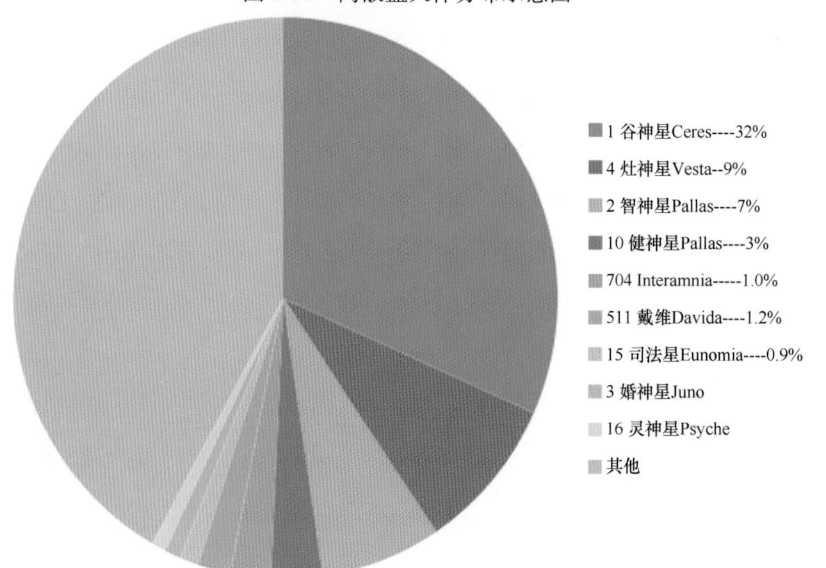

图 4-2　主带小行星质量分布示意图

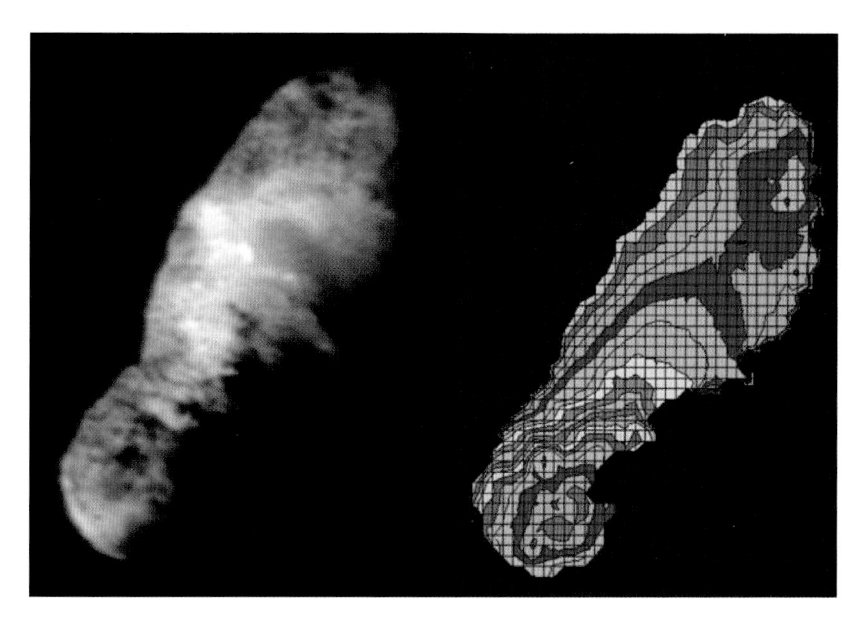

图 4-9　彗星 19P/Borrelly 的图像及地形图

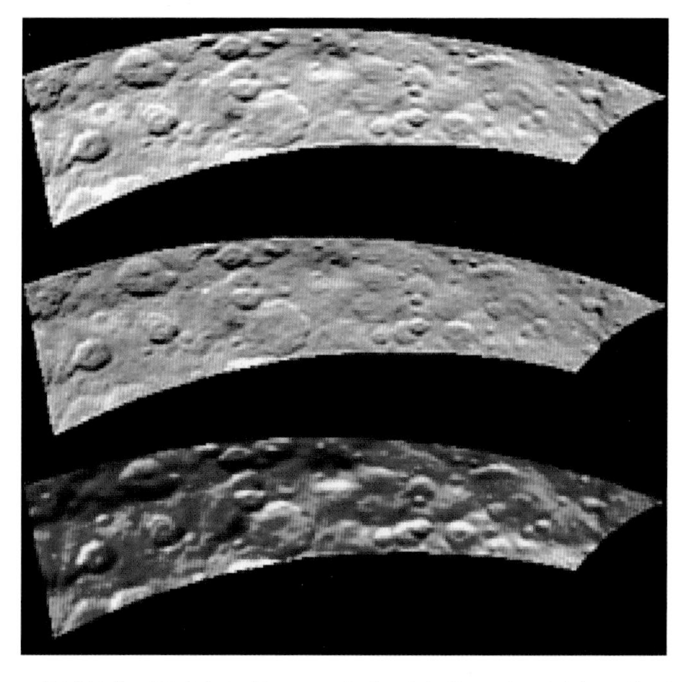

图 4-13　谷神星的可见光与红外(VIR)光谱地图(从上到下:黑白、原色、红外线)

图 4-23　1986 年拍摄的哈雷彗星

图 4-27　1997 年 3 月 9 日拍摄的海尔-波普彗星

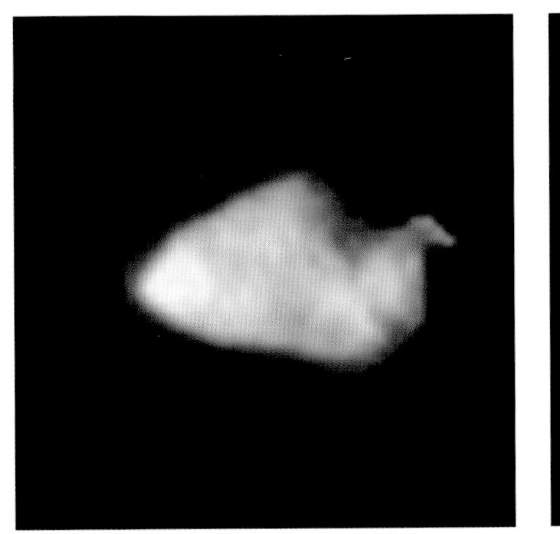
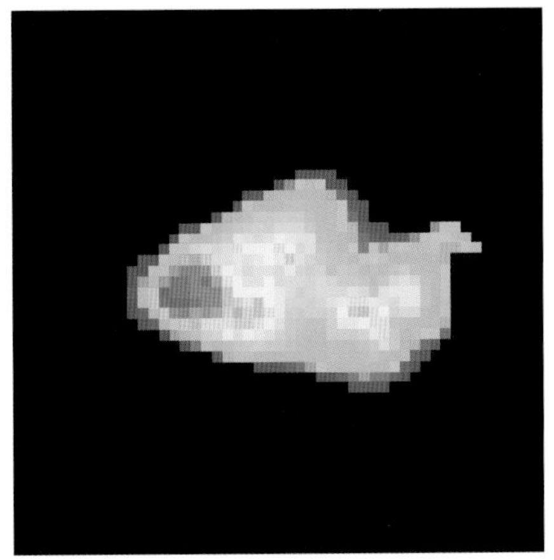

图 5-30 “星尘”号探测器拍摄的小行星 5535 图片，右侧为伪彩色图

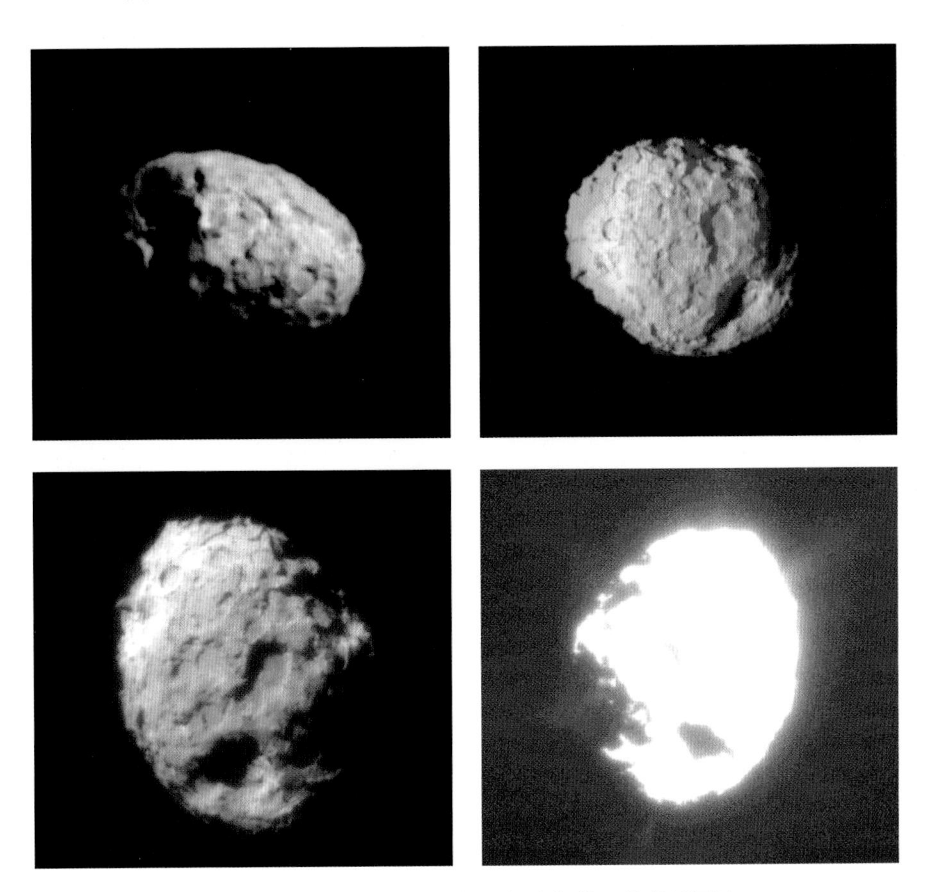

图 5-31 “星尘”号探测器拍摄的威尔特二号彗星图片

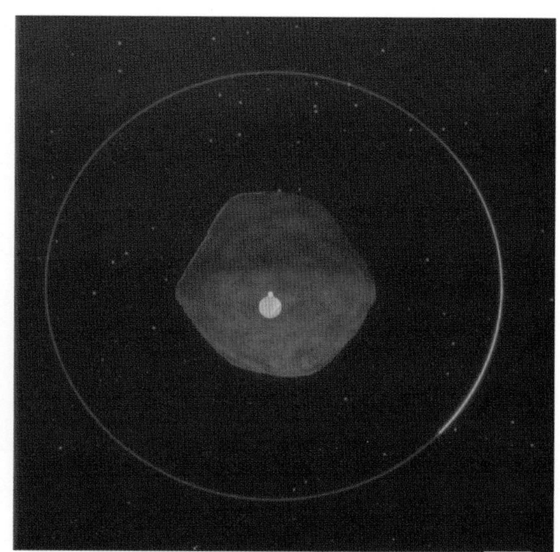

图 5-59　引力拖车示意图

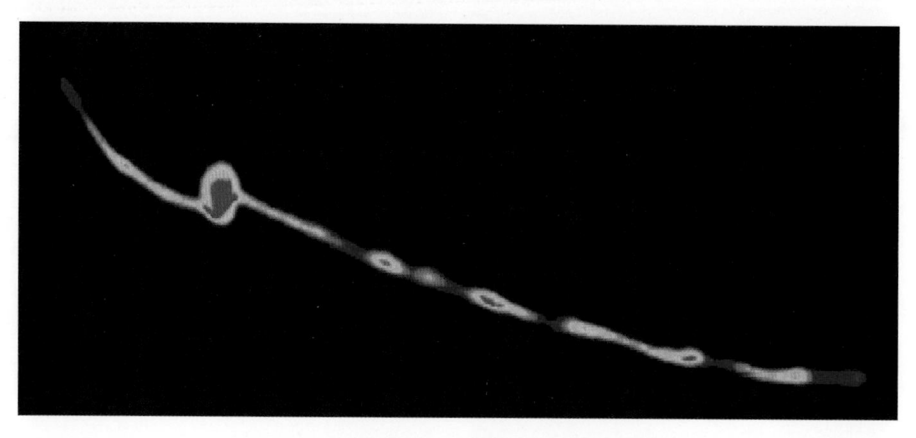

图 5-79　经过撞击后的残留情况数值模拟